Christian Kraft

Gezielte Variation und Analyse des Fahrverhaltens von Kraftfahrzeugen mittels elektrischer Linearaktuatoren im Fahrwerksbereich

Karlsruher Schriftenreihe Fahrzeugsystemtechnik
Band 5

Herausgeber
FAST Institut für Fahrzeugsystemtechnik
    Prof. Dr. rer. nat. Frank Gauterin
    Prof. Dr.-Ing. Marcus Geimer
    Prof. Dr.-Ing. Peter Gratzfeld
    Prof. Dr.-Ing. Frank Henning

Das Institut für Fahrzeugsystemtechnik besteht aus den eigenständigen Lehrstühlen für Bahnsystemtechnik, Fahrzeugtechnik, Leichtbautechnologie und Mobile Arbeitsmaschinen

Eine Übersicht über alle bisher in dieser Schriftenreihe erschienenen Bände finden Sie am Ende des Buchs.

Gezielte Variation und Analyse des Fahrverhaltens von Kraftfahrzeugen mittels elektrischer Linearaktuatoren im Fahrwerksbereich

von
Christian Kraft

Dissertation, Karlsruher Institut für Technologie
Fakultät für Maschinenbau, 2010

Impressum

Karlsruher Institut für Technologie (KIT)
KIT Scientific Publishing
Straße am Forum 2
D-76131 Karlsruhe
www.ksp.kit.edu

KIT – Universität des Landes Baden-Württemberg und nationales
Forschungszentrum in der Helmholtz-Gemeinschaft

KIT Scientific Publishing 2011
Print on Demand

ISSN 1869-6058
ISBN 978-3-86644-607-6

Vorwort des Herausgebers

Die Fahrzeugtechnik ist gegenwärtig großen Veränderungen unterworfen. Klimawandel, die Verknappung einiger für Fahrzeugbau und -betrieb benötigter Rohstoffe, globaler Wettbewerb und das rapide Wachstum großer Städte erfordern neue Mobilitätslösungen, die vielfach einer Neudefinition des Fahrzeugs gleich kommen. Die Forderungen nach Steigerung der Energieeffizienz, Emissionsreduktion, erhöhter Fahr- und Arbeitssicherheit, Benutzerfreundlichkeit und angemessenen Kosten finden ihre Antworten nicht aus der singulären Verbesserung einzelner technischer Elemente, sondern benötigen Systemverständnis und eine domänenübergreifende Optimierung der Lösungen.

Hierzu will die Karlsruher Schriftenreihe für Fahrzeugsystemtechnik einen Beitrag leisten. Für die Fahrzeuggattungen Pkw, Nfz, Mobile Arbeitsmaschinen und Bahnfahrzeuge werden Forschungsarbeiten vorgestellt, die Fahrzeugsystemtechnik auf vier Ebenen beleuchten: das Fahrzeug als komplexes mechatronisches System, die Fahrer-Fahrzeug-Interaktion, das Fahrzeug in Verkehr und Infrastruktur sowie das Fahrzeug in Gesellschaft und Umwelt.

Der vorliegende Band nimmt sich der Wechselwirkung zwischen Fahrzeug und Fahrer hinsichtlich des Fahrverhaltens an. Die Reaktion des Fahrzeugs auf die Vorgaben des Fahrers über Lenkung, Fahrpedal und Bremse sowie die Reaktionen des Fahrers auf die sich einstellenden Betriebszustände des Fahrzeugs bestimmen erheblich die Fahrsicherheit, den Komfort und den wahrgenommenen Charakter des Fahrzeugs und sind daher Gegenstand umfangreicher Fahrversuche bei Fahrzeugherstellern und Zulieferern. Komponenten, die die Fahrsicherheit stark beeinflussen wie Aufbaufeder, Stoßdämpfer, Stabilisatoren oder die Lenkung werden bislang in einem iterativen Prozess aus Umbau, also prototypischer Darstellung, und subjektivem Fahrversuch, also einer Eigenschaftsanalyse, abgestimmt.

Demgegenüber wird hier ein Verfahren erarbeitet, bei dem über elektrische Aktuatoren dynamische Zusatzkräfte und Wege in Fahrwerk und Lenkung gestellt, so die Kennlinien der Komponenten verändert werden können und damit eine Synthese des Fahrverhaltens erreicht wird. Da Modifikationen während des Fahrversuchs auf Knopfdruck möglich werden, also unmittelbare und auch zahlreichere Variantenvergleiche durchgeführt werden können, wird nicht nur die Effizienz sondern auch die Qualität der subjektiven Beurteilung erheblich gesteigert. Zusammenhänge zwischen dem subjektiven Eindruck, den objektiv erfassten Bewegungsabläufen des Fahrzeugs sowie den zugrundeliegenden Parametervariationen der Fahrzeugkomponenten werden differenziert analysiert. Sie bilden eine Basis für ein vertieftes Verständnis der Interaktionen im Fahrer-Fahrzeug-System.

Karlsruhe,
im Dezember 2010

Prof. Dr. rer. nat. F. Gauterin
Karlsruher Institut für Technologie (KIT)

Gezielte Variation und Analyse des Fahrverhaltens von Kraftfahrzeugen mittels elektrischer Linearaktuatoren im Fahrwerksbereich

Zur Erlangung des akademischen Grades

Doktor der Ingenieurwissenschaften

von der Fakultät für Maschinenbau des

Karlsruher Instituts für Technologie (KIT)

genehmigte

Dissertation

von

Dipl.-Ing. Christian Kraft

Tag der mündlichen Prüfung:	28.10.2010
Hauptreferent:	Prof. Dr. rer. nat. F. Gauterin
Koreferent:	o. Prof. Dr.-Ing. Dr. h. c. A. Albers

Kurzfassung

Gezielte Variation und Analyse des Fahrverhaltens von Kraftfahrzeugen mittels elektrischer Linearaktuatoren im Fahrwerksbereich

Das Themenfeld Fahrdynamik besitzt innerhalb der Fahrzeugentwicklung die Aufgabe, mittels Messung, Simulation und Prüfstandsversuch die Fahrzeugreaktionen auf Eingaben von Fahrer und/oder Straße zu beschreiben und zu bewerten. Von zentraler Bedeutung zur Erfüllung dieser Aufgabe ist die möglichst umfassende Kenntnis der Zusammenhänge zwischen subjektiven Fahrereindrücken und objektiven Kennwerten. Zur Vervollständigung dieser Kenntnis ist die Durchführung von Subjektiv-Objektiv-Korrelationsanalysen unabdingbar. Die Möglichkeit, Fahrverhaltensvarianten auf Knopfdruck und anhand eines immer gleichen seriennahen Versuchsträgers darstellen zu können, verspricht hierbei eine deutliche Erhöhung der Ergebnisgüte.

Die vorliegende Promotionsschrift beschreibt die Entwicklung verschiedener Werkzeuge zur gezielten Variation und Analyse ausgewählter Aspekte des Fahrverhaltens am realen Versuchsträger. Eine zentrale Rolle spielen hierbei elektrische Linearaktuatoren, welche durch die virtuelle Veränderung der Spezifikationen von Fahrwerksbauteilen mittels der Generierung von Relativkräften zwischen Rad und Karosserie das Bewegungsverhalten der Fahrzeugkarosserie gezielt verändern können.

Unter Einsatz der entwickelten Werkzeuge wird hinsichtlich verschiedener Teilaspekte des Fahrverhaltens zur Objektivierung des subjektiven Fahrerempfindes beigetragen, so beispielsweise bezüglich des dynamischen Bewegungsverhaltens der Fahrzeugkarosserie in längs-, quer- und hochdynamischer Fahrsituation sowie hinsichtlich des Eigenlenk- und des Schwimmverhaltens. Neben dem beschriebenen Schwerpunkt der vorliegenden Arbeit werden die virtuelle Darstellung aktiver Fahrwerksysteme sowie die Möglichkeit der Integration der entwickelten Werkzeuge in einem Versuchsträger zur summarischen Darstellung fahrdynamischer Lastenheftkennwerte beschrieben.

Abstract

Defined variation and analysis of vehicle dynamic behaviour by means of linear electric actuators within vehicle suspension

Within vehicle development, the field of vehicle dynamics refers to the undertaking of describing and evaluating the response of a vehicle to inputs from the driver and/or street by means of measurement, simulation and bench test. The understanding of relationships between subjective driving impressions and objective design parameters is of particular importance to perform this task. The execution of subjective-objective-correlation-analyses is indispensable in obtaining comprehensive knowledge of these relationships. The possibility to display variants of vehicle handling at the push of a button on a single experimental vehicle promises significant improvement in the quality of the result.

In the presented thesis, development of tools for well-directed variation and analysis of select aspects of vehicle dynamics based on real experimental vehicles is described. Linear electric actuators, which can vary the dynamic behaviour of the chassis by virtually changing the specifications of suspension parts based on the generation of relative forces between wheel and chassis, play a major role in this context.

Through the use of the developed tools, a contribution to objectivization of subjective driving impressions regarding specified aspects of vehicle dynamics is made. For example, the dynamic chassis movements within longitudinal, lateral and vertical dynamics as well as regarding understeer/oversteer and vehicle slip angle are evaluated. Also described in this work are the virtual realization of active suspension systems and the possible integration of the developed tools into one vehicle for summary illustration of vehicle dynamics specification parameters.

Danksagung

Mein besonderer Dank gilt meinem Doktorvater, Herrn Prof. Dr. rer. nat. Frank Gauterin, dem Inhaber des Lehrstuhls Fahrzeugtechnik des Instituts für Fahrzeugsystemtechnik des Karlsruher Instituts für Technologie (KIT), sowie dem akademischen Rat des oben genannten Instituts, Herrn Dr.-Ing. Michael Frey, beiden für die wissenschaftlich kompetente und persönlich überaus angenehme Begleitung dieser Arbeit sowie die vielen konstruktiven Anregungen und Impulse. Für die Übernahme des Koreferats und sein damit zum Ausdruck gebrachtes Interesse an dieser Arbeit danke ich Herrn o. Prof. Dr.-Ing. Dr. h.c. Albert Albers vom Institut für Produktentwicklung des Karlsruher Instituts für Technologie (KIT) sehr herzlich. Weiterhin danke ich Herrn Prof. Dr.-Ing. Kai Furmans als Vorsitzendem des Promotionsausschusses des Fakultät für Maschinenbau des Karlsruher Instituts für Technologie.

Die vorliegende Arbeit entstand während meiner Doktorandentätigkeit in der Entwicklungsabteilung „Fahrdynamik, Versuch und Analyse", des Geschäftsbereichs Mercedes-Benz Cars der Daimler AG in Sindelfingen. Für die unternehmensseitige Betreuung der Arbeit, die stets kollegiale Arbeitsatmosphäre in seinem Team sowie die unzähligen konstruktiven Diskussionen und wertvollen Anregungen zur Durchführung dieser Arbeit fühle ich mich meinem Teamleiter, Herrn Dipl.-Ing. (FH) Wolfgang Schindler, zu großem Dank verpflichtet. Ebenfalls danken möchte an dieser Stelle dem verantwortlichen Abteilungsleiter Dr.-Ing. Rüdiger Rutz, von welchem die initiale Idee zur Aufsetzung dieses Themas stammte und der mich stets mit Anregungen und Ideen unterstützt hat.

Vielen Dank an dieser Stelle ebenfalls an alle Arbeitskollegen, die durch ihr wertvolles Fachwissen und ihre Erfahrung wesentlich zum Gelingen dieser Arbeit beigetragen haben. Stellvertretend für viele andere seien an dieser Stelle die Herren Dipl.-Ing. Lutz Kießling und ingénieur diplômé d'Etat Luc Diebold hervorgehoben. Mein Dank gilt ebenfalls den Studierenden, welche im Rahmen von Diplomarbeiten, Praktika oder Werkstudententätigkeiten einen wertvollen Beitrag zu dieser Arbeit geleistet haben, sowie meinem amerikanischen Kollegen Herrn M. Eng. Jason Luecht, welcher mich im Rahmen eines internationalen Projekteinsatzes bei der Durchführung einer Probandenstudie unterstützt hat.

Abschließend danke ich sehr herzlich meiner Frau und meiner Familie. Ohne ihre Unterstützung, ihre Geduld und ihr Verständnis wäre diese Arbeit vermutlich weder begonnen noch abgeschlossen worden. Meiner Frau danke ich neben ihrer langjährigen Unterstützung für ihre akribische Durchsicht der Arbeit.

Sindelfingen, im Juli 2010 *Christian Kraft*

Gezielte Variation und Analyse des Fahrverhaltens von Kraftfahrzeugen
mittels elektrischer Linearaktuatoren im Fahrwerksbereich

Inhaltsverzeichnis

1. Einleitung

Zur Abgrenzung gegenüber anderen Herstellern und zur Erfüllung von länder- und kundenspezifischen Anforderungen hat sich in der Automobilindustrie der Trend zur Auffächerung des Produktportfolios sowie zur Individualisierung der angebotenen Fahrzeugmodelle entwickelt und kontinuierlich verstärkt. Der potenzielle Kunde kann heute zwischen einer Vielzahl von Modell-, Karosserie- und Motorvarianten sowie nahezu unzähligen Kombinationen von Ausstattungsmerkmalen wählen. Vor allem für die Premiummodelle der führenden Automobilhersteller ist inzwischen standardmäßig auch eine Vielzahl an Fahrwerks- und Rad/Reifen-Kombinationen erhältlich. So genannte Sport- und Komfort-Fahrwerke werden mittels speziell abgestimmter Fahrwerksbauteile auf die formulierten Anforderungen hin zugeschnitten.

Die resultierende Variantenvielzahl innerhalb eines Fahrzeugmodells potenziert den Entwicklungs-, Abstimm- und Absicherungsaufwand der verantwortlichen Ingenieure im Fahrzeugentwicklungsprozess. Gleichzeitig nimmt die Anzahl der Modellreihen selbst aufgrund der voranschreitenden Diversifizierung der Produktpaletten der Automobilhersteller sowie dem Besetzen immer neuer Nischen zu. Parallel ist es für die Automobilhersteller erforderlich, ihre Fahrzeuge sich permanent weiterentwickelnden und teils länderindividuell existenten gesetzlichen Zertifizierungs- und Auslegungsvorschriften anzupassen. Den steigenden Anforderungen stehen sich aufgrund von Konkurrenz- und Kostensituation innerhalb der Branche immer weiter verkürzende Modell- und (hieraus resultierend) Entwicklungszyklen gegenüber. Der Aufwand, beispielsweise neue Fahrwerks- und Reifenvarianten sowie aktive Fahrwerksysteme anhand der vorgegebenen Entwicklungsziele zu konzipieren, abzustimmen und entsprechend den konzerninternen und gesetzlichen Vorgaben abzusichern, steigt hiermit einhergehend stetig an. Die beschriebene Entwicklung trifft neben dem Themenfeld Fahrwerk/Fahrverhalten ebenso für viele weitere Verantwortungsbereiche der Fahrzeugentwicklung zu.

Der heutige Fahrzeugentwicklungsprozess ist stark von subjektiven Expertenbewertungen erzielter Fahrzeug- und/oder Systemstände abhängig. Fahrverhaltensbeurteilungen beispielsweise erfolgen üblicherweise parallel sowohl subjektiv als auch objektiv. Wie auch in anderen Bereichen wird hinsichtlich des fahrdynamischen Fahrzeugverhaltens auf die Expertise erfahrener Entwicklungsingenieure zur Beurteilung und Einordnung von Fahrverhaltensständen sowie für Konzeptentscheidungen zurückgegriffen.

Die beschriebene Vorgehensweise erweist sich bei näherer Betrachtung gleichermaßen als Fluch und als Segen für den Fahrzeugentstehungsprozess selbst. Als Vorteil der subjektiven Fahrverhaltensbeurteilung kann vor allem der nur noch verhältnismäßig geringe notwendige Aufwand hinsichtlich Kosten und Zeit nach dem Aufbau des zu beurteilenden Fahrzeugs genannt werden. Es ergibt sich jedoch auch eine Reihe von Problemen, wenn Fahrzeuge von Spezialisten und doch „aus Kundensicht" bewertet und abgestimmt werden sollen. Genannt werden soll exemplarisch der hohe Anspruch an die Beurteilungsqualität der eingesetzten Experten, deren sensorische Fähigkeiten eminent wichtig für die Güte des subjektiven Evaluationsergebnisses sind. Bei der subjektiven Beurteilung von Entwicklungsständen und Fahrverhaltensvarianten ist weiterhin stets das Problem zu überwinden, dass professionelle Subjektivbeurteiler durch ihr technisches Verständnis und ihr Hintergrundwissen über das zu beurteilende System in ihrer Meinungsbildung vorbelastet sind. Unterschiedliche Kenntnisse der technischen Hintergründe, divergierende Anforderungen an die verschiedenen Fahrzeuge und schlicht die unterschiedliche Fähigkeit von Spezialisten und Normalfahrern, Details des Fahrverhaltens isoliert zu erkennen und differenziert zu bewerten, können zu Unterschieden in den Beurteilungsergebnissen der beiden genannten Gruppen führen. Langfristiges Ziel muss es im Zuge dieses Prozesses sein, den Kundenwunsch hinsichtlich eines idealen Fahrverhaltens möglichst umfassend zu kennen und in Form von objektiven Kennwerten und Kenngrößen abbilden zu können, anhand derer sich die Entwicklungsgüte unabhängig beurteilen lässt.

Weiterhin darf der hohe erforderliche monetäre und zeitliche Aufwand beispielsweise zur Abstimmung des Fahrverhaltens eines neuen Fahrzeugmodells in der Betrachtung nicht unterschlagen werden. Die kostenintensive prototypische Anfertigung einer Vielzahl von Fahrwerksbauteilen unterschiedlicher Spezifikationen zu Abstimmzwecken sowie der aufgrund der notwendigen Umbaumaßnahmen zwingend vorhandene zeitliche Abstand der Beurteilungen unterschiedlicher Fahrverhaltensvarianten zueinander sind Einschränkungen, welche sich im konventionellen Abstimmprozess nicht vermeiden lassen. Die Entwicklung aktiver Fahrwerksysteme schließlich weist vergleichbare Problematiken auf. Auch hier ist die kostenintensive Fertigung von Einzelteilen zur Erprobung von Prototypen- oder Aggregateträgerfahrzeugen unumgänglich, was die resultierenden Systemkosten in die Höhe treibt.

1.1. Ziele der Arbeit

Im Rahmen der vorliegenden Arbeit soll zur Minderung der oben beschriebenen Probleme und Limitierungen derzeitiger Vorgehensweisen beigetragen werden. Hardwareseitig sollen hierzu mehrere voll fahrtaugliche Versuchsfahrzeuge aufgebaut und zum Einsatz gebracht werden, welche alle zentralen Aspekte des Fahrverhaltens mittels verschiedener integrierter aktiver Systeme auf Knopfdruck und ohne mechanische Umbauten definiert beeinflussen können sollen. Angestrebt sind die Variation der wichtigsten quer- und hochdynamisch relevanten Fahrwerksparameter sowie die Beeinflussung des Lenkverhaltens hinsichtlich Winkels und Moments und die gezielte Veränderung des Schwimmverhaltens der Hinterachse. Hinsichtlich der Beeinflussung des Lenkverhaltens kann auf bereits existenten aktiven und adaptiven Systemen aufgesetzt werden, siehe hierzu [217]. Die Anmutung und Handhabung des zu realisierenden Fahrzeugs muss sich trotz der erforderlichen Um- und Einbauten so nahe wie möglich an jener des entsprechenden Serienfahrzeugs orientieren, um die Beurteilung dargestellter Fahrverhaltensvarianten auch durch Normalfahrer valide durchführen zu können. Das beschriebene aktive Versuchsfahrzeug soll im Folgenden als Entwicklungstool Fahrverhaltensynthese (kurz: FVS) bezeichnet werden.

Grundidee des beschriebenen Tools ist es, mit Hilfe von berührungslosen elektrischen Linearaktuatoren Zusatzkräfte zwischen Rad und Karosserie zu generieren, welche das Fahrverhalten des Versuchsfahrzeugs exakt in einer solchen Weise verändern, wie es der definierte Austausch von einzelnen oder mehreren Fahrwerksbauteilen tun würde. Zusätzlich sollen im Versuchsträger durch längenverstellbare Spurstangen die Spurwinkel der Hinterräder und durch die Verwendung eines speziellen aktiven Lenkrades der Lenkwinkel (und damit die Spurwinkel der Vorderräder) sowie das Lenkmoment des Trägerfahrzeugs in definierten Grenzen beliebig variiert werden können.

Aus den zu Beginn dieses Kapitels angestellten Überlegungen ergibt sich die Aufgabenstellung, im Rahmen von Probandenstudien mittels des aufzubauenden Fahrzeugs die Zusammenhänge zwischen den subjektiven Beurteilungen des Fahrverhaltens sowohl durch Kunden (Normalfahrer) als auch durch Experten mit den objektiv ermittelbaren fahrdynamischen Kenngrößen mittels statistischer Methoden in Zusammenhang zu bringen. Derartige Untersuchungen wurden auch in der Vergangenheit bereits durchgeführt (siehe hierzu beispielsweise [49], [84], [161], [162], [203] und weitere) und haben bereits eine Vielzahl interessanter und wertvoller Ergebnisse hervorgebracht. In Abgrenzung zu den genannten Veröffentlichungen soll im Rahmen dieser Arbeit die Veränderung des Fahrverhaltens nicht mittels mechanischer Umbauten am Versuchsfahrzeug (beispielsweise den Einbau unterschiedlich steifer Stabilisatoren) oder durch Veränderung weiterer Fahrzeugparameter wie Beladung und/oder Reifenluftdruck realisiert werden, sondern für den Probanden unmerklich mittels der zu entwickelnden und im Fahrzeug zu installierenden aktiven Systeme. Umbaupausen zwischen der Beurteilung unterschiedlicher Fahrzeugvarianten durch die Probanden können so eliminiert sowie der Zeit- und Materialaufwand deutlich reduziert werden. Die Verwendung nur eines einzigen immer gleichen Trägerfahrzeugs zur Darstellung der gewünschten Fahrverhaltensvarianten ist notwendige Folge des in [58] richtigerweise geforderten Ausschließens möglichst aller versuchsfremder Varianzen bei der isolierten Beurteilung von Einzelaspekten des fahrdynamischen Fahrzeugverhaltens, welche beim Einsatz unterschiedlicher Fahrzeuge unumgänglich sind. Im Rahmen dieser Arbeit sollen außerdem weitere, in den derzeit verfügbaren Veröffentlichungen nicht berücksichtigte, Aspekte der Objektivierung des subjektiven Fahreindrucks beleuchtet sowie anhand von Simulatorversuchen abgeleitete Kenngrößen und Zusammenhänge validiert werden.

Die Realisierung des oben beschriebenen Fahrzeugs mittels der notwendigen aktiven Systeme eröffnet außer der Durchführung von Korrelationsanalysen weitere, hochinteressante Möglichkeiten. So können mittels eines solchen Fahrzeugs mit verhältnismäßig geringem Aufwand die Wirkungsweisen aktiver Fahrwerksysteme demonstriert und untersucht werden. Die Möglichkeiten und Limitierungen zukünftig zu realisierender aktiver Fahrwerksysteme können anhand eines solchen Fahrzeugs aufgezeigt und im Wortsinn „erfahren" werden. Die nicht vorhandene Notwendigkeit des hardwareseitigen Auf- und Umbaus bei Simulation der Auswirkungen des jeweiligen Fahrwerkssystems mittels der im Fahrzeug zur Verfügung stehenden aktiven Tools könnte die Erprobung aktiver Fahrwerksyteme im ersten Schritt auf die Implementierung und Anpassung der jeweiligen Steuerungssoftware in den Softwarecode zur Steuerung der aktiven Systeme, welcher im Rahmen dieser Arbeit ebenfalls zu erstellen ist, reduzieren. Weiterhin könnten mittels eines solchen wie des beschriebenen aktiven Fahrzeugs Lastenheftwerte fahrdynamischen Verhaltens zukünftiger Modellreihen anhand der Vorgängerbaureihe auf der Straße erlebbar gemacht und so wichtige Konzeptentscheidungen im Entwicklungsprozess unterstützt werden.

1.2. Gliederung der Arbeit

Die Gliederung der vorliegenden Promotionsarbeit folgt in großen Teilen den im vorigen Teilkapitel diskutierten Hauptzielen der Arbeit. Zur Gewährleistung eines einheitlichen Wissenstands des Lesers gibt Kapitel 2 zunächst einen Überblick über den derzeitigen Stand der Technik. Betrachtet werden im Rahmen dieses Kapitels die Einordnung der aktiven Sicherheit und der Fahrdynamik in den Entwicklungsprozess sowie deren inhaltliche Schwerpunkte und Zielsetzungen, die unterschiedlichen derzeit in Industrie und Forschung eingesetzten fahrdynamischen Untersuchungswerkzeuge, die Geschichte von linearen und rotatorischen Elektromotoren und -aktuatoren sowie deren Einsatz im Fahrwerksbereich, die Entwicklung, Verbreitung und Ausgestaltung derzeit am Markt verfügbarer aktiver Fahrwerks- und Hinterachslenksysteme sowie bisher veröffentlichte Arbeiten zur Objektivierung des subjektiven Fahrereindrucks.

Aufbauend auf dem Stand der Technik erläutert Kapitel 3 die realisierten Versuchsfahrzeuge und deren aktive Systeme zur Beeinflussung der fahrdynamischen Fahrzeugeigenschaften. Erläutert wird die Beeinflussung des hoch- und querdynamischen Fahrzeugverhaltens durch die definierte Stellung von Relativkräften zwischen Rad und Karosserie mittels elektrischer Linearaktuatoren, die Variation des Eigenlenkverhaltens und des Schwimmverhaltens mittels einer aktiven Hinterachs-Spurverstellung sowie die Beeinflussung des Fahrzeuglenkverhaltens hinsichtlich Winkels und Moments. Ebenfalls wird die für fahrdynamische Untersuchungen verwendete Messtechnik zur Erfassung und Aufbereitung der relevanten objektiven Fahrzustandsgrößen im Rahmen dieses Kapitels erläutert.

Kapitel 4 beschreibt die anhand des mit den zuvor erläuterten aktiven Systemen ausgerüsteten Fahrzeugs durchgeführten Probandenstudien zur Objektivierung des subjektiven Fahreindrucks bezüglich ausgewählter Einzelkriterien des fahrdynamischen Fahrzeugverhaltens. Nach einer voranstehenden Diskussion der in den Studien berücksichtigten Betrachtungsebenen und Zusammenhänge wird zunächst auf die subjektive Fahrverhaltensbeurteilung, die objektive Fahrverhaltensbeschreibung sowie die statistischen Grundlagen und die im Rahmen der durchgeführten Studien angewandte Auswertemethodik eingegangen. Im Anschluss werden die durchgeführten Studien im Detail hinsichtlich Ausgangssituation und Untersuchungsziel, Zielgrößen und Einflussfaktoren, Versuchsplan, Versuchsdurchführung sowie Auswertung und Interpretation der Ergebnisse beschrieben. Die Validierung der erzielten Ergebnisse mittels eines Fahrzeugs mit erhöhter Sitzposition rundet die Korrelationsanalysen ausgewählter Themenbereiche ab.

Die Folgekapitel 5 und 6 beinhalten die virtuelle Darstellung von aktiven Fahrwerksystemen anhand der zur Verfügung stehenden Systeme im Fahrzeug sowie die potenzielle Integration der entwickelten Werkzeuge in einem Versuchsträger zur Darstellung fahrdynamischer Lastenheftkennwerte. Kapitel 7 gibt abschließend eine Zusammenfassung der geleisteten Arbeiten sowie einen Ausblick auf die sich aufbauend auf den erarbeiteten Ergebnissen eröffnenden Potenziale und Möglichkeiten.

2. Stand der Technik

Das folgende Kapitel gibt einen Überblick über den Stand der Technik auf den Gebieten aktive Sicherheit und Fahrdynamik, fahrdynamische Untersuchungswerkzeuge, lineare Elektromotoren und Einsatz von Elektroaktuatoren im Fahrwerksbereich, aktive Fahrwerke sowie Hinterachslenkung, so dass der Leser die bisherigen Entwicklungen überblicken und im weiteren den Neuigkeitsgrad der vorliegenden Arbeit einordnen kann.

2.1. Aktive Sicherheit, Fahrdynamik und Fahraufgabe

Seit in Verbindung mit dem Unfallgeschehen Mitte der 60er Jahre die Begriffe „aktive Sicherheit" und „passive Sicherheit" eingeführt worden sind, wird das Fahrverhalten der aktiven Sicherheit zugeordnet. Unter der aktiven Sicherheit werden diejenigen Merkmale und Systeme eines Fahrzeugs verstanden, die dazu beitragen, das Unfallrisiko zu verringern beziehungsweise Unfälle komplett zu vermeiden. Die aktive Sicherheit wird auch als das Potenzial des Regelkreises Fahrer-Fahrzeug-Umwelt, Unfälle zu vermeiden, bezeichnet [27]. Der aktiven Sicherheit werden die Teilbereiche Fahrsicherheit und Fahrverhalten, Konditionierungssicherheit (Minimierung der Belastung des Fahrers), Wahrnehmungssicherheit und Bediensicherheit zugeordnet. Unter passiver Sicherheit werden hingegen diejenigen Merkmale eines Kraftfahrzeugs, die bei einem nicht mehr vermeidbaren Unfall die Folgen - insbesondere Verletzungen der beteiligten Menschen - so gering wie möglich halten, verstanden. Die passive Sicherheit unterteilt sich in die Teilbereiche äußere Sicherheit und innere Sicherheit [156]. Zusammengefasst versucht die passive Sicherheit, die Auswirkungen eines unvermeidbaren Unfalls zu reduzieren, während die aktive Sicherheit danach strebt, die Unfälle in ihrer Anzahl zu vermindern [184]. Während auf dem Gebiet der passiven Sicherheit in den vergangenen Jahren erhebliche Fortschritte erzielt wurden, gibt es im Bereich der aktiven Sicherheit noch ungenutzte Möglichkeiten [6].

2.1.1. Fahrverhalten und Regelkreis Fahrer-Fahrzeug-Umwelt

Das Fahrverhalten eines Fahrzeugs beschreibt per Definitionem die Fahrzeugreaktionen auf Grund von Fahrereingaben (Lenken, Bremsen, Beschleunigen, ...) sowie Störungen von außen wie Seitenwind, unterschiedlichen Fahrbahnoberflächen etc. Das Fahrverhalten wird beschrieben durch die Bewegungsgrößen des Fahrzeugs und deren zeitliche Änderungen [10], [165]. Die Fahrzeugbewegungen lassen sich dabei einteilen in längs-, hoch- und querdynamische Bewegungsanteile - das Fahrverhalten entspricht hierbei der Querdynamik. Nach verschiedenen Quellen (siehe beispielsweise [76] und [165]) ist unter „Fahrverhalten" jedoch nicht nur das Verhalten des Fahrzeugs, sondern das des gesamten Regelkreises Fahrer-Fahrzeug-Umwelt zu verstehen. Das Fahrverhalten ist demzufolge als das Gesamtverhalten von Fahrerhandlungen und den daraus resultierenden Fahrzeugreaktionen, einschließlich der Wirkung von Störungen während des Bewegungsablaufs, definiert. Abbildung 2.1 nach [199] zeigt einen leicht vereinfachten Regelkreis, welcher den Einfluss der Umwelt über die Einwirkung von Störgrößen berücksichtigt.

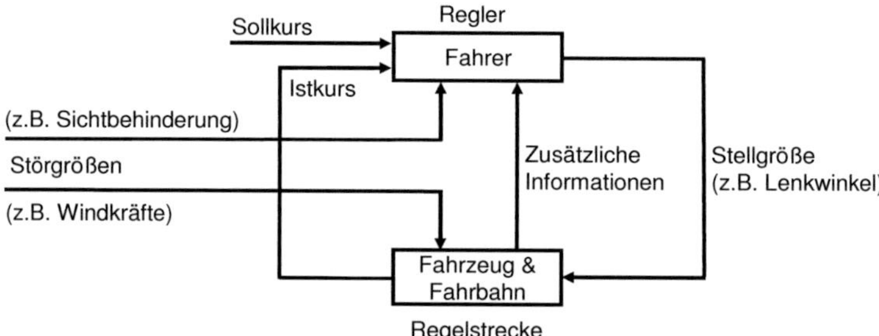

Abb. 2.1.: Regelkreis Fahrer-Fahrzeug-Umwelt

Der Fahrer repräsentiert im oben dargestellten Regelkreis den Regler. Die ihm so zufallende Regeltätigkeit wird auch als die „Fahraufgabe" des Fahrers bezeichnet. Die Fahraufgabe kann dabei in primäre, sekundäre und tertiäre Fahraufgaben unterteilt werden. Zur primären Fahraufgabe gehören dabei alle Aktivitäten, die auf das Halten des

Fahrzeugs auf der Straße abzielen. Sekundäre Aufgaben ergeben sich aus der Verkehrs- und Umweltsituation (z. B. Blinker, Scheinwerfer oder Scheibenwischer betätigen). Tertiäre Fahraufgaben sind Nebentätigkeiten, die das Komfortbedürfnis des Fahrers befriedigen (Beispiele: Sitzheizung, Telefon, etc.) Die primäre Fahraufgabe kann nochmals in die drei Ebenen Navigation, Bahnführung und Stabilisierung unterteilt werden. Die fahrdynamischen Eigenschaften des Fahrzeugs beeinflussen im Rahmen dieser Einteilung vor allem die Regelaufgabe der Stabilisierung und in geringem Maße auch die der Führung (Antizipation). Für die Gesamtwahrnehmung der Fahrsituation stehen dem Fahrer optische (visuelle), vestibuläre (kienästhetische), taktile (haptische) und akustische Wahrnehmungen zur Verfügung, die in Kombination die Gesamtwahrnehmung der Fahrsituation durch den Fahrer ergeben [23]. Als wichtigste Forderungen für fahrdynamisch „gute" Fahrzeuge können nach [164] gelten:

- gute dynamische Eigenschaften (hinreichend schnelle Fahrzeugreaktion auf Lenkwinkeleingaben, gute Dämpfung, weitgehend lineares Übertragungsverhalten)

- geringe Änderungen im dynamischen Verhalten bei Einwirkung von Störungen wie Änderung des Kraftschlussbeiwerts, Lastwechsel oder Seitenwind.

In [76] wird angemerkt, dass die Entwicklung der Kraftfahrzeuge heute einen solch hohen Stand erreicht hat, dass es (zumindest unter den namenhaften Automobilherstellern) praktisch kein Fahrzeug mit ”schlechtem” Fahrverhalten mehr gibt. Zukünftige Verbesserungen werden deshalb vornehmlich eine Individualisierung der Fahrzeuge, d. h. eine optimale Anpassung an bestimmte Käuferschichten oder sogar an individuelle Fahrer, zum Inhalt haben.

2.1.2. Bedeutung der Fahrdynamik

Das Auto ist heute das komplexeste Konsumgut unserer Gesellschaft. Das Angebot an Fahrzeugmodellen und Karosserievarianten übersteigt dabei den elementaren Bedarf der Märkte. Eine Vielzahl von Automobilherstellern konkurriert mit einer Fülle von Modellen um die potenziellen Käufer. Wesentlicher Erfolgsbestandteil neuer Systeme ist daher heutzutage neben der technischen Reife die Kundenakzeptanz, die es erfordert, Kundenwünsche und -bedürfnisse bereits früh in den Entwicklungsprozess einfließen zu lassen [178].

Nach einer in 2006 durchgeführten Befragung (siehe [5]) sind Fahrdynamik, Design und Fahrleistungen die drei wichtigsten Transporteure der für die Kunden wichtigen Werte eines Fahrzeugs. Die Fahrdynamik mit ihren Teilbereichen Längs-, Quer- und Vertikaldynamik ist hiervon wiederum das wichtigste (siehe Abbildung 2.2).

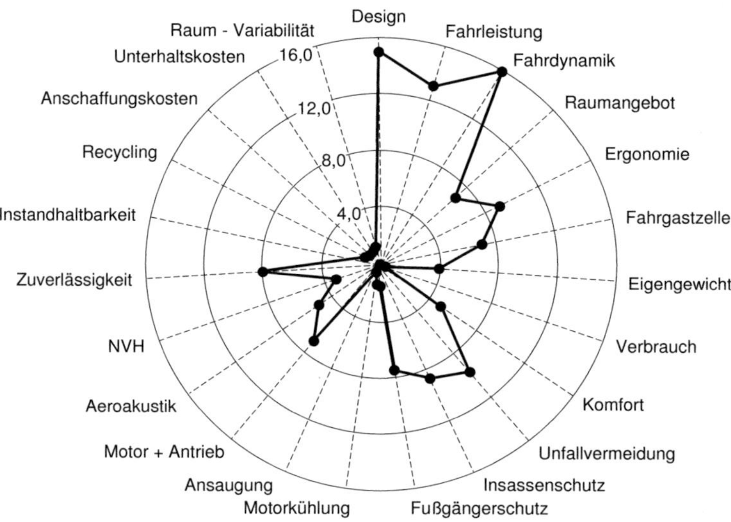

Abb. 2.2.: Vermittlung ausgewählter Werte mittels Gesamtfahrzeugeigenschaften

Die Fahrdynamik besitzt dennoch unzweifelhaft eine Schlüsselstellung als bestimmende Größe für die Fahrsicherheit und beeinflussende Größe für den Fahrkomfort sowie zur Vermittlung markenprägender Wertvorstelllungen. Im Themenfeld Fahrdynamik wünschten sich die Probanden der oben genannten Erhebung besondere Beachtung der fahrdynamischen Eigenschaften Zielgenauigkeit, Wankverhalten, Eigenlenkverhalten, niederfrequenter Federungskomfort, Gierstabilität beim Bremsen (Schnittmenge mit dem Themenfeld Längsdynamik) und Regelverhalten kombinierter Regelsysteme.

Die ersten vier der genannten Punkte werden in der vorliegenden Arbeit mittels Subjektiv-Objektiv-Korrelationsuntersuchungen näher beleuchtet (siehe Kapitel 4). Die Stabilität beim Bremsen als Schnittmenge des quer- und des längsdynamischen Fahrzeugverhaltens sowie die Auslegung kombinierter Regelsysteme werden in dieser Arbeit nicht näher betrachtet.

Die Relevanz des fahrdynamischen Fahrzeugverhaltens wird erst mit Blick auf die Ausnutzung des zur Verfügung stehenden Reibwerts zwischen Reifen und Fahrbahn durch den Normalfahrer (den typischen Kunden also) besonders deutlich. Beachtet werden muss hierbei, dass der Fahrer vestibuläre Informationen über den zur Verfügung stehenden Reibwert zwischen Reifen und Fahrbahn nur aus den Fahrzeugreaktionen in Form der auf ihn einwirkenden Beschleunigungen sowie des Lenkmoments erhalten kann [6], so dass sich der Kreis hin zur Bedeutung der Fahrzeugreaktionen auf äußere Einwirkungen schließt.

Bei der Betrachtung verschieden aktueller Literaturquellen lässt sich zudem eine Veränderung im Fahrverhalten von Normalfahrern feststellen. Während in einer Studie von 1995 ([6], Abbildung 2.3) die von Normalfahrern gefahrenen Querbeschleunigungen im Bereich bis maximal vier m/s^2 lagen, wurden 2008 in [178] deutlich höhere akzeptierte Querbeschleunigungen dokumentiert (siehe Abbildung 2.4). Von sportlichen Fahrern wurden bei entsprechend engen Kurvenradien Querbeschleunigungen von in der Spitze bis zu 7,5 m/s^2 toleriert. Dieser Vergleich lässt die zunehmende Bedeutung des fahrdynamischen Fahrzeugverhaltens auch im „üblichen" Fahrbetrieb des Normalfahrers erahnen.

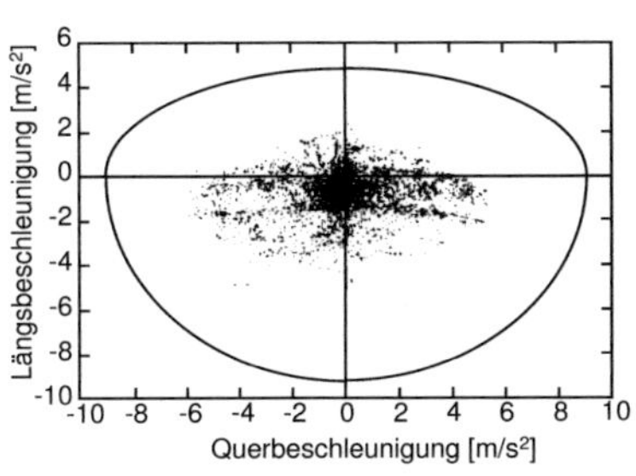

Abb. 2.3.: Beschleunigungspotenzialausnutzung durch Normalfahrer

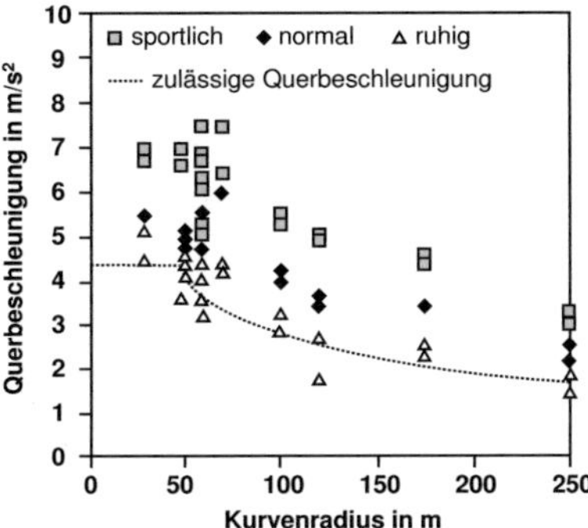

Abb. 2.4.: Akzeptierte Querbeschleunigung abh. vom Kurvenradius

Die Fortentwicklung der Fahrwerke, die zunehmende Verbreitung aktiver Fahrwerksysteme und auch die immer bessere Auslegung von Fahrzeugen lässt den Fahrer sich immer mehr den physikalischen Grenzen annähern. Ein frühzeitiges und gleichmäßiges Ankündigen des physikalischen Grenzbereichs sowie unkritische und vorhersehbare Fahrzeugreaktionen bei Überschreitung dieser Fahrgrenzen sind elementar wichtige Fahrzeugeigenschaften, die begleitend zum Entwicklungsprozess mittels fahrdynamischer Simulationen und Messungen abgeprüft werden können und müssen.

2.1.3. Einordnung der Fahrdynamik im Entwicklungsprozess

Die fahrdynamische Auslegung von Fahrwerken folgt im Allgemeinen vier Hauptzielen. Das Fahrzeug (nach [126])

- muss leicht kontrollierbar sein,

- darf den Fahrer auch bei Störungen nicht überfordern,

- muss die Fahrgrenzen deutlich erkennen lassen und

- Änderungen des Fahrverhaltens (hervorgerufen beispielsweise durch Beladungs- oder Bereifungsänderungen oder durch wechselnde Fahrbahnoberflächen) sollen möglichst gering sein.

Im Entwicklungsprozess einer neuen Fahrzeuggeneration ist die subjektive und objektive fahrdynamische Beurteilung (siehe nachfolgendes Teilkapitel) der Vorserienfahrzeuge parallel zum Entwicklungsprozess eine wichtige Größe. Beginnend mit den ersten verfügbaren Aggregateträgern und begleitend zum Auslegungs- und Abstimmprozesses der Bereiche Fahrwerk, Lenkung und Regelsysteme werden fahrdynamische Messungen und Beurteilungen durchgeführt, um die Einhaltung von Lastenheftwerten und die Entwicklung spezifischer Kenngrößen im Entwicklungsprozess zu verfolgen. Vor Serienanlauf eines neuen Modells wird im Rahmen der fahrdynamischen Serienfreigabe ein abschließender Stand der festgelegten Fahrzeugvarianten dokumentiert. Während des Produktlebenszyklus erfolgt im Bedarfsfall (beispielsweise bei Abstimmungsänderungen im Rahmen von „Facelifts", beim Release von neuen Fahrwerks- oder Regelsystemvarianten oder bei herstellerseitiger Freigabe neuer Rad-Reifen-Kombinationen) eine erneute Betrachtung relevanter fahrdynamischer Manöver.

Die fahrdynamische Auslegung von Fahrzeugen stellt stets einen Kompromiss vieler einander teilweise entgegenstehender Anforderungen dar. Ein Maßstab für das Gelingen einer Abstimmung ist das oft zitierte Spannungsfeld zwischen Fahrdynamik und Fahrkomfort. Weiterhin dient die fahrdynamische Auslegung inzwischen vielen Herstellern auch zur Positionierung ihrer Fahrzeuge gegenüber dem Wettbewerb.

2.1.4. Fahrverhaltensbeurteilungen

Die Fahrdynamik (oder auch: das Handling) umfasst die fahrerinduzierten Bewegungen des Fahrzeugs in Querrichtung, um die Hochachse und um die Längsachse und deren Wahrnehmung durch den Fahrer. Dazu gehört auch das so genannte Schwimmen. Die Aufgaben des Fahrdynamikversuchs umfassen dem entsprechend das Messen der Gesamtfahrzeugbewegungs- und Lenkungsgrößen während der Durchführung festgelegter Prüfmanöver [219].

Der Oberbegriff „Fahrverhaltensbeurteilungen" umfasst sowohl die subjektiven Beurteilungseindrücke als auch die objektiven Methoden zur Ermittlung fahrdynamischer Eigenschaften. Im Folgenden sollen die Geschichte und der heutige Stand der objektiven Fahrverhaltensbeurteilung kurz dargestellt werden.

Geschichte der Fahrverhaltensbeurteilungen

Die ersten Untersuchungen, die als Fahrverhaltensbeurteilungen bezeichnet werden können, wurden im Mai 1904 durchgeführt. Zur Untersuchung des Schleuderns in Kurven wurden auf dem Gelände der Firma Clement Talbot Engineering in England Zickzackkurse auf einer eingefetteten Holzbohlenbahn gefahren. Dies war der erste Slalomtest. Bereits in den 30er Jahren begannen die fahrdynamischen Untersuchungen im heutigen Sinn. Es wurde erkannt, dass der Luftreifen unter Seitenkraft schräg zur Felgenebene unter dem so genannten Schräglaufwinkel abrollt und damit die Bewegung des Fahrzeugschwerpunktes bei Kurvenfahrt nicht in Richtung der Fahrzeuglängsachse, sondern unter einem Schwimmwinkel dazu verläuft.

In den 60er Jahren lag der Fokus auf der immanenten Fahrzeugsicherheit wie der Stabilisierung des Fahrverhaltens beim Auftreten externer Störungen [150]. Eine Zusammenfassung des theoretischen Wissens auf diesem Gebiet erschien zum ersten Mal in Buchform 1972 von Mitschke mit dem Titel „Dynamik der Kraftfahrzeuge" [212].

Nachdem die Aufgaben der Sicherstellung sicheren Fahrverhaltens bei Störungen prinzipiell gelöst wurden, rückte vermehrt das Fahrerlebnis oder auch die gerne zitierte „Freude am Fahren" ins Blickfeld der Automobilhersteller. Das Fahrverhalten prägt auch wesentlich den - während der Fahrt permanent erlebten - Charakter des Fahrzeugs und trägt damit zur Zufriedenheit von Fahrer und Passagieren durch Fahrkomfort und Fahrvergnügen entscheidend bei (nach [25] und [63]).

Heutige Fahrmanöver

Fahrdynamische Beurteilungen teilen sich auf in die Bereiche Handling, Lenkverhalten, Fahrkomfort und Bremsverhalten. Beim Handling wird weiterhin unterschieden zwischen Stabilität bei Geradeausfahrt, Stabilität bei Kurvenfahrt und Stabilität bei Spurwechsel [171]. Andere Quellen teilen die zur Charakterisierung des Fahrverhaltens durchgeführten Untersuchungen nach den Hauptfahrsituationen ein in Geradeausverhalten, Kurvenverhalten, Wechselkurvenverhalten und Übergangsverhalten. Das Übergangsverhalten ist dabei charakterisiert durch einen sich permanent ändernden Lenkradwinkel [125], [214].

Das fahrdynamische Fahrzeugverhalten lässt sich anhand von definierten Fahrmanövern abprüfen. Im Verlauf der Produktentstehung von Automobilen spielt manöverbasiertes Testen eine herausragende Rolle [57]. Um objektivierbar Fahruntersuchungen durchführen zu können, ist die Kontrolle der Versuchsrandbedingungen unerlässlich. Unter dieser Prämisse wurde schon früh eine Vielzahl definierter Standard-Fahrmanöver entwickelt [127]. Diverse dieser Manöver wurden durch den VDA, die ISO und/oder weitere Organisationen standardisiert [93]. Im Laufe der Jahre wurde von verschiedenen Herstellern und Institutionen eine Reihe von Manövern entwickelt, die unter Einhaltung der vorgegebenen Spezifikationen zur Durchführung und zu den Randbedingungen Vergleichbarkeit der Messergebnisse verschiedener Fahrzeuge ermöglichen. Die methodisch und inhaltlich am besten abgesicherten Fahrmanöver wurden in Normen definiert. Das ISO-Komitee SC9 führt hierzu eine systematische Vereinheitlichung und Standardisierung der Fahrmanöver durch [214]. Tabelle 2.1 listet die derzeit in Normen beschriebenen Fahrmanöver auf. Die beschriebenen Manöverdefinitionen beinhalten Vorgaben zur Manöverdurchführung, zu den einzuhaltenden Randbedingungen und auch zur Messdatenaufzeichnung.

Fahrmanöver	Normbezeichnung	Entstehungsjahr
ISO-Spurwechsel	ISO 3888-1	1999
VDA-Ausweichtest	ISO 3888-2	2002
Stationäre Kreisfahrt	ISO 4138	1996
Frequenzgang	ISO 7401	1989
Lenkwinkelsprung	ISO 7401	1989
Bremsen aus stationärer Kreisfahrt	ISO 7975	1987
Bremsen in der Kurve	ISO 7975	1987
Gespannstabilität	ISO 9815	2003
Lastwechsel aus stationärer Kreisfahrt	ISO 9816	1995
Vorbeifahrt am Seitenwindgebläse	ISO 12021-1	1996
Sinustest	ISO 13674	2004
Weave-Test	ISO 13674-1	2004
Bremsen auf μ-Split	ISO 14512	1999
Lenkungspendeln	ISO 17288	2004

Tab. 2.1.: Genormte Fahrmanöver

Ziel aller Bemühungen zur Standardisierung ist stets die Vergleichbarkeit der erhobenen Messergebnisse. Nicht verschwiegen werden darf an dieser Stelle jedoch, dass eine Reihe von Einflussgrößen auf die gewonnenen Messergebnisse noch nicht ausreichend untersucht und in den Standardisierungsprotokollen demnach nicht berücksichtigt ist. Beispiele hierfür sind die Öltemperatur des Servo-Öls bei hydraulischen oder elektro-hydraulischen Lenksystemen und die Reifentemperatur, welche aufgrund äußerer Einflüsse oder je nach Reihenfolge der Manöverdurchführung differieren können.

Eine Klassifikation der Fahrmanöver kann entweder anhand der Art der Erzeugung von Eingangsfunktionen (Lenkradwinkelverläufe) oder anhand der betrachteten Hauptfahrsituation erfolgen. Je nach Art der Eingangsfunktion wird zwischen Closed-Loop-Manövern und Open-Loop-Manövern unterschieden. Closed-Loop-Manöver zeichnen sich dadurch aus, dass der Fahrer nicht nur eine steuerungs-, sondern auch eine regelungstechnische Aufgabe übernimmt. Der Fahrer reagiert aktiv auf das Fahrverhalten des Fahrzeugs und korrigiert unter anderem die Ist-Bahn des Fahrzeugs hin zur im Manöver vorgegebenen Soll-Bahn. Klassische Closed-Loop-Manöver sind beispielsweise der doppelte Spurwechsel und der Slalomtest (siehe Tabelle 2.1).

Im Gegensatz zum Closed-Loop-Manöver erfolgt beim Open-Loop-Manöver die Lenkwinkeleingabe des Fahrers unabhängig von der Fahrzeugreaktion. Der Fahrer agiert als reines Steuerungsinstrument, er übernimmt keinerlei Regelungsaufgaben. So können fahrerunabhängige Fahrzeugparameter generiert werden. Open-Loop-Manöver werden gewählt, um den Fahrereinfluss in den Mess- oder auch Rechenergebnissen zu minimieren [150]. Durch den Einsatz einer Lenkmaschine und/oder eines Fahrroboters bei der Durchführung von Open-Loop-Manövern kann nach [63] die Streuung der Parameter deutlich (um über zehn Prozentpunkte) reduziert werden. Die Lenkmaschine erlaubt es, deutlich geringere Unterschiede einzelner Fahrzeugkonfigurationen als beim Einsatz eines Fahrers zu identifizieren. Übliche Eingangsfunktionen durch Lenkmaschinen sind Sprungfunktionen (z. B. Lenkwinkelsprung), Impulsfunktionen (z. B. Lenkungspendeln), Rampenfunktionen (z. B. Lenkungszuziehen) und sinusförmige Funktionen (z. B. Frequenzgangmanöver). Die für fahrdynamische Betrachtungen relevanten Hauptfahrsituationen und die zu ihrer Überprüfung zur Verfügung stehenden Fahrmanöver nach [199] zeigt Tabelle 2.2.

Eine weitere (weniger übliche) Unterteilung der Fahrmanöver ist die Unterscheidung zwischen Manövern, die im linearen Querbeschleunigungsbereich durchgeführt werden und solchen, bei denen die gefahrenen Querbeschleunigungen den linearen Bereich überschreiten. Die lineare Theorie kann bis zu einer Querbeschleunigung von circa vier m/s^2 angewendet werden [126].

2.2. Fahrdynamische Untersuchungswerkzeuge

Die ca. 120 derzeit bekannten Verfahren zur Systemevaluierung können nach [96] in fünf Hauptkategorien eingeteilt werden: Objektive Verhaltensmaße (z. B. Lenkwinkel), physiologische Messungen, laborbasierte Evaluationsverfahren, subjective Rating (z. B. anhand von Fragebögen) und Dokumentenanalyse. In der Fahrzeugentwicklung stehen grundsätzlich die Methoden der Subjektivbeurteilung, der objektiven Messung und der Simulation zur Verfügung, um Problemstellungen zu untersuchen [171]. Die Simulation dient hierbei entweder zur Ermittlung objektiver Kennwerte oder mittels geeigneter

Hauptfahrsituation	Fahrmanöver	Closed Loop	Open Loop
Kurvenverhalten	Stationäre Kreisfahrt		X
	Lastwechselreaktion		X
	Instationäre Kreisfahrt		X
	Aquaplaning		X
Geradeausverhalten	Geradeauslauf		X
	Spurhaltung		X
	Aquaplaning		X
	Seitenwind		X
	Lastwechselreaktion		X
	Geradeausbremsen		X
	Anreißen		X
	Anlenken (Ansprechen)	X	
Übergangsverhalten	Lenkwinkel-Sprungantwort		X
	Rückstellverhalten		X
	Einfahrt in Kreis	X	
	Ausfahrt aus Kreis	X	
	Fahrbahnwechsel	X	
	ISO-Spurwechseltest	X	
Wechselkurvenverhalten	Sinuslenken		X
	Wedeln	X	
	Pendeln (Anreißen und Beschl.)		X
	Reaktions- und Ausweichtests	X	

Tab. 2.2.: Hauptfahrsituationen und zugehörige Fahrmanöver

Darstellungsmöglichkeiten wiederum zur subjektiven Beurteilung durch Testpersonen. Die Fahrzeugbeurteilung (und dabei im Besonderen die fahrdynamische Fahrzeugbeurteilung) basiert auf den beiden sich gegenseitig ergänzenden Bereichen Subjektivbeurteilung und objektive Messung.

Für fahrdynamische Untersuchungen stehen verschiedene Möglichkeiten und Untersuchungswerkzeuge zur Verfügung. Vor allem Simulationsumgebungen, Fahrsimulatoren und reale Versuchsfahrzeuge werden für die verschiedensten Untersuchungen eingesetzt. Jede der erwähnten Methoden weist hierbei spezifische Vor- und Nachteile auf, die sie für verschiedene Einsatzszenarien prädestinieren.

2.2.1. Simulationsumgebungen

Unter anderem aufgrund von immer kürzer werdenden Entwicklungszyklen und steigendem Kostendruck in der Automobilindustrie ist die Simulation ein nicht mehr wegzudenkendes Werkzeug moderner Fahrzeugentwicklung [79]. Die Simulationstechnik zieht sich mittlerweile begleitend durch den gesamten Verlauf der Fahrzeugentwicklung. Es entstehen vollständige digitale Abbilder der Fahrzeuge, die bereits alle seine Eigenschaften besitzen. In aufwendigen Modellen werden alle wesentlichen Komponenten des Fahrzeugs detailliert nachgebildet. Anwendungsbeispiele für den Rechnereinsatz in der Fahrzeugentwicklung sind unter anderem virtuelle Crashtests, aerodynamische Analysen sowie Simulationen der Verbrennungsprozesse im Motor und der Klimatisierung im Fahrzeuginnenraum.

Auch Fahrdynamikuntersuchungen werden mittlerweile auf breiter Front simulationsbasiert durchgeführt. Hierbei kommen verschiedenste Simulationsmodelle mit unterschiedlichen Detaillierungsgraden zum Einsatz. 1940 stellten Riekert und Schnuck erstmals ein mathematisches Modell mit zwei Freiheitsgraden zur Verfügung - das noch heute verwendete Einspurmodell. Die heute eingesetzten Fahrzeugmodelle bewegen sich je nach Anwendungsfall zwischen einem solchen einfachen Einspurmodell und aufwändigen FEM-Fahrzeugmodellen. Die am weitesten verbreiteten Fahrzeugmodelle zur Durchführung von fahrdynamischen Untersuchungen sind klassische Einspurmodelle, Einspurmodelle mit verschiedenen Erweiterungen (z. B. Wankmodell, Lenkungs-Modell, nichtlineare Reifeneigenschaften, . . .), Mehrkörperfahrzeugmodelle und FEM-Fahrzeugmodelle.

Einen neueren Ansatz im Bereich derzeit verfügbarer Simulationsumgebungen bietet der Einsatz von experimentellen Modellen. Ein experimentelles Modell hat in seinen Parametern keinen direkten Zusammenhang zu den physikalischen Daten des realen Fahrzeugs. Es können deshalb nur existierende Fahrzeuge identifiziert werden. Experimentelle Modelle finden ihr Einsatzgebiet insbesondere auch bei Konkurrenzfahrzeugen, da auch hier die Modellparameter des unbekannten Systems auf einfachem Wege ermittelt werden können. Vorteil dieser Art der Modellierung ist vor allem, dass innere Vorgänge nicht bekannt sein müssen und damit mit geringem Zeitaufwand eine hohe Modellgüte erreicht werden kann. In der Fahrwerksentwicklung von VW wird beispielsweise ein Fahrdynamikmodell eingesetzt, dessen Achsen und Reifen vollständig durch Messdaten aus Kinematik- und Elastokinematik-Messständen sowie Flachband-Prüfständen beschrieben werden [207].

Beispielhaft sei hier das in [127] vorgestellte Modell genannt, welches die Lücke zwischen einfachsten Teilmodellen für Einzelaspekte des Fahrverhaltens (z. B. dem linearen Einspurmodell) und bauteilorientierten Gesamtfahrzeugmodellen zu schließen versucht. Das vorgestellte Fahrverhaltensmodell ist in Teilmodelle für verschiedene Fahrsituationen gegliedert. Der Parametersatz des Modells ist durch die Teilmodellstruktur in kleine Gruppen gegliedert, welche getrennt voneinander anhand unterschiedlicher Fahrmanöver bestimmt werden können. Bei der Modellparametrierung wird der Teilmodellstruktur durch ein hierarchisches Vorgehen Rechnung getragen. Das Modell, welches bereits eine Simulations- und Parametrierumgebung mit grafischer Benutzeroberfläche aufweist, wurde im Rahmen eines Fahrsimulatorversuchs erstmals mit einer realen Versuchsumgebung gekoppelt.

Die kurz nach [127] veröffentlichte Arbeit [213] legt den Schwerpunkt auf die Parameteridentifikation experimenteller Simulationsmodelle. Ansatz der Arbeit ist es, ein Verfahren zu entwickeln, welches es erlaubt, die Kriterien für das Fahrverhalten eines Fahrzeugs ohne die Notwendigkeit einer Fahrdynamikfläche zu ermitteln. Vielmehr sollen sich die Kriterien auf einem geeigneten, d. h. hinreichend kurvenreichen aber ansonsten beliebigen, Kurs bestimmen lassen. Es muss während der Online-Identifikation nur der interessierende Fahrzustandsraum bezüglich Querbeschleunigung bei konstanter Fahrgeschwindigkeit abgedeckt werden.

[89] stellt das oben eingeführte Modell in der weit verbreiteten und modular aufgebauten Software Matlab/Simulink dar. Dies schafft die Grundlage für nachfolgende

Modellerweiterungen, welche unten erläutert werden. Das verwendete Modell basiert auf einem Einspurmodell mit Erweiterungen wie dem Wankverhalten des Fahrzeugs. Das zugrunde liegende Achsmodell beinhaltet nichtlineare Seitenkraftkennlinien, um auch das Fahrverhalten im Grenzbereich abbilden zu können. Ein Modell für das Reifeneinlaufverhalten berücksichtigt den dynamischen Seitenkraftaufbau am Reifen. Auf Basis von Messdaten der Manöver stationäre Kreisfahrt und Frequenzgang werden mittels der Verwendung einer von Matlab bereitgestellten Multikriterienoptimierung die zur Parametrierung des Modells erforderlichen Parameter bestimmt. Weiterhin werden die Laufzeitverzüge der verwendeten Messdatenkanäle bei der Identifikation berücksichtigt.

Im Rahmen von [42] wurde zum in [89] gewonnenen Simulationsmodell ein Lenkungsmodell entwickelt, welches die Abbildung und Untersuchung von Lenkmomenten erlaubt. Aufbauend auf der bis dahin verwendeten Lenkungsdarstellung lediglich anhand von Lenkungsspiel und Lenkübersetzung werden in dem erstellten Lenkungsmodell Lenkungswelligkeit, Gewichtsrückstellmomente sowie eine stationäre Hydraulikkennlinie der Servolenkung berücksichtigt. Das entwickelte Lenkungsmodell wurde in [145] mit dem oben beschriebenen Simulationsmodell gekoppelt. In [86] wurde darüber hinaus ein Verfahren zur automatisierten Parametrierung eines EPS-Reglers nach vorgegebenen Kriterien basierend auf dem existenten kombinierten Simulationsmodell vorgestellt. Hierzu wurde die Modellparametrierung um die Manöver Lenkungspendeln und Lenkungsrücklauf erweitert.

Entscheidender Nachteil reiner Simulationsumgebungen ist allgemein, dass bei ihrer alleinigen Anwendung der Einsatz von Probanden ausgeschlossen ist. Die Entwicklung von Fahrermodellen ist jedoch weit fortgeschritten, so dass fahrertypische Reaktionen und Eingaben an das Fahrzeug simulationstechnisch abgebildet werden können.

Fahrermodelle sind im Fahrversuch oft relativ einfache Bahnfolgeregelungen. Das Verhalten dieser Modelle repräsentiert damit nicht den menschlichen Fahrer, sondern minimiert lediglich die Abweichung des Fahrzeugs von der Sollspur. Die meisten komplexeren Fahrermodelle sind in einen steuernden und einen regelnden Anteil unterteilt. Die Regelung kompensiert unvorhergesehene Störungen, wie z. B. Seitenwind, während die Steuerung unter anderem der vorgegebenen Bahn folgt. Mit einem im [130] erarbeiteten Fahrermodell lässt sich eine Trajektorie mit einer Genauigkeit von fünf Zentimetern wiederholen; eine solche Genauigkeit ist bei keinem realen Fahrertyp beobachtbar.

In [114] wird die Entwicklung eines Fahrermodells für Motorräder vorgestellt. Da Motorräder als Zweiradfahrzeuge instabil sind, gestaltet sich im Vergleich zu Kraftfahrzeugen die Simulation von Open-Loop-Manövern deutlich schwieriger. Um ein Umfallen des Motorrads zu vermeiden, ist die Integration einer Wankwinkelkontrolle in jedes Fahrermodell erforderlich, die reine Trajektorienoptimierung ist nicht ausreichend. Im beschriebenen Modell wird die Planung der Trajektorie und die Fahrzeugkontrolle in zwei unterschiedliche Aufgaben unterteilt, die von unterschiedlichen Modellteilen übernommen werden. In einer Folgeuntersuchung wurde in [168] versucht, die Abbildungsgüte des Verhaltens eines realen Fahrers zu verbessern. Hierzu kommt die so genannte Methode des Model Predictive Control (MPC) zum Einsatz, welche auf angenommenen zukünftigen Modelleingängen basierende zukünftige Modellausgänge mit den zukünftigen Ziel-Ausgangsgrößen des Modells vergleicht und die resultierende Abweichung mittels der Methode der kleinsten Fehlerquadrate zu minimieren versucht. Resultierend muss jedoch festgestellt werden, dass sich lediglich bei virtuell stark eingeschränkter Sichtweite des Fahrers Vorteile durch den neuen Regelansatz ergeben. Unter gewöhnlichen Bedingungen sind die beiden Ansätze als gleichwertig zu betrachten.

Durch den Einsatz von Fahrermodellen in Kombination mit realen Fahrzeugen könnte in Zukunft auch außerhalb der Open-Loop-Tests reproduzierbares Fahrverhalten erreicht und so Vergleichbarkeit ermöglicht werden. Um die Anwendbarkeit von Fahrermodellen in Zukunft noch weiter zu erhöhen, ist zu erwarten, dass auch verschiedene Fahrertypen mittels entsprechender Modelle dargestellt werden können. Vorbereitend hierfür wurde in verschiedenen Studien das Fahrverhalten realer Fahrer untersucht und verschiedene Fahrertypen abgeleitet. Beispielhaft sei [178] genannt. Hier werden neben der Identifikation verschiedener Fahrertypen auch Parameter wie Verzögerung, Beschleunigung, Querbeschleunigung und Zeitlücke näher untersucht, mittels derer reale Fahrer den verschiedenen Gruppen von Fahrertypen zugeordnet werden können.

Um die Urteile von Probanden untersuchen zu können, muss anstelle eines Fahrermodells der reale Fahrer in die Simulationsumgebung eingebunden werden. Diese Verbindung des simulierten Fahrverhaltens mit dem realen Fahrer ermöglichen die zweite Gruppe fahrdynamischer Untersuchungswerkzeuge, die Fahrsimulatoren.

2.2.2. Fahrsimulatoren

Simulatoren bieten die Möglichkeit, schnell und einfach sowie - nach der einmaligen Installation des entsprechenden Systems - mit geringem finanziellem Aufwand technische Systeme virtuell darzustellen. Die Ausbildung von Flugzeugpiloten erfolgt beispielsweise heutzutage für bestimmte Maschinentypen zu über 90 Prozent an Flugsimulatoren. Für die Automobilindustrie hingegen dienen Simulatoren im Allgemeinen nicht zur Ausbildung von Fahrern, sondern dazu, das Verhalten der Produkte - also der Fahrzeuge - bei kontrollierter Variation der Eigenschaften quantifizieren zu können [4].

Fahrsimulatoren stellen eine Möglichkeit dar, Forschungsarbeiten zum Fahrer-Fahrzeug-Umwelt-Verhalten vor allem in Grenzsituationen ohne Gefährdung des untersuchenden Personals durchzuführen. Die Sinneseindrücke des Fahrers werden je nach realisiertem Konzept mehr oder weniger aufwändig getäuscht, um eine reale Fahrsituation zu simulieren. Die realisierten Konzepte reichen von einfachen Sitzkisten mit davor montierten Monitoren zur Darstellung der Umgebung bis hin zu komplexen Systemen, die alle menschlichen Sinne zu täuschen versuchen.

Informationskanäle und deren Darstellung

Um Fahrerhandlungen zu untersuchen, müssen die handlungsrelevanten Reize im Fahrsimulator vorhanden sein. Da die Fahrerhandlungen auch für fahrdynamische Fahrzeuguntersuchungen von hoher Bedeutung sind, kann auf die realistische Darstellung der verschiedenen auf den Fahrer einwirkenden Reize nicht verzichtet werden. Die Informationskanäle, die gute Fahrsimulatoren für den Fahrer realitätsnah darstellen können, sind nach [9]:

- Visuelle Informationen (z. B. Lage des Fahrzeugs und Aussehen der Umgebung)

- Akustische Informationen (z. B. Fahrgeräusch, Motorgeräusch und Reifenquietschen)

- Vestibuläre Informationen (Beschleunigungen in allen Freiheitsgraden)

- Haptische Informationen (z. B. Lenkradmoment und Bedienkräfte)

Durch die Verwendung von echten Fahrzeugen in Verbindung mit ausgefeilten Methoden der akustischen, optischen und sogar haptischen Umgebungssimulation wird versucht, ein möglichst realitätsnahes Fahrerlebnis zu generieren. Die haptische Information ist der spezifische Reiz der Biegungs- und Scherungskräfte durch die Verformung der Hautoberfläche. Bedeutend sind hier vor allem die Darstellung des Lenkradrückstellmoments und der Bedienkräfte in den Bedienelementen [9]. Eine im Rahmen von [66] durchgeführte Befragung unter Herstellern von Fahrsimulatoren im Jahr 1997 ergab, dass alle an der Befragung teilnehmenden Firmen das Lenkradmoment simulieren.

Die zweifellos wichtigsten Informationen für den Fahrer im Fahrsimulator sind - wie auch im realen Straßenverkehr - die optischen Reize. Während Beschleunigungen vom Fahrer eher gespürt werden, wird beispielsweise die Giergeschwindigkeit vor allem durch das Sichtfeld sensiert [155]. Das zentrale Gesichtsfeld des Menschen beträgt ca. 60°, das periphere Gesichtsfeld ca. 210°. Die optischen Informationen werden im Simulator mittels Monitoren oder Projektionen dargestellt, für deren Berechnungen meist separate Hochleistungsrechner zum Einsatz kommen.

Aus der Anwendung eines Fahrsimulators als Forschungssimulator resultiert im Gegensatz zur Anwendung als Schulungssimulator ein extrem hoher Anspruch an die Bewegungsdarstellung. Das Bewegungssystem mit seinem großen Bewegungsraum muss so betrieben werden, dass die Bewegungswahrnehmung des Fahrers subjektiv korrekt ist [72]. Die realitätsnahe Darstellung der vestibulären (= kienästhetischen) Informationen ist mit ortsfesten Bewegungssimulatoren nicht möglich. Um Bewegungen so akkurat wie möglich simulieren zu können, sind große Amplituden des Bewegungssystems erforderlich. Zusätzlich wird eine möglichst hohe Anzahl von Freiheitsgraden benötigt [188].

Bewegungssysteme und deren Entwicklung

Große Automobilhersteller und Forschungseinrichtungen verwenden meist Hexapod-Systeme, um die Fahrzeugbewegungen optimal darstellen zu können. Bei der Verwendung von Hexapoden (auch „Stewart-Plattformen" genannt) wird eine Kabine (der „Dome") mit Hilfe von Aktuatoren und einer Hexapod-Motionbase so im Raum bewegt, dass für die Insassen der Kabine durch die physische Darstellung von Beschleunigungskräften ein realistischer Bewegungseindruck entsteht. Der Hexapod mit seinen sechs Achsen sorgt dabei dafür, dass sich die Kabine in sechs Freiheitsgraden bewegen kann.

Die Hexapoden-Technologie wurde bereits in den 30er Jahren im Bereich des Entertainments zum Patent angemeldet. 1967 wurde das erste Patent für einen hexapoden Bewegungssimulator erteilt [79]. Um den Bauraum des Simulatorsystems zu begrenzen, wird in einem neueren Ansatz die Kabine, die klassischerweise auf dem Hexapod platziert ist, in den Hexapod integriert. Die Decke der Kabine bildet somit gleichzeitig den Oberrahmen der Hexapoden [78].

Bei Hexapod-Systemen ist der Gierwinkel meist auf circa 20° begrenzt. Die Gierwinkelgeschwindigkeit kann deshalb nicht hinreichend genau dargestellt werden. Abhilfe bietet die Kombination von Hexapod-Systemen mit Drehtellern ohne Winkelbegrenzung für die realistische Darstellung von Gierwinkelgeschwindigkeiten [9].

Um Quer- und Längsbeschleunigungen realistisch darstellen zu können, werden Hexapod-Systeme oft mit linearen Verfahrsystemen entlang vorgegebener Achsen kombiniert. Aufgrund des begrenzten Verfahrraums können speziell Querbeschleunigungen durch dieses Verfahren jedoch nur begrenzt dargestellt werden. Die alternative Simulation von Querbeschleunigung durch Neigung der Kanzel führt nur niederfrequent zu befriedigenden Ergebnissen. Beim so genannten „Motion Cueing" wird kurzzeitig in die gewünschte Richtung beschleunigt und gleichzeitig die Plattform geneigt. Die Beschleunigungsdarstellung durch die Neigung der Kabine ist bis ca. 25° möglich, was in etwa einer Beschleunigung von vier m/s^2 entspricht. Mit zunehmender Neigung kann die tatsächliche Beschleunigung zurückgenommen werden [79]. Die Beschleunigungsdarstellung durch Neigung darf hierbei nicht zu schnell erfolgen, um unbemerkt vom Fahrer geschehen zu können. Die eingeleiteten Bewegungen werden unter Ausnutzung des so genannten Wash-Out-Effekts bei stationärem Verhalten langsam wieder zurückgenommen [211]. In der Realität kommt meist eine Kombination aus horizontalem Verfahren und Neigen der Kanzel zur Darstellung von Querbeschleunigungen zum Einsatz. Da Horizontal- und auch Querbeschleunigungen die wesentlichen dynamischen Informationen bei der Kurshaltung eines Kraftfahrzeugs sind, kann die nicht realitätsgetreue Darstellung der Querbeschleunigung zu Beeinträchtigungen der Realitätsnähe des Fahrgefühls führen [158].

Die Erweiterung der Bewegungssysteme um Linearzylinder mit vertikalem Hub erlaubt weiterhin die Simulation von Straßenanregungen und Komfortbewertungen. Eine neue Technik, die eine deutlich kostengünstigere Realisierung verspricht, ist die so genannt Smart-Mover-Technik, bei der das Bewegungssystem in Form von speziellen Hydraulikzylindern anstelle der Stoßdämpfer in ein reales Kraftfahrzeug eingebaut wird. Diese Technik verbindet deutlich geringere Kosten im Vergleich zum Einsatz von Hexapod-Systemen mit einer etwas schlechteren Darstellung der Bewegungsmöglichkeiten für den Fahrer. Eine realistische Bewegungssimulation ist - vor allem im Hinblick auf Längs- und Querbeschleunigungen - durch die alleinige Verwendung dieser Technologie jedoch nicht möglich.

Bis 2007 war der größte Fahrsimulator für Bodenfahrzeuge der National Advanced Driving Simulator (NADS) der University of Iowa, siehe Abbildung 2.5 [143]. Im November 2007 wurde dieser vom neu entwickelten Fahrsimulator von Toyota (siehe Abbildung 2.6) übertroffen, der nochmals größere Verfahrwege bietet und somit eine nochmals verbesserte Beschleunigungssimulationen ermöglicht. Der Fahrsimulator von Toyota kann horizontal auf einer Fläche von 35 mal 20 Metern verfahren und seinen Dom um maximal 25° verkippen. Zur Simulation von Vibrationen und Straßenanregungen ist außerdem eine vertikale Bewegung um maximal 100 Millimeter möglich. Es können Beschleunigungen bis zu maximal fünf m/s^2 dargestellt werden [144].

Abb. 2.5.: Fahrsimulator von NADS

Abb. 2.6.: Fahrsimulator von Toyota

Weitere große Fahrsimulatoren betreiben verschiedene Automobilhersteller auf der ganzen Welt. Der Fahrsimulator der Firma Mazda bietet einen Verfahrweg von 14 Metern und kann Beschleunigungen bis zu acht m/s^2 darstellen. Der mögliche Gierwinkel ist mit insgesamt 320 Grad sehr groß [132], [188]. Der Fahrsimulator der Daimler AG existiert seit 1985. 1993 wurde er erstmals grundlegend modernisiert und das Bewegungssystems um die Bewegung in Vertikalrichtung erweitert. Die Querbewegung wird mittels eines hydraulischen Aktuators mit 5,6 Metern Hub realisiert. Die Längsdynamik wird vor allem durch Neigung der Kanzel dargestellt. In einem weiteren Modernisierungsschritt wurden 2004 die Hexapod-Aktuatoren durch neue ersetzt, welche extrem geringe Reibkräfte aufweisen. Zur besseren Integration der Fahrsimulation in den Fahrzeugentwicklungsprozess wird derzeit nahe des Mercedes-Benz Forschungs- und Entwicklungszentrums in Sindelfingen ein neuer Fahrsimulator aufgebaut, welcher 2010 in Betrieb gehen soll [26], [35]. Die Fahrsimulatoren der beiden amerikanischen Firmen General Motors und Ford wurden Ende der 80er Jahre in Betrieb genommen. Während der Simulator bei General Motors eine kleine Hexapod-Plattform und vertikale Bewegungsfreiheit bietet, ist das Design des Ford-Simulators „fixed-base", es ist also keine Bewegung des Simulators im Raum möglich [16], [59]. Der von der Firma BMW eingesetzte Fahrsimulator wird mittels eines elektrisch betriebenen Hexapod-Systems bewegt. Die statische Last wird zusätzlich durch einen Pneumatikzylinder abgestützt [72].

Den großen und kostenintensiven Fahrsimulatorkonzepten entgegen stehen kleine, portable und kostengünstige Simulatorkonzepte, die für bestimmte Untersuchungsbereiche durchaus ausreichend sind. Ein Beispiel ist der in Abbildung 2.7 dargestellte Fahrsimulator der Firma Honda aus dem Jahr 2001. Unzweifelhaft sind solche Simulatorkonzepte für fahrdynamische Untersuchungen jedoch ungeeignet.

Abb. 2.7.: Stationärer Fahrsimulator von Honda

Eine Erhebung vom Februar 2008 [142] zählt insgesamt 81 Fahrsimulatoren verschiedenster Größe und Bauart auf, die von Forschungsinstitutionen, Fahrzeugherstellern und weiteren Firmen weltweit betrieben werden.

In [12] wird ein Ansatz vorgestellt, mittels eines konventionellen Industrieroboters die Möglichkeiten eines Fahrsimulators mit deutlich geringeren Kosten zu verbinden. Der Roboter trägt dabei eine Einheit aus zwei Sitzen. Hauptschwierigkeit der Anwendung ist die Anpassung der Trajektoriendarstellung an den neuartigen Fahrsimulator. Mit dem vorgestellten Simulator können im Gegensatz zu herkömmlichen Simulatoren z. B. auch Überschlags-Simulationen nachgebildet werden. Die realistische Darstellung echter Fahrsituationen gestaltet sich jedoch noch schwierig.

Vor- und Nachteile von Fahrsimulatoren

Der Einsatz von Fahrsimulatoren für fahrdynamische Untersuchungen bietet eine Reihe von Vorteilen. Die Wichtigsten sind hierbei sicher die Reproduzierbarkeit der Versuche, die Unabhängigkeit von äußeren Einflüssen wie Witterungsbedingungen und die Möglichkeit, im normalen Fahrbetrieb mit gewissen Risiken verbundene Untersuchungen wie die Erprobung von Müdigkeitswarnsystemen gefahrlos durchführen zu können. Sicht und Wetter spielen im Gegensatz zu Untersuchungen mit Versuchsfahrzeugen keine Rolle.

Außerdem bieten Fahrsimulatoren gegenüber der Durchführung von Untersuchungen mit realen Fahrzeugen die Möglichkeit, schnell und problemlos zwischen verschiedenen Fahrzeugvarianten umschalten zu können. Der Vergleich verschiedener Fahrzeuge oder Konzepte bezüglich eines speziellen Kriteriums ist einfach darstellbar.

Den genannten Vorteilen steht eine Reihe von Nachteilen bei der Durchführung fahrdynamischer Untersuchungen gegenüber. Zur Untersuchung von Fahrsituationen mit lang andauernden Beschleunigungsphasen sind heutige raumgebundene Fahrsimulatoren nur bedingt geeignet. Eine realistische Abbildung solcher Fahrmanöver kann theoretisch nur innerhalb eines Bewegungsraumes korrekt dargestellt werden, der die gleichen Ausmaße hat wie der Bewegungsraum, den das darzustellende Fahrmanöver in der Realität einnimmt. Heutige Fahrsimulatoren sind in ihrem Bewegungsraum aber deutlich stärker eingegrenzt [149]. Manöver wie die stationäre Kreisfahrt können im Fahrsimulator nicht realistisch dargestellt werden.

Ein nicht zu unterschätzendes Problem ist auch die so genannte Kinetose (oder auch Simulatorkrankheit), also das Übelwerden der Probanden durch unzureichende Synchronisation von Bewegung und Sicht im Fahrsimulator [9]. In Untersuchungen hatten zwischen 20 und 50 Prozent der Teilnehmer Probleme mit Simulator-Übelkeit. Bis zu 20 Prozent der Teilnehmer mussten die Versuche wegen Übelkeit abbrechen. Neuere Untersuchungen weisen darauf hin, dass die Hauptfrequenz des so genannten Missmatch-Signals (das Missmatch-Signal entspricht dem Fehler zwischen der Simulator- und der realen Fahrzeugbewegung) für den Grad der Simulator-Übelkeit (mit-)verantwortlich ist [60].

Eine weitere Limitation des Simulators im Vergleich zur realen Fahrt ist die Tatsache, dass keinerlei Risiko für den Fahrer besteht. Ein Problem kann sein, dass ein Fahrer in dem Wissen, dass, selbst wenn das Fahrzeug die Straße verlässt, keine realen Gefahren für ihn und das Fahrzeug auftreten können, zu unaufmerksamem oder riskantem Fahrverhalten verleitet werden kann [59], [188].

Psychologisch gesehen ist jede Einschränkung der Realitätsnähe ein Verlust der Validität im Sinne der Übertragbarkeit auf die Realität. Fahrsimulation hat vor allem das Inklusionsproblem (es gilt, genau jene Elemente in den Versuch zu inkludieren, die handlungsrelevant sind, und die übrigen aus dem Versuch herauszulassen), während jeder Realversuch dem Exklusionsproblem (Störungen aus der Umwelt auf den Versuch müssen exkludiert werden, um die Realität in einer so genannten „Studienrealität" kontrollieren und unerwünschte Einflüsse ausschließen zu können.) ausgesetzt ist [98].

2.2.3. Versuchsfahrzeuge

Der Zielkonflikt zwischen den von einem Fahrsimulator gebotenen Vorteilen und den ihm innewohnenden Nachteilen kann durch die Verwendung spezieller Versuchsfahrzeuge zumindest teilweise aufgelöst werden. Solche Versuchsfahrzeuge sind mit Aktuatoren ausgestattet, welche es erlauben, unter Erhaltung der realen Fahrzeugumgebung (mit all ihren auf den Fahrer einwirkenden Reizen) fahrdynamische Fahrverhaltensvarianten darzustellen. Die Natürlichkeit der Umweltreize bleibt für den Fahrer so erhalten. Der Terminus „Versuchsfahrzeug" bezeichnet im nachfolgenden Teilkapitel Fahrzeuge, welche mittels spezieller Aktuatorik oder aktiver Fahrwerksysteme die Möglichkeit der gezielten Variation des fahrdynamischen Fahrzeugverhaltens bieten, nicht wie allgemein üblich Prototypen neuer Fahrzeuggenerationen oder Aggregateträger zur Erprobung neuer Fahrzeugtechnologien. Solche Fahrzeuge sind prädestiniert zur Objektivierung subjektiver Fahreindrücke mittels Korrelationsuntersuchungen, wie später in der vorliegenden Arbeit dargestellt.

Wie bereits erwähnt gibt es auf dem Gebiet der Fahrsimulatoren mit der Entwicklung der Smart-Mover-Technik Ansätze, das Bewegungssystem der Simulatoren in das Fahrwerk eines realen Fahrzeugs zu integrieren. Diese Systeme sind jedoch vor allem aufgrund der fehlenden Möglichkeit der Darstellung von Quer- und Längsbeschleunigungen (also der Horizontaldynamik) Einschränkungen unterworfen, während Vibrationen und Straßenanregungen (also die Vertikaldynamik) dargestellt werden können. In den letzten Jahren gab es vermehrt Ansätze, die Smart-Mover-Technik mit einem voll fahrtauglichen Versuchsfahrzeug zu kombinieren. Ein so ausgestattetes Fahrzeug kann die Vorteile von Fahrsimulatoren und konventionellen Versuchsfahrzeugen vereinen. Nachteil dieses Ansatzes ist die Notwendigkeit der Verfügbarkeit eines Testgeländes zur Durchführung von Untersuchungen, da für die beschriebenen Fahrzeuge im Allgemeinen keine Straßenzulassung erlangt werden kann.

Ein Ansatz zur Realisierung eines solchen Fahrzeugs wurde in [189] verfolgt, indem an einem Versuchsfahrzeug Zusatzlenkwinkel aller vier Räder elektrohydraulisch gestellt wurden, um Gierrate und Querbeschleunigung des Versuchsfahrzeugs unabhängig voneinander variieren zu können. Dieses Fahrzeug, das die Lücke zwischen Fahrsimulatoren und realen Fahrzeugen zu schließen versucht, nennt sich „Simulator-Vehicle". Das hier realisierte Fahrzeug weist jedoch den grundlegenden Nachteil auf, dass die einzige Möglichkeit, das Fahrverhalten zu beeinflussen, die veränderlichen Radwinkel des Versuchsfahrzeugs darstellen, während in die Fahrwerkseigenschaften selbst nicht eingegriffen werden kann. Die Möglichkeit der Beeinflussung des vertikaldynamischen Fahrzeugverhaltens besteht nicht. Die Autoren selbst betonen ausdrücklich, dass die Fahrzeugeigenschaften gezielt variiert werden können müssen, um gezielt das Empfinden und die menschlichen Fähigkeiten im Zusammenspiel mit dem fahrdynamischen Fahrzeugverhalten untersuchen zu können.

In [149] wird ein Fahrzeug vorgestellt, das durch den Einbau von hydraulischen Aktuatoren im Fahrwerk anstelle von Stoßdämpfern und Stabilisatoren aktiv die Fahreigenschaften verändern kann. Mit diesem Fahrzeug können Fahrverhaltensvarianten und Straßenanregungen gleichermaßen nachgebildet werden. Das realisierte System wird vom Autor als „straßengebundener Fahrsimulator" bezeichnet. Die Verwendung hydraulischer Aktuatoren weist jedoch eine Reihe von Nachteilen auf, von denen an erster

Stelle die beschränkte Stellgeschwindigkeit der Aktuatoren zu nennen ist, welche keine hochfrequente Beeinflussung des Fahrverhaltens erlaubt.

Die ATP Automotive Testing Papenburg hat in diesem Kontext ein geometrie- und massenvariables Universalfahrzeug entwickelt, um die Auswirkungen von kinematischen Parametern auf die Fahrdynamik und den Fahrkomfort zu untersuchen. Das so genannte UNIKAT (universeller Komponenten- und Aggregateträger) kann mit geringem Aufwand hinsichtlich Fahrwerkskinematik, Gewicht, Radstand, Spurweite, Lenkübersetzung, Bremskraftverteilung, Schwerpunktslage und Massenträgheitsmomenten variiert werden. Das derzeit in der Entwicklung befindliche UNIKAT II bietet weiterhin die Möglichkeit der Variation der Karosserie-Torsionssteifigkeit [195].

Über die beschriebenen Fahrzeuge hinaus existiert eine Reihe von Veröffentlichungen zur Verwendung elektrischer Aktuatoren zusätzlich oder anstelle der hydraulischen Stossdämpfer, von denen jedoch keine die Verwendung eines solchen Systems zur Objektivierung subjektiver Fahreindrücke, zur Fahrwerksanalyse oder zur systematischen Fahrwerksabstimmung beinhaltet. Die angestrebten Verwendungszwecke (viele der Arbeiten haben rein simulativen Charakter) bestehen fast ausschließlich in der Rekuperation von Bewegungsenergie zur Kraftstoffverbrauchsreduktion oder in der Optimierung der Fahrzeugdämpfung zur Komfortverbesserung. Die realisierten Fahrzeuge unterscheiden sich sämtlich deutlich vom in dieser Arbeit aufgebauten Fahrzeug. Die genannten Veröffentlichungen werden im nachfolgenden Teilkapitel 2.3 im Detail vorgestellt.

In der vorliegenden Arbeit wird ein grundsätzlich ähnlicher Ansatz verfolgt wie in [149] und [189]. Es werden jedoch elektrische anstelle hydraulischer Aktuatoren verwendet, die eine wesentlich höhere Stelldynamik ermöglichen. Weiterhin kommt ein Regelungskonzept zum Einsatz, das die gezielte virtuelle Veränderung einzelner Fahrwerksbauteile zur Beeinflussung der fahrdynamischen Fahrzeugeigenschaften erlaubt. Das verwendete Versuchsfahrzeug wird in Kapitel 3 ausführlich beschrieben.

2.3. Elektromotoren und Elektroaktuatoren

Der erste, noch sehr einfach gehaltene, rotatorische Elektromotor wurde 1831 von Faraday erfunden. Nur Monate später wurde von Pixii ein ähnliches Gerät vorgestellt. 1844 wurde erstmals eine Art Elektromotor industriell produziert [107]. Rotatorische Elektromotoren fanden rasche Verbreitung und sind heute als Standardbauteile in einer Vielzahl von Apparaten und Maschinen zu finden. Der Elektromotor ist das Kernstück des elektrischen Antriebs, der in seinen verschiedenen Ausführungen in fast jeder industriellen Produktion, im Gewerbe und Haushalt zum Einsatz kommt. Die Gliederung der einzelnen Motortypen erfolgt in der Regel nach der Stromart in Gleichstrom-, Wechselstrom- und Drehstrommaschinen.

Bei Gleichstrommaschinen wird der gesamte feststehende Teil als Ständer, der rotierende als Anker bezeichnet. Bei Motorbetrieb zur Spannungserzeugung dreht sich der Anker der Gleichstrommaschine mit seiner Wicklung im Magnetfeld der abwechselnd Nord- und Südpole des Ständers. So entsteht in jeder Wicklung nach dem Induktionsgesetz eine Spannung. Durch den Stromwender werden alle Teilspannungen zur gesamten in der Ankerwicklung induzierten Spannung addiert. Bei Betrieb des Motors zur Drehmomenterzeugung entstehen Kräfte, die senkrecht zur Feldrichtung der Ständerpole und zur Leiterlage im Anker gerichtet sind und damit tangential am Ankerumfang wirken. Durch Multiplikation mit dem Ankerradius als Hebelarm entsteht das so genannte innere Drehmoment der Maschine.

Wechselstrommotoren werden untergliedert in Universalmotoren (sie können universell mit Gleich- oder Wechselstrom betrieben werden), Wechselstrommotoren mit Hilfswicklung (ein Asynchronmotor wird für den Anschluss an eine Wechselspannung mit nur einem Wicklungsstrang im Ständer ausgeführt, so entwickelt er kein Stillstandsmoment und kann damit nicht selbstständig anlaufen) und Schrittmotoren (im Unterschied zur kontinuierlich umlaufenden Maschine werden die Wicklungen des Schrittmotors nicht ständig an eine Betriebsspannung angelegt, sondern nur zyklisch durch Stromimpulse erregt. Sie bilden dadurch ein Magnetfeld aus, das sich im Takt der Ansteuerungsimpulse sprungförmig weiterdreht.), Drehstrommaschinen wiederum in Drehstrom-Synchronmaschinen und Drehstrom-Asynchronmaschinen (nach [113]).

2.3.1. Lineare und tubuläre Elektroaktuatoren

Ein linearer Elektromotor ist per Definitionem eine elektrische Arbeitsmaschine, welche mit ihr verbundene Objekte in eine geradlinige Bewegung versetzt beziehungsweise eine geradlinige Kraft erzeugt. Er besteht wie ein rotatorischer Elektromotor aus einem Primär- und einem Sekundärteil. Diese Teile entsprechen überlicherweise dem Rotor und dem Stator. Wie auch der rotatorischer Elektromotor ist der Linearaktuator gekennzeichnet durch seine extrem kleine Zeitkonstante bzw. seine hohe Dynamik [204]. Seine Entstehung und ausgewählte Anwendungen werden im Folgenden kurz skizziert.

Den linearen elektrischen Motor kann man sich als rotatorischen elektrischen Motor vorstellen, der in einer Ebene senkrecht zu seiner Symmetrieachse durchtrennt und aufgewickelt wurde, wie in Abbildung 2.8 nach [107] illustriert. Wird der so entstandene Strang nun wiederum entlang seiner Achse aufgerollt, entsteht ein tubulärer elektrischer Motor (Abbildung 2.9, nach [107]). Solche tubulären Motoren werden auch als Tubularmotor oder als Powertube bezeichnet. Das erste Modell eines tubularen Elektromotors wurde 1917 entwickelt und war ursprünglich für den Einsatz als Raketenwerfer vorgesehen.

Abb. 2.8.: Entstehung eines linearen Elektromotors

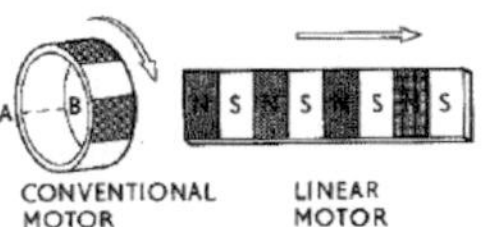
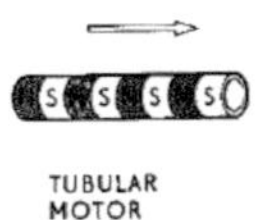

Abb. 2.9.: Entstehung eines rotatorischen Elektromotors

2.3.2. Geschichte und Anwendungsbeispiele tubulärer Elektromotoren

Zwischen 1841 und 1845 wurde von Wheatstone erstmals eine lineare Reihe von Drahtspulen aufgebaut (siehe Abbildung 2.10). Es war kein Sekundärteil vorhanden, die aufgebaute lineare Reihe hätte jedoch theoretisch als Primärteil eines linearen Elektromotors verwendet werden können.

Das erste veröffentlichte Patent zum Thema elektrische Linearmotoren stammt aus dem Jahr 1852 und beschäftigt sich mit der Substitution eines dampfbetriebenen Motors in einer Pumpe durch Elektroaktuatoren (Abbildung 2.11). Ebenfalls 1852 wurde die Idee eines von elektrischen Linearaktuatoren ausgerüsteten Webstuhls veröffentlicht, siehe Abbildung 2.12.

In den folgenden Jahrzehnten wurde eine Reihe von Patenten auf dem Gebiet der elektrischen Linearaktuatoren angemeldet, überwiegend von Textilingenieuren. 1905 wur-

Abb. 2.10.: Erster Ansatz zum elektrischen Linearmotor von Wheatstone

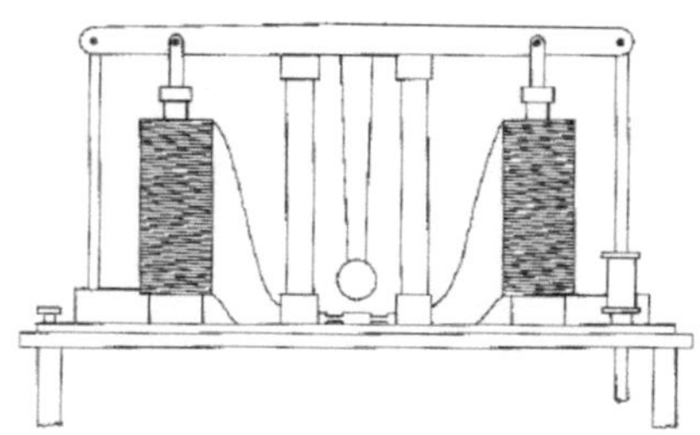

Abb. 2.11.: Pumpe mit Elektroaktuatoren

Abb. 2.12.: Webstuhl angetrieben von Elektroaktuatoren

den erste Ideen veröffentlicht, mit Hilfe von linearen Elektroaktuatoren Gleismaschinen fortzubewegen. 1923 wurde geplant, mit einem Linearmotor eine Plattform in New York zwischen Times Square und Grand Central Station hin und her zu bewegen. Das Projekt wurde jedoch nie realisiert.

Der erste Linearaktuator in großem Maßstab wurde 1946 von der Westling Corporation zum Start militärischer Flugzeuge entwickelt. In 4,2 s und auf einer Länge von 160 Metern konnte ein Prototyp ein Flugzeug mit einem Gesamtgewicht von fünf Tonnen auf eine Geschwindigkeit von 50 m/s beschleunigen. Der eingesetzte Motor entwickelte circa 10000 PS. Das so genannte „Electropult" ist in Abbildung 2.13 zu sehen.

1954 wurde ein Hochgeschwindigkeits-Linearmotor von der Royal Aircraft Establishment (Großbritannien) entwickelt, um Raketen auf Geschwindigkeiten von über 450

Abb. 2.13.: Flugzeugkatapult angetrieben von elektrischem Linearmotor

m/s beschleunigen zu können. Von Lathwaite und Barwell wurde 1960 in Manchester in einem Labor zum ersten Mal der Prototyp eines Fortbewegungsmittels mittels Elektromagnetismus aufgebaut. In einer russischen Automobilfabrik wurde ab 1962 flüssiger Stahl mittels eines linearen Magnetfeldes einen ansteigenden Kanal hinaufgepumpt. Der Wirkungsgrad dieser Maschine lag jedoch nur bei circa einem Prozent.

Heutzutage werden lineare Elektromotoren in einer breiten Fülle von Anwendungsfällen eingesetzt. In schnell laufenden Pressen werden beispielsweise die Oszillationen des Schneidestempels, die zu erhöhtem Verschleiß führen, mittels als Dämpfer arbeitender linearer Elektroaktuatoren reduziert [120].

Die Vorteile linearer Motoren gegenüber rotatorischen sind vor allem in den hohen realisierbaren Beschleunigungen und Verzögerungen, der einfachen Instandhaltung und Reparatur und der Existenz einer Normalkraft (was unter anderem zum Anheben einer Last oder zur Fortbewegung eines Verkehrsmittels ausgenutzt werden kann) zu sehen. Der Einsatz von Linearmotoren für Anwendungen, die Bewegungen entlang einer geraden Linie erfordern, eliminiert die Notwendigkeit eines Getriebes zur Umwandlung der rotatorischen Bewegung eines konventionellen Elektromotors in eine lineare Bewegung, was den Bauraum und die Komplexität verringert und die Zuverlässigkeit erhöht [131].

2.3.3. Einsatz von Elektroaktuatoren im Fahrwerksbereich

Erste Versuche mit Elektromagneten in Fahrzeugaufhängungen wurden bereits 1961 von Tall und 1966 von Lyman durchgeführt. Seit Beginn der 80er Jahre wird von verschiedenen Firmen und Forschungseinrichtungen intensiver an dieser Thematik geforscht. Besonders in den 90er Jahren hat die Entwicklung von Elektronik, permanentmagnetischen Materialien und mikroelektronischen Systemen signifikante Verbesserungen im Bereich der elektrischen Antriebe hervorgebracht [120], so dass auch aufgrund der nunmehr verfügbaren Leistungen bei vergleichsweise geringen Aktuatorgewichten eine Anwendung von elektrischen Aktuatoren im Fahrwerksbereich mehr und mehr realistisch erscheint.

Vorreiter bezüglich der Verwendung von Elektroaktuatoren im Fahrwerksbereich war die amerikanische Firma Bose. Eine langjährige theoretische Studie der Firma Bose, welche die Potenziale verschiedener Technologien für Ihren Einsatz im Fahrwerk eines Fahrzeugs untersucht hatte, kam 1985 zu dem Schluss, dass Elektromagneten der Ansatz sein könnten, der die erwünschten Eigenschaften eines Fahrwerkes realisieren könnte. Das „Bose Suspension System", welches als Ergebnis der genannten theoretischen Studie prototypisch realisiert wurde, verwendet ein modifiziertes McPherson-Federbein an der Vorderachse und eine Doppelquerlenkeraufhängung an der Hinterachse. Der Linearmotor ersetzt jeweils Feder und Dämpfer an einem Rad. Eine Torsionsfeder trägt zusätzlich das Gewicht des Fahrzeugs. Es werden keine Stabilisatoren verwendet, was für völlige Unabhängigkeit jedes einzelnen Rades sorgt (siehe hierzu Abbildung 2.14). Die reklamierten Ziele des Systems waren vor allem die Verringerung des Rollens des Fahrzeugs in Kurven, das Entgegenwirken der Einflüsse von Schlaglöchern und die Veränderung der Fahrzeughöhe in gewissen Grenzen [139].

Abb. 2.14.: Bose Suspension System

Parallel zur Firma Bose wurde ein ähnliches System von der Firma Aura entwickelt. Dieses System war jedoch ebenso alleine nicht in der Lage, das Gewicht des Fahrzeugs zu halten und war auf zusätzliche Tragfedern angewiesen. Aura geriet in finanzielle Schwierigkeiten und meldete im Jahr 2005 Konkurs an, ohne das System je auf den Markt gebracht zu haben [140].

1991 wurde von Ford das erste Patent zur Verwendung elektrischer Aktuatoren im Fahrwerk angemeldet. Sehr wage wurde formuliert, dass entweder ein rotatorischer oder ein translatorischer Aktuator entweder alleine oder parallel mit einem Bauteil zur statischen Aufnahme von Last, wie einem Fluid oder einer Schraubenfeder, verwendet werden könnte [51].

In den folgenden Jahren wurde eine Reihe von Arbeiten zum theoretischen Nutzen elektrischer Aktuatoren im Fahrwerksbereich veröffentlicht. [120] beschäftigt sich mit der Auslegung und dem Aufbau eines Elektroaktuators für Anwendungen im automobilen Bereich, [102] führt eine rein simulative Betrachtung der Auslegung eines geeigneten Controllers zur Ansteuerung elektrischer Aktuatoren durch. In [2] und in [119] wird die Einbindung eines Elektroaktuators in ein Automobilfahrwerk modelltechnisch untersucht. [2] konzentriert sich hierbei auf die Auslegung eines geeigneten rotatorischen elektrischen Motors, der über eine mechanische Übertragungseinheit seine Kraft zum Rad überträgt. Der elektrische Aktuator soll rein passiv als Stossdämpfer verwendet werden, wobei die Dämpfkraft über variable Widerstände geregelt werden soll. Untersucht wird die Verwendung eines rotatorischen Motors, der sich um die Achse des Dämpfers dreht. In [73] wird ein Elektroaktuator anhand eines Viertelfahrzeugs am Prüfstand untersucht. Das Hauptaugenmerk der Autoren liegt auf dem Speichern und Gewinnen von Energie. Mögliche Änderungen am Fahrwerk und am Fahrverhalten eines Fahrzeugs mittels der untersuchten Aktuatorik werden in keiner der genannte Arbeiten thematisiert.

In [192] wird das Potential eines elektrischen Linearmotors als Dämpfungselement anhand von Simulationen bewertet. Hierzu wird ein Simulationsmodell in Simulink realisiert, welches die Funktionen der erforderlichen Kraft- und Stromregler sowie Zeitverzögerungen bei Signalübertragung und -Aufbereitung berücksichtigt. Als Kraftregler kommt ein komplexer Kennfeld-Kennlinie-Kraftregler zum Einsatz, welcher die aktuell darzustellende Stoßdämpferkraft unter Annahme einer sinusförmigen Bewegungsanregung aus der dynamischen Steifigkeit und dem dynamischen Dämpfungsmaß des Stoßdämpfers ermittelt. Das Verhalten eines realen Fahrzeugstoßdämpfers kann in der Simulation gut nachgebildet werden. Im Rahmen von Co-Simulationen wurde das erstellte Aktuatormodell in eine Fahrzeug-Simulationsumgebung eingebunden. Aufbauend auf [192] beschäftigt sich [204] mit den Auswirkungen von Einflussfaktoren wie Zusatzmasse und Regelzeit beim Einsatz eines Linearaktuators anstelle des konventionellen Stoßdämpfers auf das Gesamtfahrzeugschwingungsverhalten. Hierzu werden ein Feder-Linearmotor-Modell in ein Gesamtfahrzeugmodell eingebracht sowie ein Querregler zur Spurhaltung und ein Geschwindigkeitsregler integriert. Bei Berücksichtigung der erhöhten ungefederten Massen aufgrund des Linearmotors im Modell ergeben sich Unterschiede von maximal zehn Prozent in den Beschleunigungsverläufen in X-Richtung (entspricht der Fahrzeuglängsrichtung), jedoch keine relevanten Einflüsse auf die Aufbaubewegungen in Hoch- und Querrichtung. Die Ständermasse, welche den ungefederten Massen zugeschlagen wird, weist hierbei den größeren Einfluss als die Läufermasse auf die effektiven Aufbaubeschleunigungen auf. Hinsichtlich der Regelzeit des Systems wird simulativ festgestellt, dass ein längerer Regelzeitverzug die Aufbaubeschleunigungen erhöht und den Fahrkomfort vermindert.

In einer Kooperation des University of Texas at Austin Center for Electromechanics (UT-CEM) und dem United States Tank and Automotive Command (TACOM) wurde ein Versuchsfahrzeug aufgebaut, in welchem ein Linearmotor an jedem Rad über eine Zahnstange und ein Ritzel mit dem Rad verbunden ist und den Stoßdämpfer ersetzt. Das verwendete Versuchsfahrzeug war der militärische Prototyp eines Humvee Geländewagens. Schon aus der mechanischen Verbindung zwischen Linearmotor und Rad mittels Ritzel lässt sich erkennen, dass im Rahmen dieses Forschungsprojekts keine hochdynamischen Regelungen vorgesehen waren. Ziel war es vielmehr, die niederfrequenten Aufbaubewegungen des Versuchsfahrzeugs bei der Fahrt durch rauhes Gelände zu minimieren, um Schützen im Inneren des Fahrzeugs möglichst gutes Zielen zu ermöglichen. In mehreren Veröffentlichungen werden die Planung des Projekts [202], der Aufbau des Versuchsfahrzeugs sowie die ersten Funktionstests [201], die verwendete Hard- und Software [61] und die Durchführung von Versuchen mit dem Fahrzeug [13] detailliert beschrieben. Im Rahmen der durchgeführten Versuche wurde keinerlei fahrdynamische Messtechnik verwendet und wurden keine fahrdynamischen Manöver durchgeführt. Die Relevanz des Projektes für die vorliegende Arbeit ist als gering einzuschätzen.

Im Laufe der letzten Jahre wurde überdies eine Reihe von Patenten für aktive Fahrwerke mit Linearmotoren eingereicht. Bosch schlägt in [166] die Verwendung eines Aktuators mit elektrischem Antriebsmotor und Getriebe mit Selbsthemmung vor, um das Betriebsverhalten der Federung optimal an verschiedene Fahrzeugtypen anzupassen. Um den Aktuator zu entlasten, sind eine Feder oder ein konventioneller Stoßdämpfer in Reihe oder in Serie vorgesehen. BMW geht in zwei Patenten [20] und [21] vor allem auf die Ausführung eines geeigneten Aktuators ein, der bevorzugt die Funktion des Dämpfers übernehmen soll. Vorgesehen ist die Verwendung eines berührungslosen Elektroaktuators mit Permanentmagneten und Magnetspulen, wie er auch im Rahmen der vorliegenden Arbeit zum Einsatz kommt (siehe Kapitel 3). Diese Aktuatorausführung weist als Hauptvorteile die schnelle Reaktionszeit des Aktuators, die Möglichkeit der hochfrequenten Regelung und die Kraftfreiheit des Aktuators im deaktivierten Zustand auf. Wichtig ist laut [20] vor allem die querkraftfreie Lagerung des Aktuators, wie sie auch am im Rahmen dieser Arbeit aufgebauten Versuchsfahrzeug realisiert wurde. Hitachi schlussendlich stellt in [67] und in [136] einen Linearmotor vor, der speziell für die Anwendung in Fahrzeugen entwickelt wurde (siehe Abbildungen 2.15 und 2.16).

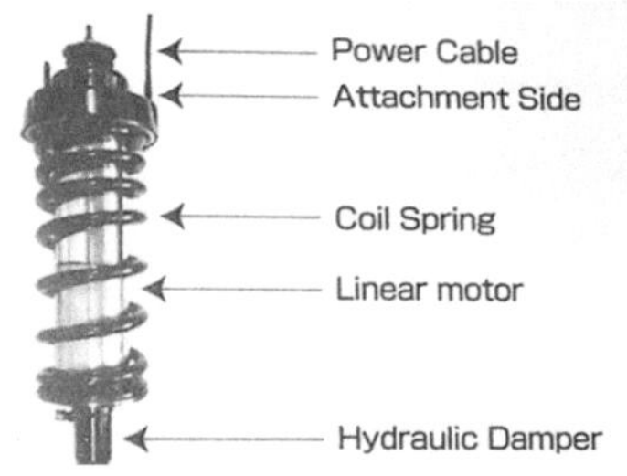

Abb. 2.15.: Aktuator von Hitachi - Bild 1   Abb. 2.16.: Aktuator von Hitachi - Bild 2

Der gezeigte Motor besitzt laut Quelle unter anderem eine höhere Leistungsdichte als andere kommerziell erhältliche Motoren. Der Aktuator soll zusätzlich zu hydraulischem Dämpfer und Schraubenfeder verbaut werden. Das System soll Vibrationen des Fahrzeugs in Vertikalrichtung unterdrücken und ist vorrangig für große SUV's gedacht

(Bauraumaspekt). Eine Beeinflussung der fahrdynamischen Fahrzeugeigenschaften ist ebenfalls nicht vorgesehen.

In [208] wird ein Prototyp vorgestellt, bei welchem ein rotatorischer Elektromotor Kugeln in einer umlaufenden Nut verschiebt und so einen Kolben auf und ab bewegt. Diese Art der Verwendung eines elektrischen Aktuators bietet jedoch im Gegensatz zur Verwendung berührungsloser elektrischer Aktuatoren nicht die Vorteile der kurzen Reaktionszeit und der hohen Stellgeschwindigkeiten. Der beschriebene Aktuator ist parallel zur Feder angebracht und wird mittels Drehstrom betrieben, der aus einer Onboard-Batterie gewonnen wird. Die Aktuatoren wurden hier anstelle der Stossdämpfer im Fahrzeug montiert und enthalten auch einen Anschlagpuffer. Einen ähnlichen, jedoch überwiegend simulativen Ansatz verfolgt [80] mittels eines elektromechanischen Aktuators und eines Kugelumlaufmechanismus, welcher die rotatorische Motorbewegung in eine Drehbewegung umsetzt. Auch hier soll der Aktuator anstelle der Serienstoßdämpfer ins Fahrzeug eingebracht werden. Allgemein kann durch die Verwendung eines rotatorischen Motors, dessen rotatorische Bewegung ein Übertragungsglied in eine translatorische Bewegung umwandelt, das Gewicht des Motors deutlich verringert werden. Dies bedingt jedoch umgekehrt gravierende Nachteile bezüglich Ansprechdauer, Schnelligkeit und Kraftfreiheit im deaktivierten Zustand.

[29] schliesslich beschreibt ein Fahrzeug, bei welchem an jedem Rad ein rotatorischer elektrischer Aktuator über ein Rekutionsgetriebe eine Torsionsfeder vorspannt. Zielsetzungen für das System sind die Verbesserung des Fahrkomforts und die Begrenzung des Wankens auf maximal ein Grad Wankwinkel bei fünf m/s^2 Querbeschleunigung. Die Stromversorgung erfolgt basierend auf dem konventionellen 12V-Bordnetz, der mittlere Stromverbrauch wurde zu 35A bei ca. 3A Rückgewinnung durch die Aktuatorik ermittelt.

2.4. Aktive Fahrwerke

Das Fahrwerk eines Fahrzeugs hat entscheidenden Einfluss auf seine fahrdynamischen Eigenschaften. Durch die Wahl geeigneter Fahrwerksbauteile kann bedeutender Einfluss auf das Fahrverhalten genommen werden. Die einzelnen Funktionen eines Fahrwerks und ihren Einfluss auf das Fahrverhalten zeigt nach [165] Abbildung 2.17.

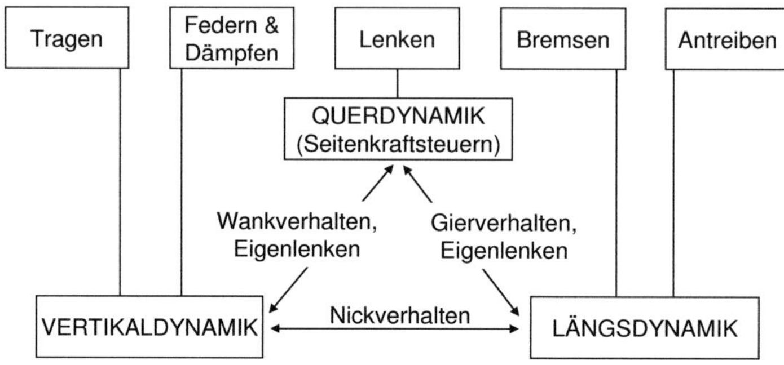

Abb. 2.17.: Zusammenhänge zwischen Fahrwerksfunktionen und Fahrverhalten

Die Auslegung eines Fahrwerks für Personenkraftwagen ist unvermeidbar mit Kompromissen zur bestmöglichen Erfüllung einander entgegenstehender Ziele verbunden. So sind aus fahrdynamischer Sicht eine möglichst gute Anbindung des Fahrzeugs an die Straße und minimale Schwankungen der Radaufstandskraft wünschenswert, um über die Reifen die erforderlichen Längs- und Querkräfte sicher und konstant auf die Straße übertragen zu können. Für möglichst optimalen Komfort der Passagiere hingegen müssen die Aufbauvertikalbeschleunigungen des Fahrzeugs minimiert werden. Die Festlegung verschiedener Fahrwerksbauteile wie Federn, Dämpfer und Stabilisatoren muss schlussendlich immer so getroffen werden, dass die verschiedenen an das Fahrwerk gestellten Anforderungen möglichst ideal erfüllt werden.

Bei der Auslegung eines Fahrwerkes kann nicht davon ausgegangen werden, dass sich die für die Abstimmung des Fahrwerks erforderlichen Randbedingungen im Laufe der Nutzung eines Fahrzeugs konstant verhalten. Verschiedene Fahrzeugbeladungen, variierende Straßenbeläge und -reibwerte, unterschiedliche Fahrstile, verschiedene montierte Reifen mit unterschiedlichen Eigenschaften und vieles mehr müssen in der Auslegung berücksichtigt werden. Dennoch ist es erforderlich, dass das Verhalten eines Fahrzeugs auch und vor allem in kritischen Fahrsituationen (z. B. schnelle Ausweichmanöver) für den Fahrer möglichst gut vorhersehbar und beherrschbar bleibt. Eine drastische Änderung des Fahrverhaltens im Grenzbereich durch Beladung des Fahrzeugs im Kofferraum oder auf dem Dach kann zu Unfällen oder Gefahrensituationen führen und ist unter allen Umständen zu vermeiden.

Um die Ansprüche der wechselnden Randbedingungen und der einander entgegenstehenden Anforderungen an ein Fahrwerk möglichst ideal erfüllen zu können, kamen Fahrwerksentwickler schon früh auf die Idee, einzelne Bauteile des Fahrwerks (und damit des Fahrverhaltens des Fahrzeugs) abhängig von Fahrzeugparametern oder Fahrzustand zu verändern. Die Entwicklung von Komponenten zur Fahrwerksbeeinflussung hat deshalb mindestens so lange Tradition, wie der Versuch unternommen wird, gleichzeitig Komfort- und Sicherheitsansprüchen des Fahrzeuglenkers gerecht zu werden [177]. Der Hauptteil der Forschung und Entwicklung im Gebiet der aktiven Fahrwerke hat dabei in den letzten 20 Jahren stattgefunden. Grund hierfür ist hauptsächlich, dass billigere Sensoren und Mikrocomputer verfügbar geworden sind [3].

2.4.1. Definition und Gliederung aktiver Fahrwerke

Ein aktives Fahrwerksystem bedeutet per Definition, dass dem Fahrwerk externe Energie zugeführt werden muss [200]. Der Ausdruck „aktives Fahrwerk" oder auch „geregeltes Fahrwerk" wird heutzutage für eine Vielzahl spezifischer Lösungen an Fahrzeugfahrwerken verwendet [196]. Eine Klassifizierung der verschiedenen verfügbaren Systeme kann dabei nach [3] erfolgen in:

- Passives Fahrwerk: Passive Federn, Stabilisatoren und Stoßdämpfer

- Semi-aktives Fahrwerk: Keine Verwendung externer Kraftquellen, aber anhand von Sensierung der Karosseriebewegungen kann die Charakteristik der passiven Komponenten umgeschaltet werden (z. B. Dämpferraten)

- Aktives Fahrwerk: Aktuatoren bringen Zusatzkräfte ins Fahrwerk ein. Die Zusatzkräfte werden von einem Kontrollmechanismus festgelegt.

Ein aktives Fahrwerk ersetzt ganz oder teilweise die Federn und/oder andere Fahrwerksbauteile durch Aktuatoren hoher Bandbreite [40]. Zur Realisierung eines aktiven Fahrwerks können verschiedenartige Aktuatoren eingesetzt werden. Üblich sind heutzutage vor allem hydraulische und pneumatische Aktuatoren, vereinzelt werden auch elektromechanische Aktuatoren verwendet. Die Anzahl der voll-hydraulischen aktiven

Fahrwerksysteme nimmt heutzutage, vor allem auf Grund der geforderten Verbrauchseffizienz, jedoch ab [190]. Die in aktiven Fahrwerken verwendeten Aktuatoren lassen sich einteilen in schnell wirksame Aktuatoren und langsam-aktive Systeme, welche Aktuatoren mit einer Bandbreite im Bereich der Karosserieeigenfrequenz bezüglich Huben, Nicken und Wanken nutzen [40]. Aktive Systeme mit schnell wirksamen Aktuatoren sind in der Lage, deutlich schneller - teilweise bis hin zur Ausregelung von Schwingungen im Frequenzbereich der Radeigenfrequenz oder sogar darüber hinaus - zu regeln.

Aktive Vertikaldynamiksysteme teilen sich auf in Niveauregulierungssysteme, Verstelldämpfersysteme und aktive Federn und Stabilisatoren [24]. Weitere Systeme sind aktive Lenksysteme und sonstige innovative Systeme, die bisher im Fahrwerksbereich noch nicht verbreitete Technologieansätze auf ihre Tauglichkeit für den Serieneinsatz hin untersuchen.

2.4.2. Aktive Dämpfung

Der Stoss- oder Schwingungsdämpfer dient in gleichem Maße der Fahrsicherheit und dem Federungskomfort. Er soll das Springen der Räder verhindern - also für gute Bodenhaftung sorgen - und Schwingungen des Aufbaus unterbinden [154]. In den 30er Jahren des vergangenen Jahrhunderts wurden hydraulische Hebelstoß- oder Flügeldämpfer erfunden. Ebenfalls in den 30er Jahren wurden die heutigen Zweirohr-Teleskopdämpfer mit paralleler Federung und Dämpfung erstmals eingesetzt. Sie setzten sich jedoch erst in den 60er Jahren am Markt durch. Der Einrohrdämpfer, der in der Automobilindustrie heute ebenfalls weit verbreitet ist, entstand in den 50er Jahren [30]. Um bei niedrigen Dämpfergeschwindigkeiten Wankbewegungen zu unterdrücken und gleichzeitig bei hohen Dämpfergeschwindigkeiten den Komfort nicht zu sehr zu beeinträchtigen werden geknickte Dämpferkennlinien verwendet. Der Knick erfolgt üblicherweise im Bereich von ca. 0,15 m/s Dämpfergeschwindigkeit.

So gut wie alle derzeit im Serieneinsatz verwendeten Stoßdämpfer sind hydraulisch. Die hydraulische Dämpfertechnologie ist im Feld der Automobiltechnik weitestgehend etabliert. Sie zeichnet sich vor allem durch hohe Leistungsdichte, mechanische Einfachheit und damit einhergehend niedrige Kosten aus. Dennoch weisen hydraulische Dämpfungssysteme auch eine Reihe von Nachteilen auf, wie die Sensitivität der Leistung gegenüber den Arbeitsbedingungen, die schlechte Vorhersagbarkeit der Charakteristika sowie die Alterung und den Verschleiß der Komponenten [2].

Die Grundbeziehung zwischen Kraft und Bewegung bleibt beim Stoßdämpfer stets unveränderbar. Die Schwingungseigenschaften bei hochdynamischen Arbeitsvorgängen sind jedoch deutlich unterschiedlich von quasistatischen Kennungen. Bei dynamischerer Anregung vergrößert sich die Hysterese, höhere Federanteile sind in der Dämpferkraft vorhanden. Die Phase des Kraftverlaufs des Stoßdämpfers entspricht nicht mehr der Phase des Geschwindigkeitsverlaufs, sie ist im Vergleich deutlich erhöht. Diese Verzögerung wird durch die dynamische Steifigkeit c_{dyn} und den dynamischen Dämpfungsgrad D_{dyn} beschrieben. Als dynamische Steifigkeit wird das frequenzabhängige Verhältnis der komplexen Dämpfkraft zur eingangsseitigen komplexen Auslenkung während einfacher harmonischer Schwingungen bezeichnet. Mit steigender Anregungsfrequenz vergrößert sich die dynamische Steifigkeit [44], [192].

In [134] wird ein neuartiges Konzept vorgestellt, um die Dämpferleistung mittels eines modifizierten passiven hydraulischen Dämpfers abhängig von der Kolbenposition anpassen zu können. Hierzu weist die Wand des Stossdämpfers seitlich über seine Länge verteilt mehrere Ventile auf, welche abhängig von der Position des Kolbens im Dämpfer aktiv am Flüssigkeitsfluss teilnehmen oder nicht. Diese Ventile können in billigen Ausführungen bis auf einfache Durchgangsbohrungen reduziert werden. Mittels der Positionierung der Ventile in der Dämpferwand können positionsabhängig variable Dämpfercharakteristika realisiert werden, beispielsweise geringe Dämpfung um die Mittellage.

Beim Einsatz von Luftdämpfung kommt es im Unterschied zu hydraulischer Dämpfung bei sehr schneller Anregung physikalisch zur Trennung der Volumina oberhalb und unterhalb der Drosselstelle. Während die Steifigkeit eines hydraulischen Dämpfers für diesen Fall extrem ansteigt, kann für gasförmige Medien ein Ersatzmodell aus zwei parallel geschalteten Gasfedern angenommen werden. Es ergibt sich ein oberes Steifigkeitsniveau, das nicht weiter zunimmt. Durch die Ausgestaltung des Drosselquerschnitts lässt sich die maximale Dämpfung auf bestimmte Frequenzen abstimmen, z. B. auf Radeigenfrequenz und/oder Hubeigenfrequenz [122]. Ein weiterer Vorteil pneumatischer Systeme ist die Lastunabhängigkeit der Dämpfung, die beispielsweise bei hydraulischen Dämpfern mit Steuernuten nicht gegeben ist.

Erste Ideen zur Nutzung des magneto-rheologischen Prinzips für die Anwendung in Fahrzeugdämpfern stammen aus den 40er Jahren. Fahrzeuge mit magneto-rheologischen Dämpfern sind seit 2001 auf dem Markt erhältlich. Die Veränderung der Viskosität der Dämpferflüssigkeit zur Beeinflussung der Dämpferkräfte wurde vom amerikanischen Zulieferer Delphi zur Serienreife entwickelt und wird unter anderem von General Motors und von Audi am Markt angeboten. Basis des verwendeten Fluids ist ein synthetischer Kohlenwasserstoff, in den kugelförmige magnetische Partikel eingebunden sind. Vorteil des Systems ist vor allem, dass bereits bei niedrigen Geschwindigkeiten relativ hohe Dämpfkräfte dargestellt werden können. Aufbaubewegungen kann so relativ früh entgegengewirkt werden. Die Verstellung der Dämpfkräfte ist mittels einer Stromvorgabe stufenlos möglich. Der Dämpfer ist von seinem mechanischen Aufbau her grundsätzlich symmetrisch in Zug- und Druckrichtung, Unsymmetrien können über die Regelung eingestellt werden. Die Schnelligkeit des Systems ist allerdings begrenzt. Bei einem Kraftsprung liegen nach 12,5 ms erst ca. zwei Drittel des gewünschten Kraftsprungs an. Der Kraftabbau erfolgt zudem langsamer als der Kraftaufbau [176].

[43] stellt den Prototyp eines neuartigen magneto-rheologischen Dämpfer vor, in welchem mittels Permanentmagneten auch im stromlosen Zustand immer ein gewisses Basismagnetfeld und damit eine mittlere Dämpfung vorherrscht, welches je nach Polarität der anliegenden Spannung erhöht oder verringert werden kann. Im konventionellen magneto-rheologischen Dämpfer hingegen ist im stromlosen Zustand lediglich die minimale Dämpferkraft wirksam.

Der Stoßdämpfer ist vor allem in den letzten Jahren in vielfacher Art und Weise zu einem aktiven Bauteil geworden. Die Umschaltung von Stoßdämpferkennlinien mittels verstellbarer Ventile oder veränderlicher Bypass-Durchlässe in der Zylinderwand sowie die Änderung der Dämpfkraft durch Beeinflussung der Viskosität des Dämpferöls sind heute gängige Methoden der Beeinflussung der Dämpfkraft abhängig vom Kundenwunsch oder von der Fahrsituation. Je nach Herstellerphilsophie und Fahrzeugausrichtung können vom Fahrer verschiedene Dämpferkennlinien selektiert werden. Zusätzlich werden solche aktiven Dämpfersysteme abhängig von der Fahrsituation angesteuert. Viele Systeme schalten automatisch auf „hart", sobald das Fahrzeug in einem fahrdynamisch anspruchsvollen Bereich bewegt wird, in dem eine Gefahrensituation vorliegen könnte. Entsprechende Verstelldämpfersysteme sind seit den späten 80er Jahren auf dem

Markt [91]. Auch die meisten sportlichen Motorräder werden heutzutage bereits ab Werk mit manuell einstellbaren Dämpfern ausgeliefert [17].

Es gibt zwei generelle Möglichkeiten, die Dämpfkraft zu variieren: Es kann entweder der Öffnungsquerschnitt eines elektromechanischen Ventils verändert oder die Viskosität der Dämpferflüssigkeit variiert werden [31]. Die zuerst genannte ist hierbei die bei weitem verbreitetere der beiden Möglichkeiten. Die verschiedenen Dämpfertechnologien lassen sich anhand ihrer Funktionssystematik nach [30] einteilen in passive Regelungen (hubabhängige Dämpfung realisiert durch eine Steuernut in der Wand des Dämpfers, evtl. auch Kombination mehrerer Nuten), semiaktive Regelungen (siehe unten) und aktive Regelungen (optimale Anpassung an alle Straßenoberflächen und Fahrzustände, Verwendung externer Energie).

Innerhalb der Gruppe der semiaktiven Dämpfungssysteme kann unterschieden werden in Systeme mit Dämpfungsstufen (meist Schaltventile mit integrierten Dämpfventilen), stufenlose Systeme (stufenlos ansteuerbare Proportionalventile, angeordnet entweder konventionell im Verdrängungskolben oder extern in einem Bypass), rheologische Systeme (elektro- oder magneto-rheologische Dämpferflüssigkeiten verändern je nach gewünschter Dämpfkraft ihre Viskosität) und pneumatische Systeme [68]. Die Ziele einer Dämpfersteuerung sind nach [177]

- Stabilisierung des Aufbaus gegenüber dem Fahrwerk zur Vermeidung störender Einflüsse der Vertikalbeschleunigung auf die Fahrzeuginsassen,

- Reduzierung der Radlastschwankungen zur Sicherung der Bodenhaftung bei Beschleunigung und Kurvenfahrt,

- Aufrechterhaltung der Lenkfähigkeit auch bei hohen fahrbahnbedingten Vertikalanregungen und

- Schutz der Fahrbahn vor Schäden durch hohe Radlastschwankungen,

wobei letzteres im Rahmen des Entwicklungsprozesses der Fahrzeughersteller sicher nur eine sehr untergeordnete Rolle spielt. Eine generelle Regelung der Dämpfkräfte abhängig von der Fahrsituation zur Optimierung des dynamischen Fahrzeugverhaltens ist mit Hilfe einer so genannten adaptiven Regelung möglich [196]. Zur schnellen Reaktion des Systems muss für die Darstellung einer solchen Funktion eine stetige Überwachung der Fahrzeugdynamik erfolgen und eine schnelle Verstellung der Dämpferkräfte möglich sein [68].

Ein immer wieder in der Literatur diskutierter und auch bereits in die Realität überführter Regelalgorithmus zur Ansteuerung aktiver Dämpfersysteme ist der so genannte „Skyhook-Algorithmus". Er besteht aus einem hypothetischen Dämpfer, welcher die ungefederte Fahrzeugmasse an einem festen Punkt anbindet, woraus sich der Name Skyhook (wörtlich: Himmelshaken) ableitet [124]. Die Schwingungen der gefederten Massen werden unabhängig von Schwingungen der ungefederten Massen gedämpft. Eine Abart der Skyhook-Dämpfung ist die virtuelle Dämpfung der einzelnen Karosseriefreiheitsgrade Heben, Nicken und Wanken. Für den wirkungsvollen Einsatz des Skyhook-Prinzips im Fahrzeug werden in der Literatur Reaktionszeiten aktiver Dämpfer von ca. 10ms genannt, welche mit den derzeit verfügbaren Systemen jedoch noch nicht erreicht werden können.

Bereits vielfach in Serienlösungen realisiert ist die Möglichkeit der Umschaltung zwischen verschiedenen Dämpferkennlinien während der Fahrt automatisch oder manuell durch den Fahrer. Eine weitere Möglichkeit für zukünftige aktive Dämpfungssysteme bietet die in [124] vorgestellte Option der Anpassung der Dämpferleistung an den jeweiligen Untergrund. Die Rauhigkeit der Straße wird in der genannten Untersuchung basierend auf den vertikalen Radbewegungen mittels Frequenzanalyse abgeschätzt. Parallel zur Schätzung der Straßenunebenheit wird mittels verschiedener Fahrzeugparameter versucht, den individuellen Bedarf des Fahrers an Komfort und Sportlichkeit in der jeweiligen Fahrsituation abzuschätzen und die Dämpfung demgemäß einzustellen.

Bei einer Fahrgeschwindigkeit von 30 m/s (typische Landstraßengeschwindigkeit) reagieren auf Hydraulik basierende aktive Dämpfer frühestens nach einer Fahrzeugaufbaubewegung von 0,3 Metern, eine schneller zur Verfügung stehende Dämpferkraft wäre also generell sehr erstrebenswert [73]. Mittelfristig sind elektromechanische Dämpfersysteme denkbar, da die Elektrifizierung im Automobil große Fortschritte macht. Die Verwendung elektromechanischer Aktuatoren zur Generierung der Dämpfkraft würde im Vergleich zu den derzeit verfügbaren Systemen deutlich geringere Ansprechzeiten ermöglichen. Allerdings liegen aktuell die Abmessungen und Kosten derartiger Systeme noch deutlich über dem Niveau ihrer hydraulischen Pendants.

In zwei jüngst veröffentlichten Arbeiten wird die Möglichkeit untersucht, wie mittels geeigneter Schaltstrategien aktiver Dämpfungssysteme der Bremsweg bei hohen Verzögerungen verkürzt werden kann. Der dynamische Anteil der Reifennormalkraft soll dabei in Phase mit dem Aufbau der Bremskraft durch das ABS-System erhöht und verringert werden. In der Simulation konnte der Bremsweg theoretisch deutlich verkürzt werden [179]. Die Umsetzung der hierfür erforderlichen Steuerungslogik führt jedoch simulativ zu einer leichten Reduktion des Fahrzeugkomforts. In einer zweiten Arbeit [157] wurde anhand eines realen Prototyps dieselbe Fragestellung weiter untersucht. Der so genannte „MinMax-Regelalgorithmus" soll kürzere Bremswege realisieren als die derzeit weit verbreitete Schaltung auf „hart" im Fall einer Bremsung mit höherer Längsverzögerung. Auf trockenem Asphalt konnte in der genannten Studie der Bremsweg um ca. 1,5 Prozent unabhängig von der Art des Reifens und der Anfangsgeschwindigkeit reduziert werden. Auf nassen Straßen verringert sich der Vorteil des Algorithmus, auf schlechten Straßen hingegen verstärkt sich der Vorteil der Dämpferregelung aufgrund der ausgeprägten Radlastschwankungen noch.

2.4.3. Aktive Federung

Die ersten Fahrzeugfedern waren abgeleitet von Pferdekutschen und waren die logische Folge dessen, was von Schmieden hergestellt und instand gesetzt werden konnte. Die Reibung zwischen den Federblättern dieser ersten Blattfedern stellte gleichzeitig eine sehr rudimentäre Form von Dämpfung zur Verfügung [3]. Die heutzutage in Personenkraftwagen verwendeten Federungssysteme lassen sich nach Medien und Werkstoffen einteilen in Stahl-, Luft-, Gas-, Kunststoff- und Gummifedern. Am weitesten verbreitet sind Stahlfedern, die es in den unterschiedlichsten Bauarten gibt [10].

In heutigen Fahrzeugen finden sich zum überwiegenden Teil Schraubenfedern aus Stahl, die, um die Steifigkeitskennlinie des Rades bei extremen Ein- und Ausfederungen hin zu höheren Steifigkeiten zu verändern, oft mit Gummipuffern und/oder Zuganschlagfedern kombiniert werden, die üblicherweise in den Stoßdämpfern integriert ausgeführt sind. Vereinzelt kommen im Bereich der Personenwagen (beispielsweise Chevrolet Corvette) und der Nutzfahrzeuge (beispielsweise Daimler Sprinter oder VW Crafter, siehe [53]) auch Blattfedern aus Faser-Kunststoff-Verbundwerkstoffen zum Einsatz, welche das Bauteilgewicht bei gleicher Geometrie um circa 60 Prozent gegenüber Stahlfedern senken. Weitere Bauformen von Aufbaufedern sind beispielsweise Drehstabfedern, Gasfedern, hydropneumatische Federn sowie Balgfedern.

Luftfedersysteme machen vor allem Sinn bei Fahrzeugen der Luxusklasse mit hohem Anspruch an Komfort und Fahrdynamik, bei Großraumlimousinen mit sehr hoher Zuladung, bei Freizeit- und Geländefahrzeugen zur Lageregelung für Geländefahrten und Straßenbenutzung und bei Fahrzeugen, die häufig mit hoher Beladung betrieben werden wie Kombis oder Zugfahrzeuge für Anhänger. Während die Federraten von Stahlfedern überwiegend konstant sind, haben Luftfedern meist progressive Federkennlinien. Dies erlaubt unter Umständen den Entfall von Gummipuffern und Zuganschlagfedern. Kombinierte Luftfeder-Dämpfer-Einheiten erlauben stufenlose, pneumatische oder elektronische Dämpferkraftverstellung [191], [199]. Luftbälge als Tragfedern haben im Bereich von Fahrzeugen der Luxusklasse zur Komfortsteigerung und im Bereich der Nutzfahrzeuge zur Niveauregulierung inzwischen weite Verbreitung gefunden.

In [46] und [47] wird die Realisierung von Fahrzeugfedern aus Kunststoff vorgestellt. Das Materialverhalten des Kunststoffs wird durch Hinzufügen von festen Partikeln oder Füllstoffen zur Polymermatrix variiert. In Gegenüberstellung mit vergleichbaren Stahlfedern können bis zu 1,5 kg Gewicht je Feder eingespart werden. Zusätzlich ist der Bauraumbedarf geringer als bei Stahlfedern. Weitere Vorteile der vorgestellten Federn sind laut den Autoren ihre progressiven Federraten, die derzeit übliche Zusatzfedern unter Umständen überflüssig machen könnten, ihre billigere Herstellung und ihre Resistenz gegenüber Ermüdung. Außerdem beinhalten die vorgestellten Federn gewisse Dämpfungscharakteristika, da Dämpfung ein grundlegendes Merkmal des elastischen Verhaltens von Polymerwerkstoffen ist, was nach einer These der Autoren sogar die Stoßdämpfer im Fahrzeug überflüssig machen könnte.

Bereits vereinzelt in Serie eingesetzt wurden Achsfedern aus Titan. Im Volkswagen Lupo FSI kamen an der Hinterachse zum ersten Mal Achsfedern aus Titan serienmäßig zum Einsatz. Den deutlich höheren Kosten von Titanfedern im Vergleich mit Stahlfedern stehen Gewichtsreduzierungen um circa 50 Prozent und Bauraumvolumenreduktionen um ca. zehn bis 15 Prozent gegenüber Stahlfedern entgegen [172].

Durch die Anpassung der Eigenschaften der Federn lässt sich theoretisch das Fahrverhalten des Fahrzeugs optimieren. Im Laufe der Jahre haben Automobilhersteller hier verschiedene Ansätze erprobt. Sie waren jedoch großteils nicht in der Lage, die Extrakosten für die aufwendigen Systeme komplett an die Kunden weiterzugeben und konnten so mit diesen Konzepten keine nennenswerten Marktanteile gewinnen. Ähnlich den oben dargestellten Systemen zur Optimierung der Dämpfkraft kann auch bei den Aufbaufedern zwischen aktiven und semi-aktiven Systemen unterschieden werden. Der Energiebedarf semi-aktiver Systeme ist im Vergleich deutlich geringer als derjenige aktiver Systeme. Die Schwankungen der Radaufstandskraft werden von aktiven Systemen hingegen deutlich stärker reduziert als von semi-aktiven System, wie [7] ausführt.

Veränderungen der Federcharakteristik von Aufbaufedern wurden unter anderem von Toyota und Mitsubishi mit Luftfedern mit zwei Arbeitsräumen pro Federbein (1985) und von Mazda mit Luft oder Hydraulik (1987) konzipiert. Ein volltragendes Federsystem wurde Ende der 70er Jahre von Daimler-Benz erstmals vorgestellt. Lotus (1984) und Peugeot/Citroen (1988) verwendeten ebenfalls hydraulische Federzylinder, jedoch noch ohne elektronische Signalverarbeitung. Teiltragende Federungssysteme besitzen im Allgemeinen eine integrierte Stahlfeder, um die Last zu tragen. Solche Systeme wurden beispielsweise von Mitsubishi (1985) mit Luftfedern sowie von Mazda (1986), Nissan (1988) und Toyota (1989) mit hydraulischen Elementen vorgestellt (nach [200]).

Das einzige derzeit in erwähnenswerter Verbreitung am Markt verfügbare volltragende System dieser Art ist das ABC-Fahrwerk (ABC = Active Body Control) von Mercedes-Benz, welches 1999 erstmals vorgestellt wurde. Durch ABC lassen sich die Wank- und Nickbewegung des Fahrzeugs deutlich reduzieren. Hierzu ist an jedem Rad ein vertikal verstellbarer Hydraulikzylinder (Plunger) in Reihe zur Fahrzeugfeder installiert. Bei Kurvenfahrt wird zur Horizontierung die Kurveninnenseite des Fahrzeugs mittels der Plunger abgesenkt, die Kurvenaußenseite wird angehoben. Auf die gleiche Weise werden Nickbewegungen des Fahrzeugs minimiert. Das System weist eine maximale Reaktionsfrequenz von ca. fünf Hertz auf [31], [83], [174].

Das Hydractive-System wurde erstmals 1989 in einem Citroen XM optional angeboten. Die Federung aller vier Räder ist mittels eines unter Druck stehenden Fluids verbunden. Im zentralen Behälter befinden sich ein mit komprimierter Luft und ein mit Flüssigkeit gefüllter Bereich, welche mittels einer Membran voneinander separiert werden. Das Gas arbeitet bei Federungsvorgängen als konventionelle Feder, während die Flüssigkeit als Dämpfer wirkt. Es sind keine konventionellen Federn und Dämpfer im Fahrzeug verbaut. Das Nachfolgesystem Hydractive 2 war zusätzlich mit einem aktiven Stabilisator ausgestattet. Die dritte Generation des Hydracitve-Systems wurde 2001 im Modell C5 vorgestellt. Sie enthält keinen aktiven Stabilisator mehr, ist dafür aber um eine aktive Niveauregulierung ergänzt worden [31].

In einem 2008 vorgestellten gemeinsamen Forschungsprojekt von ZF und der Volkswagen AG wurde an jedem Rad eine elektromechanische Spindel parallel zur Fahrzeugfeder angebracht, so dass der Federteller vertikal verschoben werden kann (siehe [128] und [193]). Die Spindel wirkt über eine Umlenkung auf den Federteller, in Reihe hierzu ist eine zweite Feder geschaltet. Es handelt sich demnach per Definitionem um ein teiltragendes Federungssystem. Der konventionelle Stossdämpfer bleibt erhalten, die Drehstäbe hingegen entfallen. Die gesamte Aufbaufederung wird folglich mit den aktiven Federbeinen realisiert. Während mittels der aktiven Steller der Aufbau bestmöglich bedämpft wird, wird die Achsdämpfung weiterhin vom konventionellen Stossdämpfer realisiert. Mittels Regelung wird das Nick-, Wank- und über dynamische Verschiebungen der Wankmomentenverteilung auch das Eigenlenkverhalten beeinflusst. In einem zweiten, parallel arbeitenden Teil der Regelung werden Straßenanregungen mittels eines Skyhook-Algorithmus ausgeregelt. Obwohl das realisierte System mit 12V Gleichstrom und Kondensatoren zur Abfederung von Lastspitzen betrieben wird, sehen die Autoren Vorteile in der Kompatibilität mit zukünftigen Hybidfahrzeugen. Für kundenrelevanten Fahrbetrieb wird ein Mehrverbrauch von ca. 0,2 Litern je 100 Kilometer Fahrstrecke durch das realisierte System prognostiziert.

In Forschungsprojekten wurden außerdem die Fahrzeughöhe und die wirksame Federsteifigkeit verändert, indem die Anbindungspunkte der Feder am Rad und an der Karosserie bewegt werden. (siehe z. B. [40]) Ein Serieneinsatz eines solchen Systems zeichnet sich derzeit jedoch nicht ab.

2.4.4. Aktive Wankstabilisierung

Neben Stoßdämpfern und Aufbaufedern beeinflussen vor allem die verbauten Stabilisatoren das querdynamische Fahrzeugverhalten. Im Gegensatz zu den Federn und Stoßdämpfern liegen die auch Drehstäbe genannten Stabilisatoren in der Bodengruppe des Aufbaus oder im Rahmen. Ihr Gewicht muss also den gefederten Massen zugeschlagen werden [155].

Stabilisatoren haben die Aufgabe, die Wankneigung des Aufbaus bei Kurvenfahrt zu verringern und das Kurvenverhalten zu beeinflussen - also die Fahrsicherheit zu erhöhen. Eine Erhöhung der Wankfedersteifigkeit führt zum Absinken des stationären Wankwinkels sowie der Wankdämpfung, im Gegenzug aber zu einer Erhöhung der Wankeigenfrequenzen des Fahrzeugs. Dieser Einfluss ist nach [32] bei übersteuernd ausgelegten Fahrzeugen stärker ausgeprägt als bei untersteuernd ausgelegten Fahrzeugen. Ein übersteuernd ausgelegtes Fahrzeug reagiert demnach vor allem bei hohen Geschwindigkeiten sehr sensibel auf Veränderungen der Wanksteifigkeit.

Je härter die wechselseitige Federung ist, desto größer sind die für die Übertragung einer definierten Achsseitenkraft erforderlichen Schräglaufwinkel der Reifen. Grund hierfür ist die Degressivität der Reifenseitenkraftkennlinie, welche bei Radlastverlagerung vom kurveninneren hin zum kuvenäußeren Rad in Summe einen Verlust an Reifenseitenkraft an der jeweiligen Achse bewirkt. Nur bei geringer Querbeschleunigung bis knapp zwei m/s^2 werden die Seitenkräfte von beiden Rädern einer Achse zu etwa gleichen Teilen übertragen [207]. In der Folge wird das zur Verfügung stehende Seitenkraftmaximum an einer Achse mit steiferem Drehstab bei gleicher Achslast bereits bei niedrigeren Querbeschleunigungen erreicht als an einer Achse mit weicherem Drehstab. Dies erlaubt es, das Eigenlenkverhalten eines Fahrzeugs mittels der Wahl verschieden steifer Drehstäbe an den verschiedenen Achsen anzupassen.

Ziel für die Auslegung eines Stabilisators ist allgemein ein weicher Stabilisator bei Geradeausfahrt und einseitigen Unebenheiten (um Komforteinbußen zu vermeiden) und ein harter Stabilisator bei Kurvenfahrt, um die Wankwinkel des Fahrzeugs zu begrenzen und das Eigenlenkverhalten des Fahrzeugs beeinflussen zu können [200]. Diese beiden sich widersprechenden Anforderungen können offensichtlich mit einem passiven Stabilisator nicht erfüllt werden.

In den letzten Jahren wurde eine Reihe von Ideen vorgestellt, wie die Steifigkeit des Stabilisators während der Fahrt situationsgebunden verändert werden kann. Verschiedene Hersteller haben individuelle Lösungen zur Serienreife entwickelt und als Sonderausstattung in verschiedenen Limousinen und SUV's am Markt angeboten. Die im Folgenden dargestellten Systeme stellen nur einen Auszug aus der Vielfalt der entwickelten Systeme dar. Einen guten und vollständigen Überblick über den Themenkomplex bietet [50]. Vorteile aktiver Stabilisatorsysteme sind unter anderem verbesserter Fahrkomfort, verbessertes Handling mit reduzierten Wankwinkeln sowie reduzierte Überschlagsneigung vor allem bei Geländewagen.

Toyota schlug 1985 die formschlüssige Verbindung eines aufgetrennten Stabilisators im Bedarfsfall durch eine sperrbare Hydraulik und das Verschieben der Anlenkungen an den Achslenkern vor. Peugeot realisierte eine mittels Gasfedern beeinflussbare Hebelverbindung zwischen den Rädern in Kombination mit einer hydraulischen Vorspannung (1986), Mitsubishi eine Stabilisatorverstellung mit Verstellzylinder (1987). Nissan verstellte ab circa 1985 aktiv die den Stabilisator an der Karosserie haltenden Elemente, BMW (1987) verschob die Anlenkpunkte durch Zylinder. Daimler-Benz schlug schließlich 1987 vor, den Stabilisator in der Mitte aufzutrennen und mit über Hebel angebundenen Zylindern Zusatzmomente aufzubringen [200].

Aktuell wurde von TRW das System „SARC" (= Semi-Acitve Roll Control) vorgestellt [146]. Hier wird ein Hebel des Stabilisatorgestänges durch ein hydraulisches Element ersetzt, welches je nach Fahrsituation den Stabilisator koppeln oder entkoppeln kann. Die Entkoppelung des Stabilisators kann bei Geradeausfahrt den Fahrkomfort steigern. Das vorgestellte System benötigt keine Hydraulikpumpe, die Funktionalität basiert lediglich auf einem Ventil, das je nach Fahrsituation das Stabilisatorgestänge entkoppelt. Der beschriebene Aufbau verringert die Kosten eines solchen Systems deutlich. Eine weitere in [75] vorgestellte Lösung zur aktiven Reduktion von Wankbewegungen basiert auf einer Pumpe mit variablem Volumenstrom in einem geschlossenen hydraulischen Kreis. Laut den Autoren kann ein solches System gegenüber einem ventilgesteuerten System bis zu 90 Prozent der benötigten Energie einsparen.

Ein im Markt relativ weit verbreitetes System neueren Datums ist die aktive Wankstabilisierung „Dynamic Drive" von BMW. Sie verringert nicht nur das Wanken, sondern nimmt über aktive Verteilung der Wankabstützung auch Einfluss auf das Eigenlenkverhalten des Fahrzeugs. Die Erzeugung von Drehmoment in den beiden Stabilisatoren erfolgt hydraulisch; BMW verwendet zur Wankstabilisierung rotatorische Aktuatoren, die mit einem aufgespalteten Stabilisator verbunden sind. Da eine Grundvoraussetzung des Systems ist, das der Druck im vorderen Kreis immer größer oder gleich groß ist wie im hinteren Kreis, ist das Stabilisierungsmoment an der Vorderachse immer größer oder gleich groß wie an der Hinterachse. So kann unter keinen Umständen übersteuerndes Fahrverhalten auftreten. Je nach Ansteuerung können der Wankwinkel und der Lenkwinkel bei Kurvenfahrt deutlich reduziert werden [91], [169].

2.4.5. Niveauregulierungssysteme

Automatische Niveauregulierungssysteme haben vor allem im Bereich der Kombi- und Nutzfahrzeuge weite Verbreitung erlangt. Die Beladungsunabhängigkeit des Niveaus sorgt für annähernd konstantes Fahrverhalten des Fahrzeugs. Ziele automatischer Niveauregulierungssysteme sind nach [177] vor allem Beladungsunabhängigkeit der Radfederwege, weitgehende Sturzkonstanz bei Einzelradaufhängung, gleichbleibende Bodenfreiheit, verbesserte Leuchtweitenregelung, optimierter Fahrkomfort durch niedrige, belastungsunabhängige Aufbauanregung, reduzierter Kraftstoffverbrauch durch cw-Wert-Verbesserung und geringerer Reifenverschleiß.

Bisher realisierte Systeme verwenden überwiegend hydraulische Stellzylinder oder Luftfedern als Aktuatoren zum Fahrzeugniveauausgleich. Der Niveauausgleich durch hydraulische Stellzylinder ist beispielsweise im ABC-Fahrwerk der Daimler AG in Serie. Die Niveauregulierung durch Luftfederung hingegen, die von eine Vielzahl von Herstellern als Sonder- oder Serienausstattung für gehobene Fahrzeugklassen angeboten wird, kompensiert die stärkere statische Einfederung eines Fahrzeugs aufgrund höherer Beladung durch die Zufuhr von Luft und damit verbundenen Anstieg des Systemdrucks, so dass das Fahrzeug auch bei starker Beladung in der Konstruktionslage gehalten wird. Gleichzeitig steigt proportional zur Beladung jedoch auch die resultierende Federsteifigkeit solcher Systeme an [122].

Im Stossdämpfer integrierte Systeme wie der Nivomat von ZF Sachs gewinnen die Energie zum Einstellen des Höhenniveaus aus den Relativbewegungen von Achse und Fahrzeugaufbau zueinander während der Fahrt. Im Gegensatz zur Niveauregulierung durch Luftfederung ist hier keine externe Energiequelle notwendig [30]. Auch bei diesen Systemen geht jedoch unvermeidbar mit dem Niveauausgleich bei höherer Fahrzeugbeladung eine Erhöhung der resultierenden Federsteifigkeiten einher. Kostengünstige, ohne eigenen Antrieb funktionierende Systeme, z. B. im Stoßdämpfer integrierte adaptive Lösungen, benötigen zum Erreichen des optimalen Fahrniveaus außerdem stets eine gewisse Fahrtstrecke und sind deshalb nicht sehr verbreitet.

In [45] und [48] wurden aktuelle Systemansätze vorgestellt, die einen Niveauausgleich ohne Anstieg der wirksamen Tragfedersteifigkeit darstellen können. In [45] wird ein elektromechanisches System vorgestellt, das verbesserte Funktionalitäten erzielen soll. Es wird der obere Federteller entlang der Wirkrichtung der Feder verstellt und so das Fahrzeugniveau den aktuellen Gegebenheiten angepasst. Die Stromversorgung des Systems erfolgt aus dem Fahrzeugbordnetz. Laut den Autoren könnte mit einem solchen System auch eine dynamische Radlastenverteilung oder eine geschwindigkeitsabhängige Höhenverstellung des Fahrzeugs realisiert werden. In [48] wurden für verschiedene

Fahrzeugklassen maßgeschneiderte Lösungen vorgeschlagen, die den in den jeweiligen Fahrzeugklassen vorliegenden Anforderungen möglichst gut gerecht werden sollen. Für Kleinfahrzeuge ist eine Fußpunktverstellung der Schraubenfeder mit Elektromotor und Schneckengetriebe vorgesehen. Motor und Getriebe werden im Längsträger untergebracht und können innerhalb von acht Sekunden einen maximalen Verstellweg von 60 mm realisieren. Für obere Fahrzeugklassen soll eine Zusatzfeder zum Einsatz kommen, die in der Hauptfeder angeordnet ist. Durch Vorspannung der inneren Feder je nach Beladung kann bei gleich bleibendem Federweg der äußeren Feder und unter Vermeidung einer Erhöhung der Gesamtfedersteifigkeit eine Niveauanpassung erfolgen. Die vorgesehene Verstellzeit beträgt circa fünf Sekunden.

2.4.6. Aktive Lenksysteme

Neben den klassischen Fahrwerksbauteilen wurden auch die Fahrzeuglenkungen in den letzten Jahren verstärkt durch den Einsatz innovativer Systeme „aktiviert", um die Lenkeigenschaften der Fahrzeuge den fahrdynamischen Gegebenheiten und den Kundenwünschen anpassen zu können.

Aktive Vorderradlenkungen lassen sich nach [24] kategorisieren in aktive Servolenkungen (Veränderung des Lenkmomentes, z. B. über der Geschwindigkeit), Lenkungen mit aktiv veränderlicher Übersetzung, Überlagerungslenkungen (dem Lenkwinkel des Fahrers können bei Bedarf Zusatzlenkwinkel überlagert werden, der direkte Durchgriff bleibt jedoch erhalten) und Steer-By-Wire-Lenksysteme.

Im Markt weit verbreitet sind, vor allem in Fahrzeugen von Herstellern des Premiumsegments, so genannte Parameterlenkungen. Parameterlenkungen (kurz: PML) variieren das Lenkmomentenniveau abhängig von der Fahrgeschwindigkeit. Das erforderliche Lenkmoment wird bei hohen Geschwindigkeiten im Vergleich zu Stadtfahrt- und Parkiersituationen deutlich angehoben, um sicheren Geradeauslauf herzustellen. PML-Systeme sind üblicherweise auf Basis einer konventionellen hydraulischen Lenkunterstützung durch mehrere Kugeln realisiert, welche je nach Position die Steifigkeit des Lenkungsdrehstabs in die gewünschte Richtung beeinflussen. In [182] wird eine Parameterlenkung vorgestellt, die auf Basis eines elektrischen Lenksystems arbeitet. Das vorgestellte System kann aktiv in den Lenkvorgang eingreifen und diesen sogar theoretisch in gewissen Grenzen autonom durchführen, ohne mittels eines Überlagerungsgetriebes Einfluss auf den wirksamen Lenkwinkel zu nehmen.

Überlagerungslenkungen können den Komfort erhöhen und den Fahrer in kritischen Situationen unterstützen. Um für den Fahrer beherrschbare Unterschiede in der Lenkungsauslegung (vor allem beim Wechsel von einem Fahrzeug mit Überlagerungslenkung in einem Fahrzeug ohne Überlagerungslenkung) und einen sicheren Übergang in die Rückfallebene zu gewährleisten, wird die Variation der Gesamtlenkübersetzung überlicherweise auf den Bereich circa zwischen zehn und 20 beschränkt. Theoretische Funktionsumfänge einer Überlagerungslenkung sind unter anderem variable Lenkübersetzung, Vorhaltelenkung (siehe unten), Einparkunterstützung, Kompensation von Kreuzgelenkungleichförmigkeiten, Gierratenregelung, Giermomentenkompensation, Schwimmwinkelregelung und Stabilisierungsfunktion beim Anhängerbetrieb. Um Lenkradmomente wie bei einem Fahrzeug ohne Überlagerungslenkung zu erreichen, ist aufgrund der Übersetzungsänderung jedoch gegebenenfalls eine Anpassung der Lenkkraftunterstützung notwendig [71].

BMW bietet in verschiedenen Modellen die so genannte Aktivlenkung an. Mittels eines Überlagerungsgetriebes, welches mit dem Lenkgetriebe verblockt ist und zwei Planetenradsätze aufweist, werden dem Fahrerlenkwinkel zusätzliche Lenkwinkel überlagert. Der mechanische Durchgriff bleibt hierbei stets erhalten. Der Stellwinkel besteht aus einem gesteuerten Anteil (hängt vom Fahrerlenkwinkel ab) und einen geregelten Anteil (hängt vom Fahrzustand ab). Als Grundfunktionalität wird durch den gesteuerten Anteil bei niedrigen Fahrgeschwindigkeiten der Fahrerlenkwinkel verringert, bei hohen Fahrgeschwindigkeiten vergrößert. Dies entspricht faktisch einer über der Fahrgeschwindigkeit variablen Lenkübersetzung. Da die Wahl der geometrischen Lenkübersetzung maßgeblich die Gier- und Querbeschleunigungsübertragungsfunktionen des Fahrzeugs bei höheren Geschwindigkeiten beeinflusst, lässt sich das fahrdynamische Verhalten so entscheidend beeinflussen. Der stabilisierende Eingriff - also der geregelte Anteil des Zusatzlenkwinkels - ist auf übersteuernde Fahrsituationen begrenzt [82].

Beim von Audi angebotenen Konkurrenzsystem wird ebenfalls ein Stellmotorwinkel über ein Planetengetriebe dem Fahrerlenkwinkel überlagert. Das Planetengetriebe ist bei Audi zwischen Drehstab und Lenkgetriebe angebracht. Mögliche Funktionen dieser Überlagerungslenkung sind generell Assistenzfunktionen (variable Lenkunterstützung, Vorhaltelenkung, Einparkhilfe, Rückfahrassistenz mit Anhänger und Korrektur der Kreuzgelenkfehler) und Stabilisierungsfunktionen (Gierratenregelung, Schwimmwinkelregelung, Giermomentenkompensation und Anhängerstabilisierung) [70].

Eine besondere Funktionalität, die mit Hilfe von Überlagerungslenkungen dargestellt werden kann, ist die so genannte Vorhaltelenkung. Dieser Begriff beschreibt ein Lenksystem, welches abhängig von der Lenkwinkelgeschwindigkeit einen Überlagerungswinkel einstellt. Durch einen solchen Eingriff wird die Agilität des Fahrzeugs verbessert, indem der Phasenverzug zwischen Lenkwinkelvorgabe und Fahrzeugreaktion verringert wird. Laut [71] treten jedoch beim schnellen Anlenken deshalb kurzzeitig Überhöhungen im Lenkmoment auf, denen ein kurzzeitiger Lenkmomenteneinbruch nachfolgt.

Fahrdynamikregelsysteme wie ESP werden in neueren Ansätzen mit aktiven Lenkungen vernetzt, um Regeleingriffe nicht nur über die Fahrzeugbremsen, sondern auch über das Lenksystem realisieren zu können. Das von der Firma Continental prototypisch realisierte ESP II nutzt aktive Lenkeingriffe, optional könnten auch elektronische Fahrwerksregelungen mit in die Fahrzeugstabilisierungseingriffe mit einbezogen werden. Mögliche Einsatzgebiete der aktiven Lenkeingriffe sind z. B. Bremsen auf μ-Split, Rollover- und Anhängerstabilisierung [163].

2.4.7. Weitere Systeme und Forschungsansätze

In den letzten Jahren wurden mehrere Systeme vorgestellt, welche Antrieb, Bremsen, Federung, Dämpfung und Lenkung eines Rades im Inneren der Felge vereinen. Diese Systeme basieren auf dem kompletten Entfall eines Verbrennungsmotors und einem Antrieb des Fahrzeugs durch am bzw. im Rad angeordnete Elektromotoren. Diese Systeme gehen einher mit einer radikalen Neukonzeption der Fahrzeugfederung.

Einen solchen Ansatz verfolgt unter anderem die Firma Michelin mit dem „Michelin Active Wheel" (siehe Abbildung 2.18). In den Naben der Räder sind Elektromotoren untergebracht, die gleichzeitig für Antrieb und aktive Aufhängung des Rades sorgen. Auch die Bodenfreiheit kann mit dem entwickelten System eingestellt werden; der Federweg beträgt maximal 180 Millimeter. Das System erlaubt eine nahezu frei wählbare Federung und Dämpfung und kann beispielsweise auch ein „in die Kurve legen" des Fahrzeugs ähnlich einem Motorrad realisieren. Nachteilig wirken sich die auf ca. 30kg je Rad erhöhten ungefederten Massen aus [137].

Abb. 2.18.: Michelin Active Wheel

Ein weiterer, sich noch in der Forschung befindlicher Ansatz besteht darin, mittels Laser oder anderer Strahlen die Straßenoberfläche vor dem Fahrzeug abzutasten, um das Fahrwerk des Fahrzeugs bereits im Voraus auf kommende Wellen und Unebenheiten einstellen zu können. In einem von der Firma Mercedes realisierten Prototyp wird die Straßenoberfläche von zwei in die Frontscheinwerfer integrierten Lasersensoren mit einem Abtastwinkel von 0,5° abgetastet. Die Abtastung erfolgt hierbei so genau, dass sogar die Erhebungen von Fahrbahnmarkierungen und Zebrastreifen vom System erkannt werden können [187].

2.5. Hinterachslenksysteme

Reine Hinterachslenkungen, wie sie bei Bau- oder militärischen Fahrzeugen eingesetzt werden, sind für die Anwendung in Kraftfahrzeugen weitestgehend ungeeignet. Die mit reinen Hinterachslenkungen ausgestatteten Fahrzeuge haben in aller Regel einen Eingelenkgradienten kleiner als Null, was aus fahrdynamischer Sicht nicht erstrebenswert ist. Außerdem würde das Reifenrückstellmoment an den gelenkten Hinterrädern negativ werden, die Lenkung hätte keine Rückstellung und der Lenkeinschlag würde sich selbsttätig vergrößern, da die Reifenseitenkraft hinter der Latschmitte angreift [156]. Allein schon aus praktischen Gründen ist vom reinen Lenken der Hinterräder abzusehen, da beispielsweise ein Wegfahren vom Bordstein nur rückwärts möglich wäre. Die aktive Lenkung der Hinterachse ist demzufolge im Bereich der Personenkraftwagen nur in Verbindung mit dem Lenken der Vorderräder sinnvoll. Vereinfachend wird im Weiteren das Lenken der Hinterräder zusätzlich zum vom Fahrer aufgebrachten Lenkwinkel an der

Vorderachse als „Hinterachslenkung" oder „Hinterachsspurwinkelverstellung" bezeichnet und nicht als „Allradlenkung".

Konventionell gelenkte Fahrzeuge haben die generelle Eigenschaft, dass sowohl die Amplitude als auch der Zeitverzug der Fahrzeugzustandsgrößen stark abhängig von der Lenkgeschwindigkeit sind. Ein Fahrzeug mit Vierradlenkung zeigt hier erhebliche Vorteile, da Lenkradwinkeländerungen und Kursänderungen je nach Ansteuerung der Hinterachslenkung mit geringeren Zeitverzügen gekoppelt sind. Mit Hinterachslenkung kann außerdem bei Lastwechseln in der Kurve das Eindrehen des Fahrzeugs verringert bzw. vermieden oder höhere Bremsverzögerungen in der Kurve realisiert werden [15].

Prinzipieller Nachteil von zweiradgelenkten Fahrzeugen ist, dass, bevor an der Hinterachse Reifenseitenkräfte aufgebracht werden können, das Fahrzeug einen Schwimmwinkel aufweisen und damit eine Schrägstellung zur gewünschten Fahrtrichtung einnehmen muss. Der Aufbau der Querbeschleunigung erfolgt daher langsamer als der Aufbau der Gierwinkelgeschwindigkeit, welche die Schrägstellung des Fahrzeugs bestimmt. Bei einer schnellen Lenkbewegung durch den Fahrer wird beim Fahrzeug ohne Hinterachslenkung im ersten Moment nur an der Vorderachse Seitenkraft aufgebaut. Erst nachdem das Fahrzeug auf den Anregungsimpuls mit einer Gierdrehung und einer Querbewegung reagiert, stellt sich auch an der Hinterachse ein Schräglaufwinkel ein und es wird eine Seitenkraft aufgebaut. Erst aktive Hinterradlenkungen ermöglichen zeitgleiches Einlenken der vorderen und der hinteren Räder. Der Aufbau von Querbeschleunigung und Giergeschwindigkeit kann so aktiv beeinflusst werden (nach [153] und [199]). Die Abbildungen 2.19 und 2.20 verdeutlichen die angestellten Überlegungen.

Ziel jeder dynamischen Vierradlenkung ist allgemein gesprochen der Versuch, das durch passive Bauteile bestimmte Eigenlenkverhalten von Fahrzeugen noch weiter zu verbessern [159]. In einzelnen Quellen wird außerdem die Idee formuliert, mit Hilfe der Allradlenkung die Komforteigenschaften eines Fahrzeugs zu verbessern, da die Handlingdefizite eines Fahrzeugs mit Hilfe der Allradlenkung wieder kompensiert werden können (siehe beispielsweise [148]).

2.5.1. Vor- und Nachteile von Hinterachslenkungen

Die funktionalen Vorteile, welche die Allradlenkung, also die gleichzeitige Lenkung von Vorder- und Hinterrädern in einem Fahrzeug, liefern soll, lassen sich nach [126] wie

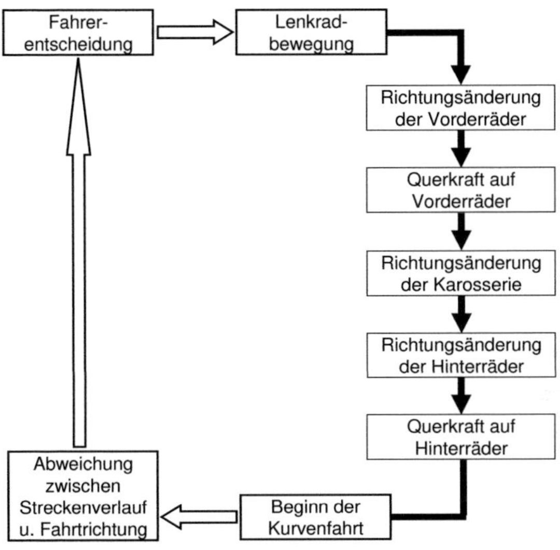

Abb. 2.19.: Kurvenfahrt eines Fahrzeugs mit herkömmlicher Lenkung

folgt zusammenfassen in die Verbesserung des Lenkverhaltens, die generelle Ausweitung des Stabilitätsbereichs, die Vermeidung beziehungsweise Reduktion von Lastwechselverhalten, das Einstellen indirekterer Lenkübersetzungen bei hohen Geschwindigkeiten (und damit Entlastung des Fahrers) und die Wendekreisverkleinerung bei niedrigen Geschwindigkeiten und damit Steigerung der Agilität durch gegensinnigen Radeinschlag von Vorder- und Hinterachse.

Dem gegenüber stehen nicht unerhebliche Nachteile von Hinterachslenksystemen, wie die erhöhten Systemkosten und das nicht zu unterschätzende Gefahrenpotential einer Hinterachslenkung. Fehlfunktionen oder Fehlstellungen solcher Systeme können vor allem im hohen Geschwindigkeitsbereich zu schwer beherrschbarem bis unkontrollierbarem Fahrzeugverhalten führen. Die Sicherstellung der fehlerfreien Funktion und die Definition von sicheren Rückfallebenen im Versagensfall des Systems ist deshalb elementarer Bestandteil der Entwicklung von Hinterachslenksystemen. Die Funktionalität einer Hinterachslenkung ist weiterhin nur von Vorteil, wenn die erforderliche Reifenseitenkraft an der Hinterachse nicht das zur Verfügung stehende Haftungslimit überschreitet [180].

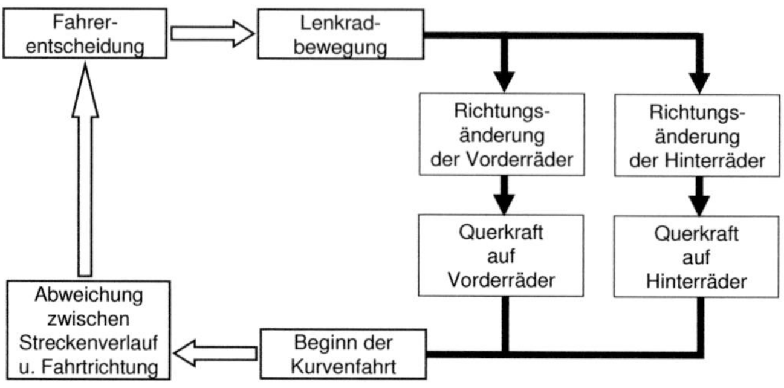

Abb. 2.20.: Kurvenfahrt eines Fahrzeugs mit Hinterradlenkung

Nicht unerwähnt bleiben darf in diesem Zusammenhang, dass einige der oben ange-strebten Vorteile einer Hinterachslenkung auch durch andere, bereits in Serie verfügbare Systeme, dargestellt werden können. So kann die Einstellung indirekterer Lenküber-setzungen bei hohen Geschwindigkeiten auch durch Überlagerungslenkungen realisiert werden, wie sie bereits von mehreren Herstellern am Markt angeboten werden (siehe z. B. [70], [82] und [163]).

2.5.2. Technologische Einteilung von Hinterachslenksystemen

Unter Vernachlässigung einiger Sonderformen lassen sich Hinterradlenkungen in me-chanische, hydraulische und elektrische Systeme einteilen [175]. Erwähnenswerte Markt-anteile sind jedoch nur von hydraulischen (HHL) und elektrischen Hinterachslenksyste-men (EHL) erzielt worden und in Zukunft zu erwarten. Ein Konzeptvergleich in [175] beschreibt Vorteile für hydraulische Systeme bezüglich der Funktionserfüllung, aber Vorteile für elektromechanische Systeme bezüglich der Zukunftsfähigkeit der Systeme.

Bis auf wenige Ausnahmen basieren die im Folgenden vorgestellten Lösungen auf hydraulischen Ansätzen. Dies resultiert vor allem aus dem Bedarf nach großen Stell-kräften und hoher Stelldynamik, die die EHL wegen ihrer in diesem Zeitraum noch zu geringen Kraftdichte gegenüber der HHL noch nicht zur Verfügung stellen konn-te. Die EHL besitzt jedoch gegenüber der HHL eine Reihe von Vorteilen, welche dazu führten, dass im Laufe der Jahre immer mehr auf Elektromechanik basierende Hinter-achslenksysteme von verschiedenen Herstellern vorgestellt wurden. So verwendet eine

EHL das gleiche Medium zur Signalverarbeitung und für den Leistungskreis, bietet die Möglichkeit des Funktionstests vor der Montage, weist keinerlei Leckagen auf und ist im allgemeinen wartungsfrei [18]. Weiterhin schlägt beim Platzbedarf das Fehlen einer zusätzlichen Energiequelle zu Buche und liegen die Systemkosten elektrischer Hinterachslenksysteme nach einer Schätzung in [197] im Vergleich zu elektrohydraulischen Lösungen bei maximal 60 bis 70 Prozent. Auch das Systemgewicht ist deutlich geringer. Darüber hinaus hat die EHL im Allgemeinen einen geringeren Energieverbrauch als entsprechende hydraulische Systeme; der mittlere Energieverbrauch elektrischer Systeme wird in [197] unter Berücksichtigung des Wirkungsgrades der Lichtmaschine auf circa 60 Watt geschätzt. Das Gewicht entsprechender elektromechanischer Aktuatoren liegt bei circa 2,7 kg für einen Spurstangensteller und circa 5,5 kg für einen zentralen Steller.

2.5.3. Realisierte Systeme unterschiedlicher Hersteller

Das erste bekannte Fahrzeug der Welt mit Hinterachslenkung war das militärische Fahrzeug 170VL von Mercedes im Jahr 1938 [115]. Die ersten Serienrealisierungen von Fahrzeugen mit Hinterachslenkungen waren jedoch erst viele Jahre später zu verzeichnen.

Die Erweiterung der Lenkfunktion eines Fahrzeugs von der Vorder- auch auf die Hinterachse ist im Bereich der Nutzfahrzeuge allgemein üblich. Vor allem zur Erhöhung der Wendigkeit in engen Kurven und beim Rangieren werden vielfach eine oder mehrere Hinterachsen automatisch mitgelenkt. Bei Nutzfahrzeugen sind hierfür vor allem hydrostatische und hydraulische Systeme im Einsatz [197]. Im Laufe der letzten Jahrzehnte wurden von verschiedenen Herstellern auch Hinterachslenksysteme für den Einsatz in Personenkraftwagen auf den Markt gebracht. Der Fokus lag hierbei in den meisten Fällen nicht auf der Erhöhung der Wendigkeit der Fahrzeuge, sondern auf der Verbesserung der fahrdynamischen Eigenschaften im mittleren und hohen Geschwindigkeitsbereich.

Die Anmeldung von Patenten zum Thema Hinterachslenkung stieg Mitte der 80er Jahre stark an [175]. In diesem Zeitraum wurde vor allem von den japanischen Herstellern eine Reihe von Lösungen zur aktiven Verstellung der Hinterachsspurwinkel abhängig von der Fahrsituation entwickelt und in verschiedenen Fahrzeugmodellen angeboten.

Auf die bis zu diesem Zeitpunkt vorgestellten Systeme soll nachfolgend kurz eingegangen werden (nach [156] und [198]).

Beim so genannten HICAS-System (HICAS = High Capacity Actively Controlled Suspension) von Nissan (1985) wurde durch Verschieben des gesamten Fahrschemels der Hinterachse mit Hilfe von zwei Hydraulikzylindern eine zusätzliche Lenkbewegung erzeugt. Das HICAS-System lenkte ausschließlich gleichsinnig zu den Vorderrädern, nicht gegensinnig. 1985 wurde mit dem Nissan Skyline erstmals ein Fahrzeug serienmäßig mit Hinterachslenkung in den Markt gebracht. Das Nachfolgesystem HICAS II (ab 1988) realisierte maximal ein Grad Lenkwinkel der Hinterräder und drehte die Hinterräder direkt um eine Lenkachse der verwendeten Mehrlenkerhinterachse [106].

1987 wurde von Honda ein System mit mechanischer Verbindung zwischen Vorderachse und Hinterachse vorgestellt. Hier war ein Lenkgetriebe an der Hinterachse vorgesehen, das, ähnlich dem Lenkgetriebe an der Vorderachse, abhängig vom Lenkradwinkel definierte Radwinkel realisiert. Bis zu einem Lenkradwinkel von $127°$ von der Geradeausstellung werden die Hinterräder in die gleiche Richtung gelenkt wie die Vorderräder (max. $1{,}5°$). Wurde dieser Lenkwinkel überschritten, verlagerte sich der Lenkeinschlag der Hinterräder allmählich in die entgegengesetzte Richtung. Bei einem Lenkeinschlag von $450°$ erreichte er mit $5{,}3°$ sein Maximum. Das realisierte System war aufgrund des hohen Platzbedarfs nur bei frontgetriebenen Fahrzeugen einsetzbar.

Abhängig von der Fahrgeschwindigkeit und mit Hilfe eines Schrittmotors wurde der Hinterachslenkwinkel bei der 1983 von Mazda vorgestellten Lösung aufgebracht. Die Verstellung erfolgte hydraulisch und der Lenkeinschlag wurde je nach Fahrgeschwindigkeit variiert. Der maximale Hinterradeinschlag wurde dabei auf fünf Grad begrenzt. Das System ging 1987 im Modell 626 in Serie.

Mitsubishi stellte 1987 ein vollständig hydraulisches System vor, bei dem Zentrierfedern im Falle einer Leckage für die Geradeausstellung der Hinterräder sorgen sollten. Es wurden zwei komplett voneinander getrennte hydraulische Kreise verwendet. Das System lenkte bei niedrigen Geschwindigkeiten die Hinterachse gegensinnig (um den Wendekreis zu verkleinern) und bei höheren Geschwindigkeiten gleichsinnig (um das Fahrzeug z. B. bei Ausweichmanövern zu stabilisieren). Wie auch bei allen anderen Systemen wurde der maximale Einschlagwinkel der Hinterräder aus Sicherheitsgründen begrenzt.

Das von Nissan weiterentwickelte System hieß „Super HICAS" und kam ab 1989 auf den Markt. Es konnte im Gegensatz zum HICAS-System die Hinterräder auch gegensinnig einschlagen und reagierte für einen Moment überproportional (vgl. Vorhaltelenkungsfunktion), um den Aufbau der Seitenführungskräfte zu beschleunigen. Dies sollte Lenkpräzision und Handlichkeit verbessern. Der Höchstlenkwinkel betrug hier ein Grad, als Eingangssignale wurden der Lenkradwinkel und die Fahrgeschwindigkeit verarbeitet [106].

Eine 1989 vorgestellte elektrohydraulische Lösung von Honda beinhaltete als erstes System eine Überwachung der Hinterachslenkwinkel. Die Lenkbewegung der Hinterräder wurde mittels eines per Hydraulik geschwenkten Radträgers realisiert und der jeweils gewünschte Radlenkwinkel von einer Steuerelektronik berechnet.

Ebenfalls 1989 stellte Nissan ein System vor, welches mittels durch Steuerschieber veränderlicher Ventilquerschnitte die Verschiebung eines Stellzylinders und hierdurch eine Lenkung der Hinterräder realisierte. Die Spurverstellung an der Hinterachse erfolgte hier erstmals auch abhängig vom Lenkmoment.

Das erste Fahrzeug eines deutschen Herstellers, das optional mit Hinterachslenkung angeboten wurde, war der BMW 8er im Jahr 1991. Mittels eines zentralen Hydraulikzylinders wurden die pendelnd aufgehängten Federlenker verschoben. Der maximale Lenkwinkel der Hinterräder betrug zwei Grad. Der Lenkeinschlag war unterhalb von 50 km/h gegensinnig; oberhalb von 50 km/h wurde ein gleichsinniger Lenkwinkel realisiert, der vom Vorderachslenkwinkel und von der Geschwindigkeit abhing. Um das Fahrverhalten im unteren Geschwindigkeitsbereich (jedoch bereits oberhalb 50 km/h) agiler zu gestalten, verzögerte ein Zeitglied den Aufbau des Lenkwinkels an der Hinterachse [24], [175].

Das erste auf dem Markt angebotene Fahrzeug mit elektromechanischem System war der Nissan 300ZX 1994, der mit einem Stellzylinder mit Elektromotor zur Spurverstellung an der Hinterachse ausgerüstet war. Weitere Fahrzeuge mit Hinterachslenkungen auf dem Markt wurden unter anderem von Daihatsu (Mira, Cuore, Opti, Leeza, Domino; Markteinführungen ab 1990) und Subaru (SVX Alcyone; Markteinführungen ab 1991) angeboten [175]. Bei Mercedes-Benz wurden seit dem Jahr 1986 Prototypen mit verschiedenen technischen Systemen und Funktionalitäten aufgebaut. Ein Hinterachslenksystem wurde jedoch nie für ein Serienfahrzeug angeboten.

Während das Angebot an Hinterachslenksystemen auf dem Markt in den 80er Jahren stetig zunahm, war ab den 90er Jahren wieder eine starke Abnahme der angebotenen Systeme zu verzeichnen. Aufwand und Nutzen der angebotenen Systeme standen oft nicht im Einklang miteinander. So brachten alle bis dato realisierten Systeme relativ hohen Aufwand und hohe Kosten für die Automobilhersteller mit sich. In den letzten Jahren sind wieder verstärkte Aktivitäten im Gebiet der Hinterachslenkungen auf dem Markt zu beobachten. Der Trend geht hierbei im Gegensatz zu den in den 80er Jahren angebotenen Systemen hin zu kleinen elektromechanischen Aktuatoren, die in die Radaufhängung integriert werden (beispielsweise in Form einer „längenverstellbaren Spurstange") und radindividuell und situationsgebunden die gewünschten Hinterachsspurwinkel realisieren können. Nach [153] ist für die Zukunft - vor allem bei geringen Ansprüchen an die Stellgeschwindigkeiten - eher der Einsatz von elektrischen Stellelementen zu erwarten.

Stellvertretend für weitere vergleichbare in der Entwicklung befindliche Systeme sollen das ARK-System (ARK = Active Rear Axle Kinematics) der Firma Continental Automotive Systems sowie die Hinterachslenksystem der Firmen Magna und Schäffler vorgestellt werden. Beim ARK wird der Spurlenker der Hinterachse mittels einer Motor-Getriebe-Einheit in seiner Länge verstellt. Dies erlaubt die selektive Ansteuerung der Hinterräder für Mehrlenkerhinterachsen, ohne die Packaging-Nachteile bisheriger Hinterachslenkungen in Kauf nehmen zu müssen [36]. Die Spurwinkel der Hinterräder können so in definierten Grenzen abhängig von beliebigen Fahrzeugparametern vorgegeben werden. In Abbildung 2.21 ist der Aktuator im Einbauzustand an der Hinterachse eines BMW der 5er-Reihe zu sehen.

Das von der Firma Magna vorgestellte und mittlerweile von BMW am Markt angebotene Hinterachslenksystem setzt im Unterschied zur Lösung der Firma Continental Automotive Systems auf einen zentralen Aktuator, welcher niedrigere Systemkosten und einen geringeren Fahrzeugintegrationsaufwand bietet. Ein konzentrischer Elektromotor mit selbsthemmendem Trapezgewinde realisiert einen maximalen Spurstangenweg von plus/minus acht Millimetern, was am Rad einem Spurwinkel von plus/minus 3,5 Grad entspricht.

Schäffler schliesslich propagiert ein modulares Aktuatorkonzept zur Realisierung von Hinterachslenkungen, welches sowohl radselektive als auch zentrale Aktuatorkonzepte ermöglicht. Die eingesetzten Getriebe mit Selbsthemmung realisieren Verstellgeschwin-

Abb. 2.21.: Conti-Aktuator an Hinterachse 5er BMW [36]

digkeiten bis zu 0,1 m/s, Stellgenauigkeiten von 0,1 mm sowie Fail-Safe-Verhalten durch Halten der Position. Die möglichen Betätigungskräfte liegen im Bereich bis zu sechs Kilonewton, beim Sprungantworttest kann der Aktuator einen Verstellweg von 13mm in 0,2 Sekunden darstellen [95].

In Forschungsvorhaben wurden verschiedentlich weitere Ansätze zur aktiven Spurverstellung an der Hinterachse publiziert. [109] beschreibt beispielsweise die Entwicklung des Systems AGCS (Active Geometry Control Suspension) zur Verbesserung des Fahrverhaltens. Mittels eines linearen Aktuators, einer Umlenkung und eines Hebelarms wird die Länge der Spurstange beeinflusst.

In den letzten Jahren sind unter anderem Modelle von Infinity, Hyundai und Renault mit Hinterachslenksystemen auf dem Markt verfügbar. Das optionale Hinterachslenksystem des Renault Laguna GT (Abbildung 2.22) basiert auf einem elektrischen Zentralaktuator, der über eine Umlenkung mit den hinteren Spurstangen verbunden ist. Die Genauigkeit der Spurwinkelstellung beträgt laut Renault 0,05° Radwinkel. Die Steuerung des Systems teilt sich auf in einen statischen Steueranteil, welcher bei niedrigen Fahrgeschwindigkeiten die Lenkübersetzung des Fahrzeugs verringert und bei hohen Geschwindigkeiten ebendiese vergrößert, und einen dynamischen Anteil. Der Lenkwinkel beträgt im Normalfahrbetrieb maximal zwei Grad Spurwinkel, in Parkier- und Extremsituationen (beispielsweise Ausweichmanöver) erhöht sich der Spurwinkel auf bis zu 3,5° Radwinkel [64].

[108] beschreibt das AGCS-System (Active Geometry Control Suspension) des Hyundai Sonata, welches den inneren Anlenkpunkt des Hinterradlenkers in vertikaler Rich-

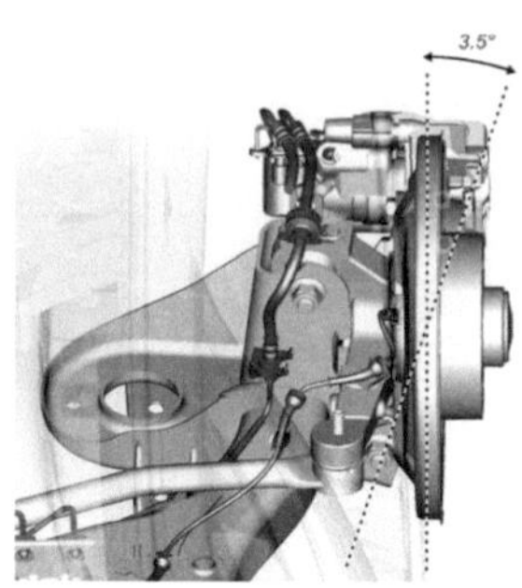

Abb. 2.22.: Hinterachslenksystem des Renault Laguna [64]

tung steuert. Es verändert die Spurwinkelgeometrie über dem Federweg. Da die Betätigung senkrecht zur Kraftrichtung des Lenkers erfolgt, wird im Gegensatz zu den oben beschriebenen Hinterachslenksystemen deutlich weniger Energie benötigt. Die Regelung des Systems erfolgt anhand von drei Kennfeldern, zwischen denen je nach Lenkgeschwindigkeit hin und her geschaltet wird. Grundsätzliche Logik der Ansteuerung ist die Minimierung der Vorspurwerte bei Geradeausfahrt und die Erhöhung der Untersteuerneigung bei hohen Querbeschleunigungen.

Aktuell wurde durch BMW mit der 7er-Reihe auch von einem deutschen Hersteller ein Fahrzeugmodell vorgestellt, welches als Sonderausstattung mit aktiver Hinterachslenkung ausgeliefert wird.

Im Gegensatz zu Personenkraftwagen und Nutzfahrzeugen gibt es kein Serienmotorrad mit Hinterachslenkung auf dem Markt. Es existiert jedoch eine Reihe von Arbeiten, die sich theoretisch mit dieser Thematik auseinandersetzen, vereinzelt auch Untersuchungen an Prototypen. Allgemein sind Motorräder wegen des kleineren Gierträgheitsmomentes viel sensibler hinsichtlich der Einflüsse einer Hinterachslenkung als Vierradfahrzeuge. Die ersten simulativen Arbeiten auf diesem Gebiet wurden 1993 von der University of Tokyo angestellt. 1995 wurden von Honda Untersuchungen veröffentlicht, hier wurde neben theoretischen Untersuchungen auch ein Prototyp eines solchen Motorrads aufgebaut. Es wurde eine Verbesserung der Stabilität beim Weave-Test dargestellt. Weitere Arbeiten auf dem Gebiet der Hinterachslenkungen bei Zweirädern wurden an der University of Padova 2000 sowie von Cossalter 1998 und 1999 durchgeführt, wobei alle genannten Arbeiten rein simulativ waren [115].

2.5.4. Steuerungs- und Regelungskonzepte

Abhängig von den Möglichkeiten des realisierten Systems und den vom jeweiligen Hersteller definierten Systemanforderungen sind verschiedene Steuerungs- und Regelungskonzepte für Hinterachslenkungen darstellbar und realisiert.

Neben dem rein stationären Einstellen verschiedener Hinterachsspurwinkel können mit Hilfe von Steuerungssystemen auch abhängig von verschiedenen Fahrzeugparametern berechnete Hinterachslenkwinkel gestellt werden. Zur Bestimmung der gewünschten Hinterachsspurwinkel kommen nach [175] prinzipiell die Fahrzeugparameter Beladungszustand, Fahrbahnbeschaffenheit, Fahrgeschwindigkeit, Lenkradeinschlag, Lenkgeschwindigkeit, Lenkradmoment, Kammerdruck der Vorderachslenkung, Fahrzeugquerbeschleunigung, Gierwinkel, Anhängerbewegung, Gefälle bei Berg- und Talfahrt, Seitenwind und Drosselklappenstellung in Frage.

Wie im vorigen Teilkapitel aufgeführt beschränkte sich die Regelung der Hinterachsspurwinkel im Rahmen der in den 80er Jahren von den japanischen Herstellern in Serie produzierten Hinterachslenksystemen vor allem auf lenkwinkel- oder lenkradmoment- und fahrgeschwindigkeitsabhängige Systeme.

Vorschläge z. B. aus [126] oder [170] beschreiben den Verlauf der Hinterachsspurwinkel in Abhängigkeit vom Vorderachsspurwinkel und die Geschwindigkeitsgrenze, bei welcher von gegen- zu gleichsinnigem Einschlag übergegangen werden sollte (hier zehn bis 15 m/s). Diskutiert werden lineare und nichtlineare Abhängigkeiten der Hinterachs- von den Vorderachsspurwinkeln sowie Änderungen der verwendeten Übersetzungsfaktoren in Abhängigkeit vom Lenkradwinkel. So wurde in Fahrversuchen ermittelt, dass ein gegensinniger Radeinschlag der Hinterachse auch unterhalb von 50 km/h subjektiv unangenehm ist. Erst bei Schritttempo ist der gegensinnige Einschlag günstig [156]. Außerdem muss ein Ausschwenken des Hecks beim engen Wenden über den Spurkreis der Vorderachse hinaus nach außen vermieden werden, da ein solches Verhalten für den Fahrer stark gewöhnungsbedürftig ist [159].

Mit dem Voranschreiten der Entwicklungen im Bereich der verfügbaren Aktuatoren (z. B. ARK-System von Continental, siehe oben) und neuen Erkenntnissen auf dem Gebiet der fahrdynamischen Fahrzeugauslegung sind Optimierungen bestimmter fahrdynamischer Kenngrößen im Fahrbetrieb durch gezielte Ansteuerung der Aktuatoren zur Hinterachsspurverstellung möglich geworden. Eine Regelung der Spurwinkelaktuatoren erfolgt nicht mehr länger ausschließlich auf Basis von Sensorsignalen, sondern auch basierend auf Fahrzustandsgrößen wie Querbeschleunigung, Gierwinkelgeschwindigkeit oder Schwimmwinkel.

Der Schwerpunkt aktuellerer Untersuchungen zu diesem Themenkomplex liegt vor allem auf der Optimierung der querdynamischen Fahreigenschaften mittels Hinterachslenkung. Die Überlegungen fokussieren sich auf die Beeinflussung von Schwimmwinkel und Giergeschwindigkeit durch die gezielte Steuerung der Hinterachskinematik. [15] stellt die These auf, dass jede Verringerung des Schwimmwinkels gleichbedeutend ist mit einem Stabilitätsgewinn. Die Basis aller Lenkstrategien müsste demnach die Reduzierung des Schwimmwinkels sein. In weiteren Untersuchungen wird darauf hingewiesen, dass für geringe Querbeschleunigungen ein gewisser Schwimmwinkel zugelassen werden sollte, um das Fahrzeug agiler wirken zu lassen. Für hohe Querbeschleunigungen sollte der Schwimmwinkel hingegen minimiert werden, um die Fahrsicherheit zu erhöhen. In [41] und [153] wird unter anderem eine Linearisierung des Schwimmwinkels über den gesamten Querbeschleunigungsbereich gefordert, aber keine vollständige Schwimmwinkelkompensation. [180] stellt fest, dass sich durch Hinterachslenkung der Schwimmwinkel zumindest im Modell fast komplett eliminieren lässt und so eine ideale Gierrate erzielt werden kann. [159] legt dar, dass sich mit einer lenkradwinkelproportionalen Hinterachslenkung keine deutliche Verbesserung gegenüber konventionell gelenkten Fahrzeugen ergibt - durch die Verwendung einer Giergeschwindigkeits- oder Schwimmwinkelregelung hingegen schon. [170] schlägt vor, die Hinterachslenkung vor allem einzusetzen, um die Gierreaktion des Fahrzeugs zu optimieren und die Verzögerung des Querbeschleunigungsaufbaus zu minimieren. Die Reduktion des Zeitverzugs zwischen Lenkradwinkel und Querbeschleunigung sowie zwischen Lenkradwinkel und Giergeschwindigkeit in den Vordergrund rücken auch [106] und [148].

Einig sind sich die Autoren fast aller Veröffentlichungen, dass bei der Realisierung moderner Hinterachslenksysteme die Verbesserung der Hochgeschwindigkeitsstabilität und die Optimierung der fahrdynamischen Eigenschaften bis in den Grenzbereich für wesentlicher gehalten werden müssen als die Verringerung des Wendekreises (z. B. [197] und [198]). Regelungen werden bereits in der Simulation als instabil bewertet. [153] sagt hierzu beispielsweise: „Regelungen der Gierwinkelgeschwindigkeit waren bereits in der Simulation sehr instabil. Sie machen im Fahrversuch keinen Sinn. Die Sicherheit des Fahrers ist nicht gewährleistet." Empfohlen wird vor allem der Einsatz von Steuerungen für die Realisierung von Hinterachslenksystemen. Bereits durch eine Steuerung ohne Rückführung der fahrdynamischen Zustandsgrößen kann eine deutliche Verbesserung des Fahrverhaltens erzielt werden, ohne Instabilitäten in Kauf nehmen zu müssen [24].

Weiterhin wird (unter anderem in [15] und in [156]) darauf eingegangen, dass mit Hilfe einer aktiven Hinterachslenkung auch die automatische Ausregelung von Störgrößen wie Seitenwind oder Fahrbahnunebenheiten möglich ist. Eine solche Realisierung wird als kybernetische Hinterachslenkung bezeichnet. Durchgeführte Versuche basierten hier vor allem auf der Fahrzeuggiergeschwindigkeit als Regelgröße. Im Idealfall kann den Quellen zufolge eine Gierwinkelkompensation unter Seitenwind von bis zu 75 Prozent erzielt werden.

Zusammenfassend bleibt festzuhalten, dass moderne Systeme zur Spurwinkelvariation an der Hinterachse während der Fahrt eine Vielzahl von Steuerungs- und Regelungsmöglichkeiten bieten. Tendenziell wird in neueren Veröffentlichungen die Optimierung des querdynamischen Fahrzeugverhaltens (im Speziellen die Beeinflussung von Schwimmwinkel und Giergeschwindigkeit) in den Vordergrund gerückt, die rein lenkwinkel- oder fahrgeschwindigkeitsabhängige Spurwinkelstellung an der Hinterachse tritt mehr und mehr in den Hintergrund. Eine entscheidende Ausweitung der mittels Hinterachslenkungen darstellbaren Potenziale ergibt sich durch den Einsatz je eines Aktuators je Rad anstelle eines zentralen Aktuators, der beide Hinterräder steuert.

2.5.5. Gesetzeslage zur Hinterachslenkung

Hinterachslenksysteme sind zur Zulassung für den Straßenverkehr teils länderspezifischen Regeln und Prüfverfahren unterworfen. Die nachfolgenden Ausführungen zu dieser Thematik orientieren sich an [111], [138], [141] und [175].

Die so genannten ECE-Richtlinien sorgen dafür, dass Fahrzeuge oder deren Ausstattungsstücke EG-weit für den Straßenverkehr zugelassen sind. Eine Vielzahl weiterer Staaten Europas und des Ostblocks sind durch die ergänzenden ECE-Richtlinien dieser Gemeinschaft angeschlossen. Die Europäische ECE-Regelung 79 definiert eine Zusatzlenkanlage (ZLA) seit 1990 als „Zusatzlenkanlage, bei der die Hinterräder von Fahrzeugen [...] zusätzlich zu den Vorderrädern in derselben Richtung oder in entgegengesetzter Richtung wie die Vorderräder gelenkt werden und/oder der Lenkwinkel der Vorderräder und/oder der Hinterräder abhängig vom Fahrverhalten korrigiert wird.". Zum Ausfallszenario wird in der Regelung ECE 79 festgelegt: „Bei Ausfall irgendeines Teiles der ZLA darf kein gravierender Wechsel des Fahrverhaltens erfolgen".

Die Straßenverkehrszulassungsordnung (StVZO) regelt in Paragraph 38 ganz allgemein, dass die Lenkvorrichtung „leichtes und sicheres Lenken des Fahrzeugs bis zur bauartbedingten Höchstgeschwindigkeit gewährleisten" muss. Mit dem Aufkommen von Zusatzlenkungen an der Hinterachse mussten die Vorschriften teilweise angepasst werden, da rein pneumatische, elektrische oder hydraulische Übertragungseinrichtungen bislang nicht zulässig waren. Die StVZO unterscheidet in Reaktion auf das Aufkommen von Hinterachslenkungen im PKW-Bereich zwischen Allradlenkungen und Zusatzlenkungen:

- Allradlenkung: Zur Erhöhung der Wendigkeit von Arbeitsmaschinen und Baustellenfahrzeugen. Hierzu erfolgen an den Hinterrädern etwa gleich große Lenkeinschläge entgegengesetzt zu denen an den Vorderrädern und im starren Verhältnis zu diesen.

- Zusatzlenkung: In erster Linie Erhöhung der Fahrstabilität von PKW und leichten LKW bei hohen Geschwindigkeiten. Hierzu werden die Hinterräder nur um kleine Winkelbeträge gleichsinnig zu den Vorderrädern eingeschlagen, wobei das Verhältnis der Lenkeinschläge zwischen Hinter- und Vorderachse variabel sein kann. Letzteres kann nur durch Verwendung von hydraulischen und elektronischen Übertragungseinrichtungen verwirklicht werden. Zusätzlich kann bei niedrigen Geschwindigkeiten die Manövrierfähigkeit durch gegensinnigen Einschlag der Hinterräder verbessert werden.

Alle im PKW-Bereich verwendeten Systeme zur Beeinflussung der Hinterachsspurwinkel während der Fahrt sind laut dieser Definition also „Zusatzlenksysteme". Im weiteren Verlauf dieser Arbeit wird aus Gründen der Übersichtlichkeit stringent der Begriff „Hinterachslenksystem" beziehungsweise „Hinterachsspurverstellung" verwendet.

Zur Gesetzeslage in den USA kann festgehalten werden, dass keine derartigen Reglementierungen für Lenkanlagen existieren. Auch in Japan gibt es zum Thema Lenkanlagen nur einige allgemeine Prüfvorschriften, welche sich auf die Testverfahren beziehen. Zum Aufbau und zur Konstruktion von Lenkanlagen sind keine einschränkenden Vorschriften bekannt.

2.6. Arbeiten zur Objektivierung des Fahrereindrucks

Im nachfolgenden Teilkapitel soll ein Überblick über bereits veröffentlichte Arbeiten auf dem Gebiet der Objektivierung des subjektiven Fahrereindrucks gegeben werden. Aufgrund der Breite des Themenbereichs und der großen Zahl an Forschungsprojekten auf diesem Gebiet kann kein Anspruch auf Vollständigkeit erhoben werden. Es soll jedoch mittels der vorgestellten Arbeiten ein Gefühl für die Komplexität der Objektivierung von Fahrereindrücken und die Vielgestalt an potenziellen Herangehensweisen vermittelt werden.

Das Gebiet der Objektivierung von Fahrereindrücken lässt sich grob aufteilen in die Teilgebiete Querdynamik, Längsdynamik, Hoch- oder Vertikaldynamik (Komforteindruck) und Lenkverhalten, wobei eine strikte Abgrenzung der einzelnen Bereiche zueinander weder in der Theorie noch bezüglich der zitierten Arbeiten möglich ist. Der Komforteindruck des Fahrers wird neben den Fahrzeugbewegungen auch massgeblich von den auf ihn einwirkenden Geräuschen und Schwingungen geprägt. Auch in diesem Themenfeld existiert eine Reihe von Arbeiten zur Objektivierung des menschlichen Empfindens, exemplarisch sei [55] genannt, welcher Objektivierungsansätze zur subjektiven Reifengeräuschbeurteilung betrachtet und vergleicht.

Analog zur Hauptstossrichtung der vorliegenden Arbeit konzentriert sich der nachfolgende Überblick auf Beiträge zur Objektivierung des Fahrereindrucks bezüglich des querdynamischen Fahrzeugverhaltens. Für einen Überblick über geleistete Objektivierungsarbeiten aus den anderen genannten Bereichen sei exemplarisch auf [181] zur Längsdynamik, auf [11], [19] und [110] zur Vertikaldynamik und auf [217] zum Lenkverhalten verwiesen.

In der ersten an dieser Stelle vorgestellten Arbeit wurden 1978 von Weir und DiMarco Ansätze zur Objektivierung des Fahrerempfindens vorgestellt [203]. Ausgewertet wurden die Daten verschiedener durchgeführter Untersuchungen, unter anderem der NHTSA und von Volkswagen. Weir und DiMarco definieren bei 50 MPH einen Bereich für befriedigendes Handling-Empfinden und Kontrollierbarkeit aus dem Frequenzgang. Dafür bilden Sie das Verhältnis aus der quasistationären Gieramplitudenverstärkung und der so genannten äquivalenten Verzögerungszeit T_{eq}. Diese Verzögerungszeit errechnet sich aus der Frequenz, bei welcher der Phasengang zwischen Gierrate und Lenkradwinkel 45 Grad Phasenwinkel entspricht. Zusammenfassend wird festgestellt, dass vor allem die quasistationäre Gierverstärkung, der Eigenlenkgradient (hier „Stabilitätsfaktor" genannt) sowie die Zeitkonstante und die Dämpfungsrate der Gierreaktion die das Fahrerurteil prägenden Einflussparameter sind. Abschließend wird festgehalten, dass bei der Charakterisierung des Handlings jedes Typs von Fahrzeug die dynamischen Fahrverhaltensparameter eine zentrale Rolle spielen und dass der Einfluss des Wankens auf den Fahrereindruck noch detaillierter untersucht werden muss, was in dieser Arbeit nicht berücksichtigt wurde.

2000 wurden in [100] vier Kenngrößen im Amplituden- und Phasengang des Frequenzgangs ausgewählt, um mittels der Anordnung dieser vier Größen auf zwei Achsen einen Rhombus aufzuspannen, dessen Fläche laut den Autoren ein Maß für das „Handlingpotential" und dessen Verzerrung ein Maß für die „Handlingtendenz" darstellen soll. Die vier hierfür ausgewählten Kennwerte sind die stationäre Gierverstärkung, die Eigenfrequenz der Gierrate, das Dämpfungsmaß der Gierrate und der Zeitverzug der Querbeschleunigung bei Anregungsfrequenz ein Hz, welche bei einer Fahrgeschwindigkeit von 100km/h ermittelt und auf den Fahrzeugschwerpunkt bezogen werden. Der so aufgespannte Rhombus soll auch das Fahrverhalten von Fahrzeugen mit aktiven Fahrwerken und/oder mit Allradlenkung sinnvoll in einem Diagramm abbilden können. Für die vier Größen werden zur Erfüllung bestimmter Kriterien Optimierungsrichtungen vorgeschlagen, siehe hierzu auch Tabelle 2.3.

Zu optimierendes Kriterium	Zugeordneter Kennwert	Optimierungsrichtung
Handling easiness	Stationäre Gierverstärkung	größer
Heading responsiveness	Eigenfrequenz der Gierrate	höher
Directional Damping	Dämpfungsmaß der Gierrate	größer
Controllability	Zeitverzug der Querbeschleunigung	kleiner

Tab. 2.3.: Fahrdynamische Optimierungskriterien nach [100]

Farrer validiert 1993 in [49] auf Basis des Weave-Manövers einer früheren Arbeit folgend Parameter aus sinusförmigem Lenken mit 0,2 Hz und bis zu einem m/s^2 Querbeschleunigung, welche die On-Centre-Qualität eines Fahrzeugs beschreiben sollen. On-Centre-Handling wird dabei als vor allem bei höheren Geschwindigkeiten wichtig gefunden. Es soll als Beschreibungsmaß dafür dienen, wie leicht und sicher ein Fahrzeug bei hohen Geschwindigkeiten bewegt werden kann. Gleichwohl würde der Transition-Test laut Farrer die meisten Weave-Kenngrößen implizit enthalten und das Geradeauslaufempfinden besser beschreiben; Es gelingt jedoch nicht, diesbezüglich Korrelationen aufzustellen, was mit dem ungenauen Auswerteverfahren der objektiven Transition-Testdaten begründet wird. Es wird außerdem der interessante Schluss gezogen, dass beim Hochgeschwindigkeitsfahren der Einfluss des Fahrstils, besonders der Grad des vorausschauenden Fahrens, extrem wichtig ist, manchmal wichtiger als die Veränderungen am Fahrzeug.

1997 und 2000 veröffentlichten Riedel und Arbinger im Rahmen von [161] und [162] die Ergebnisse einer breit angelegten Probandenstudie zur Objektivierung subjektiver Fahreindrücke. In diesem Rahmen kamen Normalfahrer und auch Experten für fahrdynamische Fahrzeugbeurteilungen zum Einsatz. Die Wiederholzuverlässigkeit war in der Gruppe der professionellen Versuchsfahrer dabei im Vergleich durchweg erheblich höher als in der Gruppe der Normalfahrer. Es konnten anhand der Ergebnisse jedoch keine Teilgruppen separiert werden. Dies bedeutet laut den Autoren insbesondere, dass sich die professionellen Versuchsfahrer - anders als gelegentlich befürchtet - statistisch gesehen nicht "völlig anders"verhalten als die an den Versuchen beteiligten Normalfahrer, auch wenn im Einzelfall außerordentlich große Unterschiede festzustellen waren. Es waren weiterhin keine geschlechtsspezifischen Unterschiede in der Auflösung der verschiedenen Fahrzeugvarianten festzustellen. Durch den Einsatz nur eines Fahrzeugs wurde in der Untersuchung versucht, jegliche versuchsfremde Varianz auszuschließen. Mittels der Variation von Bereifung, Reifenluftdrücken und Fahrzeugbeladung wurde das Fahrverhalten des Versuchsfahrzeugs verändert. Aktive Fahrwerksysteme kamen nicht zum Einsatz, die Möglichkeit der direkten Umschaltung zwischen den unterschiedlichen Versuchsvarianten und somit des direkten Variantenvergleichs durch die Probanden war hier (wie auch in fast allen anderen vorgestellten Veröffentlichungen) nicht gegeben.

Die Auswertung der erhobenen Daten ergab laut den Autoren, dass das Subjektivurteil vor allem durch die Zeitverzüge zwischen Lenkradwinkel und Giergeschwindigkeit sowie zwischen Lenkradwinkel und Querbeschleunigung und durch den Fahrzeugschwimmwinkel geprägt ist. Der Schwimmwinkelgeschwindigkeit sei dabei mindestens die gleiche, eher noch eine größere Bedeutung beizumessen als dem Schwimmwinkel selbst. Auch der Zeitverzug des Wankwinkels zeigt signifikante Korrelationen zu den Subjektivurteilen. Insbesondere der subjektive Stabilitätseindruck hinsichtlich Wank- und Querdynamik weist die häufigsten signifikanten Korrelationen mit den genannten Größen auf.

Tendenziell ergibt sich, dass die Extremwerte der Kennwerte stärker mit den Subjektivurteilen korrelieren als die mittleren Werte. Dies wird als Hinweis darauf gewertet, dass das Fahrerurteil eher von einzelnen Fahrten mit besonders herausragenden Situationen geprägt ist als vom generellen Verhalten der Fahrzeugvarianten. Als Hypothese wird formuliert, dass die Differenzen von Kenngrößen Fahrerurteile eventuell noch besser erklären können als die Einzelwerte der Kenngrößen selbst.

In einer Untersuchung von 1998 (siehe [37]) bewerten acht Fahrer insgesamt 46 Parameter in freier, ca. einstündiger Fahrt. Neben dem eigentlichen Versuchsfahrzeug, dessen Fahrverhalten mittels verschiedener Reifen, Dämpfer, Rollsteifigkeit und Gierträgheitsmoment variiert wurde, kam ein stetes unverändertes Kontrollfahrzeug als Referenz zum Einsatz. Die Versuchsvarianten wurden objektiv in den Manövern stationäre Kreisfahrt, Lenkwinkelsprung und Impulstest (es werden Lenkwinkelstoßfunktionen gelenkt aus denen wiederum Frequenzspektren errechnet werden können) vermessen. In der anschließenden statistischen Auswertung wurden mit den subjektiven Kriterien „Kurvenfahrt", „Ansprechverhalten", „Ausweichverhalten" und „Geradeauslaufstabilität" multiple Regressionen gerechnet. Eindeutige Korrelationen zu den objektiven Werten Gier- bzw. Querbeschleunigungsamplitudengang bis 0,7 Hz und quasistationäre Lenkmomentverstärkung bzw. -phase wurden dabei gefunden.

In einer Folgeanalyse zu [37] werden die Daten mittels einer Korrelationsanalyse mit Neuronalen Netzen auf nichtlineare Verknüpfungen hin untersucht, um weitere Zusammenhänge zu ermitteln. Im Ergebnis dieser Folgestudie wurden die Kenngrößen der ersten Untersuchung validiert und die folgenden zusätzlichen Kennwerte als prägend für das Probandenurteil identifiziert (nach [84]):

- aus den untersuchten Frequenzspektren die Giereigenfrequenz, die Gierverstärkung quasistationär und bei einer Anregungsfrequenz von 0,7 Hz, die Querbeschleunigungsverstärkung und -phase bei einem Hertz und die Giergeschwindigkeitsphase bei 0,4 Hz. Es existiert dabei laut den Autoren ein bevorzugter Bereich der quasistationären Gierverstärkung. Starke Erhöhungen der Gierverstärkung bei 0,7 Hz werden hingegen negativ beurteilt, was mit der allgemeinen Erwartung eines Abfalls der Gierverstärkung mit der Anregungsfrequenz übereinstimmt.

- aus dem Lenkwinkelsprung mit 0,2 und 0,6 g die TB-Werte (der TB-Wert ist definiert als Produkt aus der Verzugszeit des Giergeschwindigkeitsmaximums und dem stationären Schwimmwinkel), das Peak-Lenkmoment bei 0,2 g, die Peak-Gierrate bei 0,2 g und die Peak Response Zeit der Wankrate.

- den Eigenlenkgradient und das Lenkmoment bei 0,3 g aus der stationären Kreisfahrt. Untersteuerndere Fahrzeugkonfigurationen wurden dabei positiver bewertet als übersteuerndere Varianten.

2002 errechneten Data und Frigerio in [39] einen „Handling-Index" aus den subjektiven Beurteilungen von je zehn Experten und Normalfahrern zum Fahrverhalten von sieben verschiedenen Versuchsfahrzeugen. Hierfür kamen multiple Regressionsrechnungen zum Einsatz, da keine signifikanten Einzelkorrelationen aufgefunden werden konnten. In den multiplen Regressionsrechnungen wurden die subjektiven Kriterien „Lenkaktivität", „Ansprechzeitverzug", „Wankwinkel", „Wankgeschwindigkeit" und „Zielgenauigkeit" mit den Ansprechzeiten und Verstärkungen des Wankwinkels und der Querbeschleunigung (aus dem Lenkwinkelsprung) und der Lenkübersetzung (aus der stationären Kreisfahrt) verknüpft.

Zschocke setzte 2008 in [217] neben einer Analyse von subjektiven und objektiven Daten über mehrere reale Fahrzeuge hinweg modellbasierte Methoden ein, um für den virtuellen und realen Entwicklungsprozess Kenngrößen zur Validierung des gewünschten Lenkcharakters und Lenkdiskomforts abzuleiten. Die folgenden Hypothesen wurden dabei unter anderem aufgestellt beziehungsweise bestätigt:

- Das Lenkmoment hat Einfluss auf das Empfinden des Aufbauverhaltens und des Geradeauslaufs, speziell bei hohen Geschwindigkeiten. Als Kenngröße hierfür wird die Lenkmomentenhysterese herangezogen, welche im relevanten Frequenzbereich nicht überschneidend ausfallen darf.

- Für die stationäre Lenkmomentauslegung sind die Steigung und Höhe der Weave-Hysterese und die Lenkmomentbeträge aus dem Lenkungszuziehen von Bedeutung.

3. Versuchsfahrzeug und Messtechnik

Die vorliegende Arbeit beinhaltet die Dokumentation durchgeführter Probandenstudien zur Objektivierung fahrdynamischer Fahreindrücke. Weiterhin wird die Möglichkeit aufgezeigt, am fahrbereiten Fahrzeug oder während der Fahrt Eigenschaften des Fahrwerks zu verändern und zu analysieren sowie die Funktionalitäten ausgewählter aktiver Fahrwerksysteme virtuell nachzubilden. Das für die beschriebenen Untersuchungen eingesetzte Versuchsfahrzeug und die installierten aktiven Systeme sowie die verwendete Messtechnik werden im Rahmen dieses Kapitels beschrieben.

3.1. Motivation und Konzeptidee

Verschiedene Teilbereiche der Entwicklung neuer Fahrzeugmodelle beinhalten Messungen und/oder Beurteilungen von Prototypen unterschiedlichen Fahrverhaltens oder verschiedener Fahrwerksvarianten unter Verwendung von Fahrwerksbauteilen verschiedener Spezifikationen sowie die Auslegung und Abstimmung aktiver Fahrwerksysteme. Dies bedingt zwangsläufig hohen Zeit- und Materialaufwand für den Auf- und Umbau der eingesetzten Prototypen. Weiterhin ist die zeitlich direkte Vergleichbarkeit veränderter Abstimmparameter in einem Fahrzeug aufgrund erforderlicher Montageumfänge nicht möglich.

Die Konzeptidee der im folgenden beschriebenen aktiven Systeme basiert auf dem Ansatz, dass unter Einsparung von Zeit und Kosten veränderte Spezifikationen von Fahrwerksbauteilen sowie aktive Fahrwerksysteme an einem immer gleichen Trägerfahrzeug auf Knopfdruck erfahrbar gemacht werden können. Bereits [127] kommt zu dem Schluss: „Als Alternative zu einem Fahrsimulator mit Bewegungssystem könnte zur Fahrverhaltensynthese auch ein Fahrzeug verwendet werden, das mit einer aktiven Vorder- und Hinterachslenkung, einer aktiven Einstellung des Lenkmoments und einer aktiven Aufbaufederung und -dämpfung ausgestattet ist." Allerdings wird die Realisierung eines solchen Fahrzeugs hier noch als sehr anspruchsvolle Aufgabenstellung mit fraglichen Erfolgsaussichten bewertet.

Mittels der Installation verschiedener aktiver Systeme in einem ausgewählten Trägerfahrzeug sollen im Rahmen dieser Arbeit nun die oben genannten Möglichkeiten geschaffen werden und auf einen gewissen Vorrat an im Rahmen dieser Dissertation erarbeiteter Möglichkeiten auf Knopfdruck zurückgegriffen werden können. Weiterhin wird durch die Verwendung weit verbreiteter und modular aufgebauter Software zur Ansteuerung der verschiedenen Systeme die Möglichkeit geschaffen, bereits existente Regler zukünftig in das Tool zu integrieren, die Entwicklung neuer Regler durch Test mit dem Tool zu vereinfachen sowie neue Regelstrategien schnell und einfach zu erproben.

Als Basisfahrzeug der vorangegangenen Machbarkeitsstudie (siehe [94]) diente eine Mercedes C-Klasse mit dem Baureihencode S203. Das verwendete Fahrzeug war ein Kombi, um die zu diesem Zeitpunkt noch voluminösen Bauelemente des Tools im Fahrzeug unterbringen zu können. Als Trägerfahrzeug der vorliegenden Arbeit diente überwiegend ein aktuelles Modell der Mercedes C-Klasse mit dem Baureihencode W204. Aufgrund des deutlich reduzierten Platzbedarfs der Elemente des Tools im Fahrzeug (siehe Kapitel 3.2.6) konnte eine Limousine verwendet werden. Zur Validierung erzielter Ergebnisse von Probandenstudien anhand eines Fahrzeugs mit höherer Sitzposition (siehe Kapitel 4) wurde im Rahmen der Arbeit ebenfalls ein Mercedes GLK mit dem Baureihencode X204 als Trägerfahrzeug eingesetzt.

Zur Durchführung fahrdynamischer Untersuchungen wurden verschiedene Systeme im bzw. am Versuchsfahrzeug fest oder temporär ein- oder angebaut, um ausgewählte Fahrzeugparameter gezielt verändern zu können. Die folgenden installierten Systeme werden in den nachfolgenden Teilkapiteln näher erläutert: Tool Fahrverhaltensynthese (virtuelle Variation der Spezifikationen von Fahrwerksbauteilen wie Federund/oder Stabilisatorsteifigkeiten sowie Fahrzeugdämpfung), Hinterachsspurwinkelverstellung (modellbasierte Verstellung der Hinterachsspurwinkel im Bereich von plus/minus zwei Grad Spurwinkel) und kombinierter Lenkwinkel-Lenkmomenten-Steller (bedarfsgerechte modellgestützte Variation von Lenkmomenten und Lenkwinkeln).

Auch der Reifen besitzt großen Einfluss auf das Fahrverhalten eines Fahrzeugs. Abhängig von Dimension, Fabrikat, Abnutzungszustand, Reifentemperatur etc. ergeben sich beträchtliche Veränderungen des Fahrverhaltens von Fahrzeugen. Eine Reihe von

Arbeiten beschäftigt sich mit dieser sehr komplexen Thematik. [205] beispielsweise vergleicht die Verzögerungswerte verschiedener Reifen bei unterschiedlichen Temperaturen und stellt fest, dass die ermittelten Verzögerungen der Sommerreifen unter allen Bedingungen über denjenen der Winterreifen lagen. [147] bewertet den Reifentemperatureinfluss auf fahrdynamische Kennwerte anhand der Manöver stationäre Kreisfahrt, Frequenzgang und Gierverstärkung. Neben zwei Außentemperaturniveaus werden unterschiedliche, mittels Heizdecken generierte Reifentemperaturniveaus untersucht. Vor allem hinsichtlich des Fahrzeugschwimmverhaltens werden deutliche Einflüsse der Reifentemperatur festgestellt, hinsichtlich des Eigenlenkverhaltens und den Phasenverzügen der Querbeschleunigung im Frequenzgang eher geringe Einflüsse. Allgemein wird beobachtet, dass die Oberflächentemperatur des Reifens stark durch die Asphalttemperatur bestimmt wird, auch wenn im Reifeninneren deutlich höhere Temperaturen herrschen. Die Reifentemperatur stellt sich laut der Quelle sehr schnell auf die Asphalttemperatur ein und liegt meist leicht über dieser.

Die vorliegende Arbeit konzentriert sich im Schwerpunkt auf das Wechselspiel von Fahrwerksbauteilen, Achsseitenkraftverhalten und Lenkungseigenschaften zum fahrdynamischen Fahrzeugverhalten beziehungsweise zum subjektiven Fahrereindruck. Dies soll jedoch nicht die Wichtigkeit des Reifeneinflusses negieren, sondern ist der Hauptzielrichtung dieser Arbeit geschuldet. Als Bereifung wurde für jedes aufgebaute Trägerfahrzeug ein möglichst repräsentativer Reifensatz ausgewählt und durchgehend verwendet.

3.2. Linearmotoren - Tool Fahrverhaltensynthese

Das nachfolgende Teilkapitel beschreibt die Applikation elektrischer Linermotoren zur gezielten Veränderung des Fahrverhaltens mittels Generierung zusätzlicher Relativkräfte zwischen Rad und Karosserie an das Fahrzeug.

3.2.1. Grundidee

Im Rahmen der vorliegenden Arbeit soll aktiv in das Fahrverhalten eines Versuchsfahrzeugs eingegriffen werden, indem gezielt (virtuell) die Spezifikationen einzelner Fahrwerksbauteile verändert werden. Dies setzt die definierte Generierung von Relativkräften zwischen Rad und Karosserie in gleicher Größe und Vorzeichenrichtung wie sie

Fahrwerksbauteile veränderter Spezifikationen erzeugen würden voraus. Um das Fahrverhalten eines Fahrzeugs mit Fahrwerksbauteilen veränderter Spezifikation realistisch abbilden zu können, müssen die Kräfte realer Fahrwerksbauteile so detailliert wie möglich bis in den hochfrequenten Bereich hinein abgebildet werden können. Die notwendigen Kräfte müssen deshalb hochdynamisch und exakt definiert gestellt werden können, um die gesteckten Anforderungen zu erfüllen.

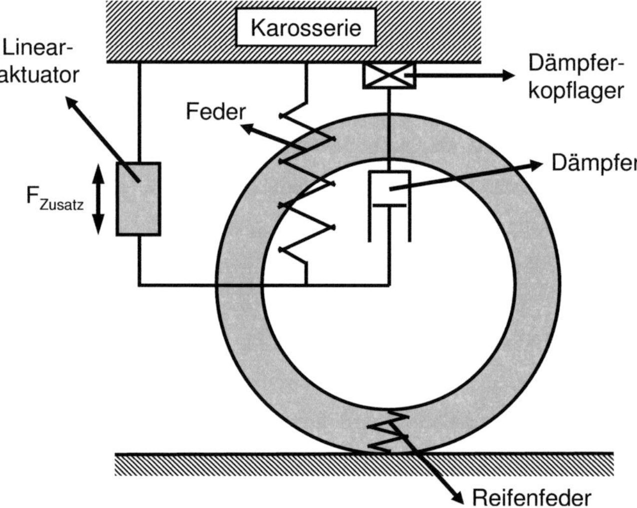

Abb. 3.1.: Prinzipskizze Tool Fahrverhaltensynthese

Durch gezieltes Stellen von Kräften werden virtuell die Eigenschaften von einzelnen Fahrwerksbauteilen wie Federn, Dämpfern oder Stabilisatoren verändert, indem die von den virtuellen Bauteilen erzeugten Relativkräfte zwischen Rad und Karosserie von den Linearmotoren generiert werden, siehe Abbildung 3.1. Dieses Vorgehen erlaubt es (ähnlich dem üblichen Prozess der Abstimmung von Fahrwerken für Serienfahrzeuge) die Auswirkungen der Änderungen der Spezifikationen einzelner Bauteile auf das Fahrverhalten des Gesamtfahrzeugs systematisch zu untersuchen. Es bietet den Vorteil, dass die mittels des Versuchsfahrzeugs dargestellten Fahrverhaltensvarianten mit Hilfe der entsprechenden realen Fahrwerksbauteile bei Bedarf in einem realen Fahrzeug realisiert werden könnten.

3.2.2. Hardware

Um Kräfte zwischen Rad und Karosserie aufbringen zu können, müssen aktuatorische Einheiten zwischen Rad und Karosserie angebracht werden. Zur Erzeugung der beschriebenen Relativkräfte kommen lineare tubuläre Elektromotoren, welche ausreichend hohe statische Kräfte mit extrem hoher Stelldynamik vereinbaren, zum Einsatz. Sie bieten unter anderem die Vorteile geringer mechanische Reibung der Aktuatoren (Haftreibung max. 15 N, Herstellerangabe), kurzer Reaktionszeiten (circa zwei bis drei ms) und hoher Stellgeschwindigkeiten, freien Bewegens der Aktuatoren im deaktivierten Zustand, wartungsfreien Betriebs, geräuscharmen Betriebs (Kraftstellung des Aktuators kann nicht akustisch wahrgenommen werden; wichtig für Probandenuntersuchungen), nicht vorhandener Leckage von umweltfeindlichen Fluiden und digitaler Ausgabe von Informationen über Aktuatorposition, Aktuatorgeschwindigkeit, aufgenommenen Strom, aktuelle Aktuatortemperatur, etc. mittels CAN-Verbindung zum Steuerungsrechner.

Die Funktionsweise linearer elektrischer Motoren (so genannter tubulärer Elektromotoren) kann Kapitel 2.3 entnommen werden. Für den eingesetzten Versuchsträger wurde (im Gegensatz beispielsweise zu den Ansätzen in [139], und [201]) bewusst darauf verzichtet, durch die Linearaktuatoren konventionelle Fahrwerksbauteile zu ersetzen. Durch die Anbindung der Aktuatoren am Fahrzeug „add-on", d. h. zusätzlich zu den serienmäßig verbauten Fahrwerksbauteilen, ergibt sich eine Reihe von Vorteilen:

- Das Tool ist als Entwicklungswerkzeug vor allem zur Durchführung von fahrdynamischen Untersuchungen an Versuchsfahrzeugen konzipiert. Als solches muss es mit vertretbarem Aufwand an unterschiedliche Versuchs- und Entwicklungsfahrzeuge appliziert werden können. Dies ist durch den modularen Aufbau des Tools und die entsprechende Konzeption der Anbindung der Aktuatoren am Fahrzeug (siehe unten) gewährleistet.

- Durch den Erhalt aller serienmäßig vorhandenen Fahrwerksbauteile ist bestmögliche Ausfallsicherheit gewährleistet. Im Falle einer Sicherheitsabschaltung oder eines Komplettausfalls des Systems steht dem Fahrer das Serienfahrwerk des Trägerfahrzeugs zur Weiterfahrt zur Verfügung.

- Durch den gewählten Aufbau des Systems müssen von den Aktuatoren stets nur die als Differenz zwischen den Serienbauteilen und den vom Anwender ausgewählten virtuellen Bauteilen zu stellenden Kräfte realisiert werden. Dies verringert die erforderliche Aktuatorleistung und vergrößert den Einsatzbereich des Tools hin auch zu extremeren virtuellen Fahrwerkseinstellungen.

Verwendet werden insgesamt acht Linearaktuatoren der Firma LinMot, von denen jeweils zwei parallel an einem Rad angeordnet sind. Jeder Aktuator verfügt über eine maximale Kraft von 550 N, die sowohl in Zug- als auch in Druckrichtung aufgebracht werden kann. Es steht an jedem Rad demnach eine Gesamtkraft von ca. 1100 N zur Verfügung. Laut in [121] durchgeführten Simulationen ist für ein elektrisches Fahrwerk eine Maximalkraft von 1050 N notwendig, was hier demnach erfüllt wird. Weiterhin steht ein Aktuatorweg von ca. 175 mm einem geforderten Hub von 160 mm gegenüber. Die maximal mögliche Geschwindigkeit von 1,2 m/s im lastfreien Zustand entspricht exakt der geforderten maximalen Geschwindigkeit (alle Werte nach [121]). Das in der Studie ermittelte Aktuatorgewicht von 27 kg wird mit ca. 12,1 kg Gesamtgewicht für zwei parallel angeordnete Aktuatoren deutlich unterschritten. Die zwischenzeitlich realisierte Umstellung des Tools auf nur noch einen Aktuator je Rad verringert bei ca. gleich bleibenden Werten von Maximalkraft, Hub und maximaler Geschwindigkeit die Aktuatormasse sowie die auftretenden Reibkräfte weiter. In der Betrachtung zu berücksichtigen ist jedoch das aus der Anbindung der Aktuatoren an der Karosserie bzw. an der Felge resultierende zusätzliche Gewicht. Auch dieses wurde durch den Entfall nicht mehr benötigter Gelenkigkeiten im Rahmen der Umstellung auf einen Aktuator je Rad minimiert.

Die karosserieseitige Anbindung der Aktuatoren am Versuchsfahrzeug erfolgt mit Hilfe jeweils einer Rahmenkonstruktion an Vorder- und Hinterachse. Während im Rahmen der dieser Arbeit vorangegangenen Machbarkeitsstudie die Motoren noch mit Hilfe von Stahl- und Aluminiumprofilen am Fahrzeug angebunden waren, ist die Anbindung am Trägerfahrzeug aktuell aus Kohlefaser gefertigt. Dies sorgt gleichermaßen für eine deutliche Gewichtsreduktion und Steifigkeitserhöhung der Trägerstruktur.

Die Trägerstrukturen der Motoren bestehen an Vorder- und Hinterachse jeweils aus drei Kohlefaserelementen, welche mittels Stahladaptern am Fahrzeug angeflanscht werden. Als Anbindungspunkte am Fahrzeug wurden aufgrund ihrer guten Zugänglichkeit, ihrer Verfügbarkeit an Fahrzeugen verschiedener Modellreihen und ihrer hohen Steifigkeit die Längsträger und die Hebebühnenaufnahmepunkte des Fahrzeugs gewählt. Um die Kohlefaserhalterung an den Längsträgern anflanschen zu können, müssen die Biegequerträger an beiden Achsen sowie die Crashboxen an der Vorderachse entfallen. Die durch den Entfall geringfügig verringerte Karosseriesteifigkeit wird durch die Verbindung der Anbindungsstellen mittels der Kohlefaserelemente mehr als kompensiert. Die Abbildungen 3.2 und 3.3 zeigen ein Simulationsmodell der Fahrzeugkarosserie mit der Trägerstruktur sowie eine Aufnahme des Versuchsträgers nach der Applikation der Trägerstruktur und der Linearaktuatorik.

Abb. 3.2.: Modell Trägerstruktur an Versuchsfahrzeug (C-Klasse)

Abb. 3.3.: Bild Versuchsfahrzeug (C-Klasse) mit Trägerstruktur

Durch die Neukonzeption der Anbindung der Linearaktuatoren am Fahrzeug ist es möglich, das Tool mit vertretbarem Aufwand an verschiedene Versuchsfahrzeuge zu applizieren. Die beiden Bügel je Achse, die gleichzeitig die karosserieseitige Anbindung des Motors an der Kohlefaserstruktur darstellen, bleiben für alle potenziellen Trägerfahrzeuge gleich. Das ebenfalls aus Kohlefaser gefertigte Mittelelement der Trägerstruktur, welches die Anbindung am Längsträger des Fahrzeugs realisiert, muss je Modellreihe individuell gefertigt werden, um die verschiedenen geometrischen Abmaße unterschiedlicher Fahrzeugmodelle zu berücksichtigen.

Wie auch [120] feststellt ist es vorteilhaft, den magnetischen Läufer des Aktuators mit den ungefederten Massen des Fahrzeugs zu verbinden, um den geringeren Gewichtsanteil des Aktuators auf der Seite der ungefederten Massen zu haben. Dem folgend sind die Läufer der Aktuatoren am Versuchsfahrzeug mit den Rädern verbunden, die Statoren mit der Karosserie. Die Anbindung der Aktuatoren an die Trägerstruktur erfolgt mit Hilfe von Lagern und Kreuzgelenken, um die erforderlichen Bewegungsfreiheitsgrade der Aktuatoren beim Federn und/oder Lenken der Räder zu gewährleisten. Die notwendigen Stahl- und Aluminiumbauteile zur gelenkigen Verbindung der Aktuatoren mit den Kohlefaserbügeln sind möglichst leicht ausgeführt, um die Gewichtserhöhung zu minimieren. Radseitig werden die Linearaktuatoren über spezielle Radschrauben und Lagerungen mit den Fahrzeugfelgen verbunden.

Die Controller, welche die Linearaktuatoren steuern, werden mit 24V-Gleichstrom versorgt, der mittels eines Spannungswandlers aus dem Fahrzeugbordnetz gewonnen wird. Die Stromversorgung der Linearaktuatoren beruht auf 72V-Gleichstrom, welcher mittels sechs in Reihe geschalteten 12V-Batterien generiert wird. Durch die Verwendung von Li-Ion-Batterien konnte das Gesamtgewicht der Stromversorgung gegenüber der im Vorfeld durchgeführten Machbarkeitsstudie von ca. 150 kg auf ca. 45 kg reduziert werden. In [13] wurden die verwendeten Elektroaktuatoren aus dem Hochspannungsbordnetz eines Hybridfahrzeugs gespeist, was eine zusätzliche Stromversorgung mittels Batterien überflüssig macht. Diese Möglichkeit stand hier nicht zur Verfügung.

3.2.3. Steuerelektronik

Jeder der acht Linearaktuatoren wird mittels eines speziellen Controllers angesteuert, welcher sämtliche Parameter des zugehörigen Motors überwacht sowie dessen Strom regelt. Über verschiedene Schnittstellen stellt der Controller dem Anwender eine Vielzahl von Motorsignalen zur Verfügung und erlaubt die Definition verschiedenster Einstellungen und Vorgaben zum Betrieb des Motors.

Die Steuerung der Motoren und die Berechnung der zum jeweiligen Zeitpunkt notwendigen Motorkräfte erfolgt mittels eins Softwaremodells, das von einem echtzeitfähigen Rechner ausgeführt wird. Hierfür kommt eine MicroAutoBox der Firma dSpace zum Einsatz. Diese führt Berechnungen eines vorgegebenen Modells mit einer Rechenfrequenz von 1000 Hz aus. Ein Fahrzeug mit echtzeitfähigem Fahrdynamikregelsystem (wie das beschriebene Versuchsfahrzeug) wird nach [71] als Rapid-Control-Prototyping-Umgebung (RCP) bezeichnet.

Die Kommunikation des Steuerungsrechners mit den Controllern erfolgt mittels einer CanOpen-Verbindung, welche sämtliche Befehle und Motorsignale vom und zum Controller überträgt. CanOpen ist ein auf CAN basierendes Kommunikationsprotokoll, welches hauptsächlich in der Automatisierungstechnik und zur Vernetzung innerhalb komplexer Geräte verwendet wird. Mit Hilfe von so genannten PDOs (PDO = Product Data Object) werden Befehle an die Motoren gesendet und Signale von den Motoren empfangen. Die Daten werden hierbei auf einer gemeinsamen Leitung seriell übertragen. Der Vorteile der Verwendung einer Kommunikation mittels CAN-Protokoll liegt vor allem in der hohen Ausfallsicherheit, da der Bus, wenn ein Teilnehmer ausfällt, den anderen Teilnehmern weiterhin voll zur Verfügung steht [167]. So beeinträchtigt der Ausfall eines Controllers die Funktionalität des Tools an den verbliebenen drei Rädern nicht. Um die notwendigen Datenmengen vom Rechner zu den Controllern und zurück zu übertragen, werden zwei voneinander getrennte CanOpen-Verbindungen - eine für die Vorderachse und eine für die Hinterachse – verwendet.

Durch den Einsatz des echtzeitfähigen Steuerungsrechners können Zeitverzögerungen zwischen den vom Programm berechneten und den von den Motoren gestellten Kräften minimiert werden. Eine gewisse Zeitspanne ist für die Übermittlung der Steuersignale an den Motor und für den Aufbau des notwendigen Magnetfeldes im Aktuator jedoch erforderlich. Versuche ergaben, dass die vom Aktuator gestellte der vom Tool berechneten Kraft mit einer Verzögerung von zwei bis drei Millisekunden folgt. In [204] wurde simulativ ermittelt, dass ein Zeitverzug eines anstelle des konventionellen Stoßdämpfers verwendeten Linearaktuators von kleiner gleich vier Millisekunden ausreichend ist, um für das Schwingungsphänomen Stuckern bis zu 30 Hz Dämpfungswirkung zu realisieren. Die rechnerische Darstellung der resultierenden Phasenwinkel aufgrund des Zeitverzugs über der Frequenz in Abbildung 3.4 zeigt auf, dass die dem System immanenten Zeitverzüge selbst bei Frequenzen im Bereich der Radeigenfrequenz im Bereich von maximal 15° Phasenwinkel bleiben.

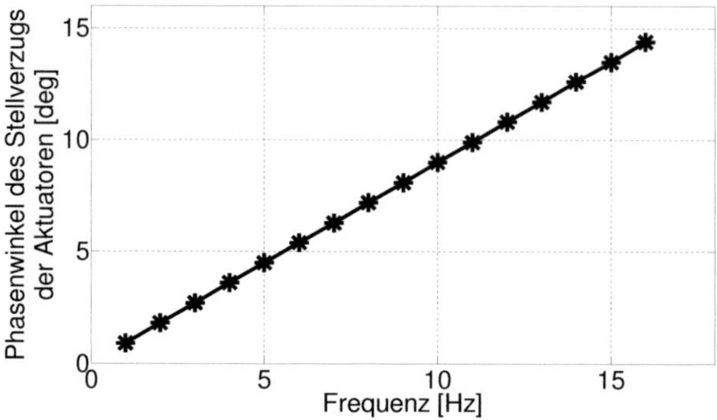

Abb. 3.4.: Resultierender Phasenwinkel über der Anregungsfrequenz

3.2.4. Softwarestruktur

Die Realisierung des Modells erfolgt in Matlab/Simulink. Matlab ist ein weit verbreitetes, kommerzielles Programm der Firma MathWorks zur Bearbeitung von rechenintensiven mathematischen und regelungstechnischen Aufgaben. Es erlaubt die Simulation und Analyse von linearen und nichtlinearen dynamischen Systemen. Die Matlab-Erweiterung Simulink wird zur Modellierung, Simulation und Analyse der dynamischen Systeme genutzt. Eine blockdiagrammorientierte Modellierung ermöglicht die grafische Darstellung von komplexen dynamischen Systemen auf einfache Art und Weise [71]. Die grundsätzliche Struktur des Modells zur virtuellen Veränderung der Spezifikationen von verschiedenen Fahrwerksbauteilen mittels gezielter Kraftstellung der Linearmotoren zeigt Abbildung 3.5.

Die vergleichbar aufgebauten Modellteile zur virtuellen Veränderung der Bauteile an Vorder- und an Hinterachse teilen sich wiederum in mehrere Subsysteme auf, von denen jedes für die virtuelle Veränderung eines Fahrwerksbauteils verantwortlich ist. Die je nach Art des Bauteils als Eingang erforderlichen Weg- oder Geschwindigkeitseingangssignale werden im jeweiligen Modellblock mittels Übersetzungsfaktoren und -kennlinien auf das jeweilige Bauteil bezogen. Basierend auf diesen transformierten Signalen werden die virtuellen Kräfte der veränderten Bauteile berechnet und mit den ebenfalls berechneten Kräften der echten Bauteile verglichen. Die ermittelten Differenz-

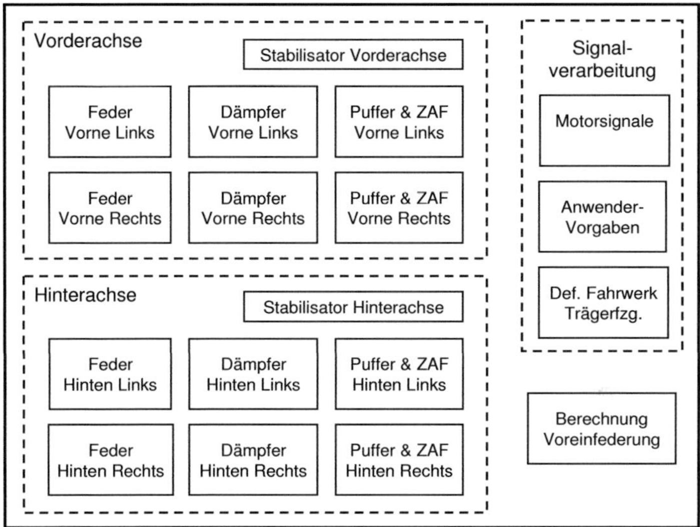

Abb. 3.5.: Modellstruktur zur Ansteuerung der Linearaktuatorik

kräfte werden mittels hinterlegter Übersetzungskennlinien anschließend auf die Position der Linearmotoren rücktransformiert und dort in eine Stellkraft der Motoren umgesetzt.

Abbildung 3.6 verdeutlicht in Verbindung mit den ihr nachgestellten Formeln zur Signaltransformation das Vorgehen exemplarisch am Beispiel der virtuellen Variation einer Aufbaufedersteifigkeit.

Hintransformation des Wegsignals:

$$s_{Feder} = i_{MotorzuRad} \cdot i_{RadzuFeder} \cdot s_{Motor} \qquad [3.1]$$

Rücktransformation des Kraftsignals:

$$F_{Motor} = i_{FederzuRad} \cdot i_{RadzuMotor} \cdot F_{Feder} \qquad [3.2]$$

Der Modellblock „Signalverarbeitung" ist für die Konditionierung und Aufbereitung der genannten Signale verantwortlich. Weiterhin beinhaltet er die Koordination und Verwaltung der Bauteilspezifikationen der virtuell veränderten und der realen Fahrwerksbauteile. Von hier aus werden alle für die verschiedenen Berechnungen erforderlichen Signale und Parameter zentral gesteuert.

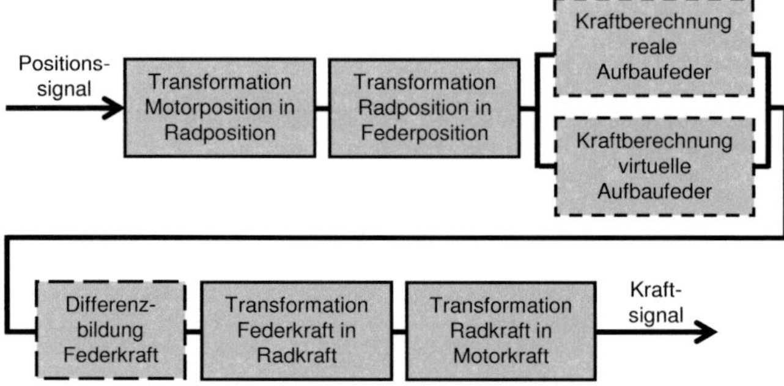

Abb. 3.6.: Berechnungsstruktur der virtuellen Veränderung der Federsteifigkeit

Der Block „Berechnung Voreinfederung" im Modell schließlich berücksichtigt die Tatsache, dass sich das Fahrzeug (abhängig von der jeweils aktuellen Beladung) nicht in seiner Konstruktionslage befindet. Basierend auf Anwendervorgaben bezüglich Insassenanzahl und Tankfüllung werden Voreinfederungswege je Rad berechnet, welche in der Verarbeitung der Wegsignale berücksichtigt werden.

In ControlDesk, der für die Ansteuerung und Parametrierung des echtzeitfähigen Steuerungsrechners verwendeten Software, wurde eine grafische Benutzeroberfläche zur Definition der Modellparameter und zur virtuellen Umschaltung der Bauteilspezifikationen während der Fahrt realisiert. Sie findet sich im Anhang dieser Arbeit. Für die durchgeführten Probandenstudien existiert eine Erweiterung der Benutzeroberfläche, welche die Anwahl von vordefinierten Versuchsvarianten, die sich aus mehreren virtuell veränderten Bauteilen zusammensetzen, mit einem Knopfdruck erlaubt.

3.2.5. Signale und Sensoren

Das den virtuellen Bauteiländerungen zugrunde liegende Modell verwendet für die notwendigen Berechnungen die Wegsignale je eines Motors je Rad, die Geschwindigkeitssignale je eines Motors je Rad, die Signale zusätzlicher Weg- und Beschleunigungssensoren und die Fahrzustandsgrößen vom Fahrzeug-CAN.

Während die zur Verfügung stehenden Wegsignale zur virtuellen Variation der wegbasierten Fahrwerksbauteile notwendig sind, liegen die Geschwindigkeitssignale der virtuellen Veränderung der Fahrzeugdämpfung zugrunde. Für ausgewählte Modelle waren weitere Sensoren, wie DMS zu Erfassung von Spurstangenkräften, am Fahrzeug und im Modell appliziert.

Beachtung bei der Verwendung der zur Verfügung stehenden Weg- und Positionssignale müssen die Steifigkeiten der Fahrzeugkarosserie und der Anbindung der Linearmotoren ebenso wie das Spiel der gelenkigen Lagerungen der Linearmotoren finden. Besonders bei der Darstellung virtuell verringerter Dämpfung (die Linearmotoren stellen geschwindigkeitsabhängig Kräfte entgegen der Kraft des Serienstoßdämpfers) kann die Nichtbeachtung der oben genannten Kriterien in Schwingungsproblemen resultieren. Abbildung 3.7 verdeutlicht dies anhand mehrerer zur besseren Übersichtlichkeit unterschiedlich skalierter Signale.

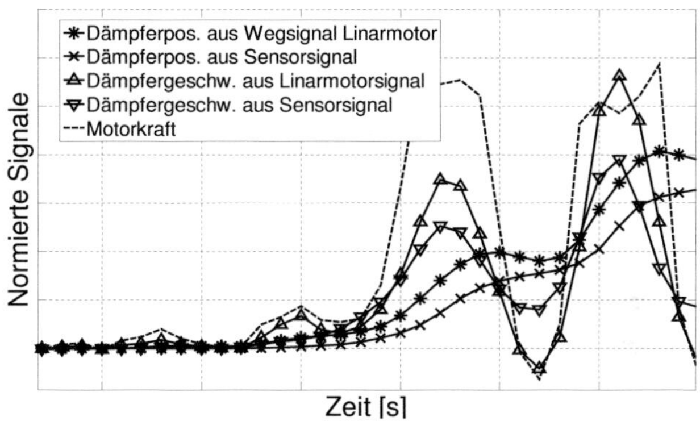

Abb. 3.7.: Schwingungsproblematik bei Darstellung verringerter Dämpfkräfte basierend auf Linearmotorsignalen

Wie in Abbildung 3.7 illustriert ergibt sich durch die Berechnung der virtuell verringerten Dämpfung basierend auf dem Geschwindigkeitssignal des Linearmotors eine Schwingung im Signal der Motorkraft. Die basierend auf dem Linearmotorsignal berechnete Dämpfergeschwindigkeit sensiert Dämpfergeschwindigkeiten, während ein parallel zum Stoßdämpfer installierter Sensor noch keine Geschwindigkeit erkennt. Dies ist in den oben genannten Karosserie- und Trägersteifigkeiten sowie dem Spiel der gelenkigen Lagerungen begründet. Aufgrund der (zu diesem Zeitpunkt falschen) Kraftstellung der Linearmotoren entgegen dem realen Stoßdämpfer entstehen Schwingungen. Die geschilderte Problematik wird im Betrieb durch eine Motorkraftberechnung basierend auf Signalen parallel zu den Stoßdämpfern angeordneter Sensoren umgangen. Zu beachten ist weiterhin, dass aufgrund der gewählten Abtastrate die Anzahl der zur Verfügung stehenden Stützstellen im realen Modell deutlich höher ist als in Abbildung 3.7.

Zur Ermittlung der erforderlichen Geschwindigkeitssignale aus den zur Verfügung stehenden Positionssignalen bieten sich mehrere Möglichkeiten an. Die konventionelle Differentiation der Signale nach der Zeit führt aufgrund der zugrunde liegenden diskreten Positionssignale zu stark rauschenden Geschwindigkeitsverläufen, welche zur Verwendung im Modell mittels Filterung geglättet werden müssen. Dies führt zu weiteren unerwünschten Zeitverzügen der Signale. Alternativ lassen sich Geschwindigkeiten aus gemessenen Positionssignalen mittels der Berechnung linearer Regressionsformeln ermitteln. Die Bestimmung der Regressionsgeraden basierend auf den letzten n Datenpunkten des Positionssignals entspricht dem Verlauf des Geschwindigkeitssignals und führt zu erstaunlich „sauberen" Signalverläufen in Kombination mit geringen Zeitverzügen. Die Berechnung der jeweiligen Regressionsgeraden folgt dem Ansatz (nach [8]):

$$\tilde{y} = \bar{y} + \frac{\sum_1^n x_i \cdot y_i - \bar{y} \cdot \sum_1^n x_i}{\sum_1^n x_i^2 - \bar{x} \cdot \sum_1^n x_i} \cdot (x - \bar{x}) \qquad [3.3]$$

mit $\bar{y} = \frac{\sum_1^n y_i}{n}$ und $\bar{x} = \frac{\sum_1^n x_i}{n}$

Je nach Anzahl der in die Berechnung der Regressionsgeraden einbezogenen Datenpunkte lassen sich glattere Signale mit höheren Zeitverzügen oder unstetigere Signale mit geringeren Zeitverzügen generieren. Aufgrund der hohen Sensibilität der Motoren werden bereits geringste Schwankungen der Eingangssignale vom Tool in Motorkräfte umgesetzt, was zu Vibrationen der Motoren führt.

Aufgrund der den vom Fahrzeug-CAN abgegriffenen Signalen innewohnenden Zeitverzüge werden verschiedene Fahrzustandsparameter mittels speziell entworfener Teilmodelle berechnet. Dies erlaubt die Berücksichtigung dieser Fahrzustandsparameter ohne nennenswerte Zeitverzüge als Regelgrößen im Modell. Die aktuell anliegende Querbeschleunigung beispielsweise wird unter Berücksichtigung von Reifenschräglaufsteifigkeiten, Gierträgheitsmoment um die Hochachse und nichtlinearem Reifenseitenkraftverlauf abgeschätzt, siehe hierzu [50].

3.2.6. Variabilität des Systems

Die variable Verwendbarkeit des Tools FVS ist Grundvoraussetzung der Idee eines Werkzeugs, das den Fahrwerksabstimmungsprozess eines Tages vereinfachen könnte. Lange Adaptionszeiten des Tools an Versuchsfahrzeuge machen die Möglichkeit zunichte, kurzfristig Verbesserungspotentiale an vorhandenen Fahrzeugen aufzeigen zu können. Das Tool Fahrverhaltensynthese weist deshalb die folgenden Eigenschaften auf, um in angemessener Zeit an unterschiedliche Versuchsträgern appliziert werden zu können:

- Die Anbindung der Aktuatoren an der Karosserie erfolgt anhand einer dreigeteilten Struktur (siehe oben), von welcher nur ein Teil bei der Anbindung des Tools an ein anderes Trägerfahrzeug neu gefertigt werden muss. Die Abmaße potenzieller Trägerfahrzeuge vom Kompaktfahrzeug bis hin zum Geländewagen wurden bei der Konzeption der Trägerstruktur berücksichtigt.

- Zur Befestigung der Trägerstruktur am Fahrzeug werden Karosseriepunkte verwendet, welche an jedem Fahrzeug der Daimler AG in ähnlicher Form zur Verfügung stehen. Das Grundprinzip der Anbindung der Aktuatoren bleibt so bei der Anbindung an andere Fahrzeuge erhalten.

- Die Anbindung der Läufer der Aktuatoren am Rad erfolgt über spezielle Radschrauben, welche einfach und kostengünstig gefertigt werden können. Die Verwendung spezieller Felgen oder Reifen ist nicht erforderlich, bringt jedoch Vorteile in der Reduktion der erhöhten ungefederten Massen (siehe Kapitel 3.5.2).

- Stromversorgung und Ansteuerungselektronik des Tools sind in zwei einfach transportablen Kisten untergebracht, die mit wenig Aufwand im Fahrzeug untergebracht werden können.

- Die Ansteuerung des Tools kann mittels eines handelsüblichen Laptops erfolgen, welcher nur als Interface für den echtzeitfähigen Rechner dient und selbst keine Rechenoperationen übernimmt.

Im Rahmen der vorliegenden Arbeit wurde das Tool FVS zur Durchführung verschiedener Untersuchungen exemplarisch an einer Mercedes C-Klasse (Baureihencode W204) und einem Mercedes GLK (Baureihencode X204) appliziert.

3.2.7. Funktionalität des Tools

Das Tool Fahrverhaltensynthese soll in der Lage sein, die Eigenschaften der gängigen Fahrwerksbauteile entsprechend Anwendervorgaben virtuell zu verändern. Programmtechnisch realisiert wurden virtuelle Veränderungen von Federsteifigkeiten, Stabilisatorsteifigkeiten, Dämpfungen, Eingriffspunkten und Steifigkeiten von Zuganschlagfedern sowie Eingriffspunkten und Kraftverläufen von Anschlagpuffern.

Die Funktionalität der virtuellen Variation der beschriebenen Bauteile hängt neben der Güte der Programmierung und der exakten Kraftstellung der Motoren von einem weiteren zentralen Einflusskriterium ab: Aufgrund des Aufbaus der Steuerungssoftware als kontinuierlicher Vergleich der Bauteilkräfte von realen und virtuellen Bauteilen und der Kraftstellung der ermittelten Differenzkraft mittels der Aktuatoren ist die Darstellungsgüte der virtuellen Bauteile direkt vom Detaillierungsgrad der Abbildung der jeweiligen Bauteileigenschaften im Modell abhängig. Während die Bauteileigenschaften von Federn, Stabilisatoren und Zuganschlagfedern einfach mittels linearer Steifigkeitsverläufe angenähert werden können, gestaltet sich dies für die Bauteile Stoßdämpfer und Anschlagpuffer komplexer. Während ein realer hydraulischer Stoßdämpfer neben der dominierenden geschwindigkeitsabhängigen Dämpfungskraft (welche verhältnismäßig einfach im Modell darstellbar ist) auch dynamische Steifigkeiten und Schmutzeffekte aufweist, ist die von einem Anschlagpuffer aufgeprägte Kraft neben dem Federweg des Rades aufgrund seiner Hysterese außerdem von der Bewegungsrichtung des Rades sowie aufgrund der immanenten Dämpfung von der Radfedergeschwindigkeit abhängig.

Zur detailgetreuen Abbildung der real verbauten Fahrwerksbauteile im Modell wurden diese im Rahmen von [135] einzeln auf ihre Spezifikation hin vermessen und die so ermittelten Werte ins Modell implementiert. Der Einfluss der Dämpferkopflager auf die Kraftanteile der realen verbauten Stoßdämpfer wird im Modell mittels je eines Maxwell-Elements je Rad berücksichtigt, welches die Reihenschaltung von Stoßdämpfer und Dämpferkopflager am jeweiligen Rad abbildet.

Die Funktionalität des Tools bezüglich der virtuellen Variation der oben beschriebenen Bauteileigenschaften wurde mit einer Reihe von Versuchen unter Beweis gestellt. In [135] findet sich eine detaillierte Dokumentation aller zu diesem Zweck durchgeführten Prüfstands- und Fahrversuche inklusive der zugehörigen Prüfstandsbeschreibungen.

Zusammenfassend kann festgehalten werden, dass die Nachbildung von Feder- und Drehstabsteifigkeiten genauso wie die Variation von Zuganschagfedersteifigkeiten und -eingriffspunkten mit geringen Abweichungen in der Größenordnung der Serientoleranzen der jeweiligen Bauteile möglich ist. Dies kann als sehr zufrieden stellend bezeichnet werden. Auch die Darstellung veränderter Fahrzeugdämpfung mit dem Tool ist problemlos möglich. Die exakte Nachbildung des Aufbauschwingungsverhaltens beim Einsatz veränderter realer Stoßdämpfer ist derzeit noch nicht exakt möglich. Die potentiellen Gründe hierfür wurden bereits oben erörtert.

Ausblickend kann festgestellt werden, dass verschiedene Ansatzpunkte (allen voran die Reduktion beziehungsweise Kompensation der erhöhten ungefederten Massen, die Verringerung der den Linearmotoren eigenen mechanischen Reibung sowie die Berücksichtigung gummierter Lagerungen im Modell) noch Verbesserungspotenzial gegenüber dem derzeit schon sehr zufrieden stellenden Systemzustand bieten.

3.3. Hinterachs-Spurwinkelverstellung

Um den Schwimmwinkel des Fahrzeugs als wichtigen Einflussparameter auf das subjektive Fahrgefühl beeinflussen zu können, ist die Möglichkeit einer aktiven Beeinflussung der Hinterachsspur von Nöten. Der so genannte Schwimmwinkelgradient (die Steigung der linearen Nährung des Schwimmwinkelverlaufs über der Querbeschleunigung ermittelt bei stationärer Kreisfahrt) wird unter anderem in [23], [160], [161] und [162] als prägend für den subjektiven Fahreindruck genannt. In Kapitel 4.8 werden die Ergebnisse einer Probandenstudie zum Einfluss des Fahrzeugschwimmwinkels auf den Fahreindruck beschrieben.

Nach DIN 70000 ist der statische Vorspurwinkel δ_v der Winkel, der sich bei stehendem Fahrzeug zwischen der Fahrzeugmittelebene in Längsrichtung und der Schnittlinie der Radmittelebene eines Rades mit der Fahrbahnebene ergibt. Er ist positiv, wenn der vordere Teil des Rades der Fahrzeuglängsachse zugekehrt ist, und negativ, wenn dieser sich abkehrt. Der Gesamtvorspurwinkel ergibt sich aus der Addition der Vorspurwinkel des rechten und des linken Rades [154]. Wie in Kapitel 3.2 dargestellt bieten sich zur Realisierung einer Hinterachsspurwinkelverstellung eine Reihe verschiedener Möglichkeiten. Entsprechend mehrerer in jüngster Zeit veröffentlichter Ansätze (z. B. [36] und [64]) werden die Original-Spurstangen des Versuchsfahrzeugs an der Hinterachse durch in der Länge verstellbare Aktuatoren ersetzt und die Veränderung des Spurwinkels mittels der Elastizitäten der gummierten Achslager realisiert. Da die Vorspur eines Rades sich im Allgemeinen über Spurstangen oder über Exzenter einstellen lässt, ist die Längenverstellung der Spurstangen ein geeignetes Mittel, um die Spurwinkel zu beeinflussen. Bei nur geringen Verstellwegen wird die in der Achse resultierende Verspannung durch die gummierten Lagerungen der Lenker aufgefangen [129], [154].

Durchgeführte kinematische Simulationen (siehe [88]) zeigen nur geringfügige Änderungen der Steigungen der Spurwinkelkurven der Hinterachse des Versuchsfahrzeugs über dem Einfederweg bei Längenveränderung der Spurstange. Es ist mit einer Veränderung des Spurwinkels um knapp zwei Grad bei der Verlängerung bzw. Verkürzung der Spurstange um fünf Millimeter zu rechnen. Dies entspricht dem Lenkwinkelbereich der Hinterräder, der in [175] als ausreichend für alle Fahrsituationen mit Ausnahme von Parkiervorgängen identifiziert wurde. Laut [153] sind die erforderlichen Lenkwinkel an der Hinterachse im fahrdynamisch relevanten Geschwindigkeitsbereich bei allen potentiell möglichen Lenkstrategien kleiner als zwei Grad. Auch [24] beschreibt, dass für die Fahrdynamikoptimierung Radeinschlagwinkel von nicht mehr als zwei bis maximal drei Grad erforderlich sind.

3.3.1. Realisierung

Zur Längenveränderung der modifizierten Spurstangen werden elektromechanische Aktuatoren eingesetzt. Durch die Verwendung zweier voneinander komplett unabhängiger Aktuatoren für die Spurverstellung der beiden Räder ergibt sich die Möglichkeit, die Spurwinkel der beiden Hinterräder unabhängig voneinander zu beeinflussen.

Die Entwicklung eines maßgeschneiderten Aktuators überstieg den zeitlichen und finanziellen Rahmen dieses Forschungsvorhabens. Es wurde daher auf einen im Handel erhältlichen Aktuator als Zukaufteil zurückgegriffen. Aufgrund der systemimmanenten Ausfallsicherheit mittels Selbsthemmung kommt ein Schneckengetriebe zum Einsatz. Der eingesetzte Aktuator ist ein elektromechanischer Hubzylinder mit Kugelgewindespindel, einer maximalen dynamischen Last von 4000N, einem Hub von 50mm und einer Spannungsversorgung mittels 24V Gleichstrom. Zur Minimierung der Erhöhung der ungefederten Massen des Fahrzeugs durch die Applikation des Aktuators wurden der

Elektromotor des Aktuators karosserieseitig und die Schubeinheit des Aktuators radseitig angeordnet.

Durch Fahrbahnunebenheiten werden im Radaufstandspunkt nicht nur vertikale, sondern auch horizontale Schwingungen hervorgerufen. Um diese abzumildern und die Übertragung von Schwingungen und Geräuschen auf die Karosserie zu verringern, werden anstelle von starren Gelenken zwischen Radaufhängungsbauteilen und Aufbau Gummilager verwendet [199]. Die Elastokinematik kann aufgrund der Kräfte am Reifen die Radstellung verändern und das Eigenlenkverhalten verändern. Die Gummielemente im Fahrwerk verbessern weiterhin den Vibrations- und Geräuschkomfort und absorbieren Fahrbahnstöße [14]. Durch Anpassung des Aktuatorgehäuses war es möglich, beide Gummilager der Original-Spurstange zu erhalten und die Elastokinematik des Fahrzeugs gegenüber dem Serienzustand unverändert zu belassen. Eine Wegmessung der aktuellen Aktuatorlänge mittels Seilzugpotentiometern und die Möglichkeit der Blockierung des Aktuators bei Nichtbenutzung wurden weiterhin konstruktiv integriert. Abbildung 3.8 zeigt den verwendeten Aktuator.

Abb. 3.8.: Aktuator zur Spurverstellung an der Hinterachse

Eine Kalibrierung der Spur- und Sturzwinkel zu den Messwerten der Seilzugpotentiometer ergab lineare Kalibrierkurven sowohl der Spur- als auch der Sturzwinkel im Bereich minus zwei bis plus zwei Grad Spurwinkel. Die Auflösung des aktuellen Spurwinkels mittels der eingesetzten Sensorik kann bis auf $0{,}01°$ genau erfolgen, die Verstellung des Spurwinkels bis auf ca. 0,1° genau. Die Reaktionszeit und die maximale Verstellgeschwindigkeit des Systems werden mittels einer Sprungvorgabe auf das System ermittelt. Wie aus der Abbildung deutlich wird, kann ein Spurwinkelsprung um vier Grad in ca. 1,2 Sekunden realisiert werden. Dieser Wert kann als „Worst Case" betrachtet werden, da die in Abbildung 3.9 dargestellte Messung im Stand auf griffigem Untergrund erfolgte, was die Gegenkraft des Rades maximiert und die mögliche Verstellgeschwindigkeit minimiert. Die Reaktionsverzögerung des Systems nach dem Sprung des Sollwinkels beträgt ca. 0,1 Sekunde. Die während der Verstellung maximal erreichte Geschwindigkeit für diesen Testfall mit hoher Last liegt im Maximum bei knapp vier Grad Spurwinkel pro Sekunde.

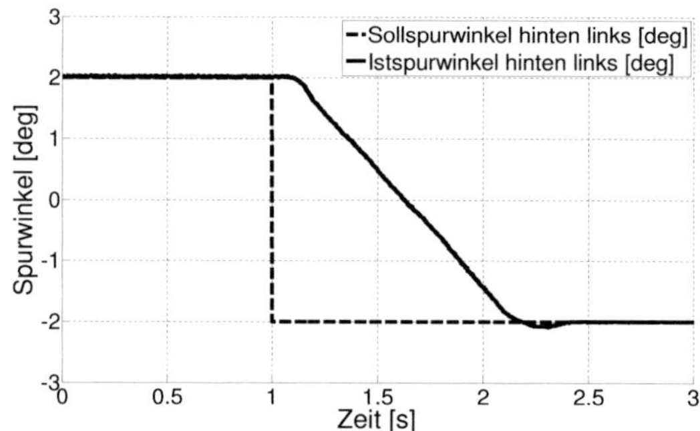

Abb. 3.9.: Sprungantwort der Hinterachs-Spurverstellung

3.3.2. Softwarestruktur

Die Ansteuerung der längenverstellbaren Spurstangen erfolgt analog zur Ansteuerung der Linearmotoren mittels eines in Matlab/Simulink realisierten Modells und eines echtzeitfähigen Rechners. Zum Betrieb der Hinterachsspurwinkelverstellung stehen verschiedene Betriebsmodi zur Verfügung: Vorgabe stationärer Spurwinkel radindividuell hinten links und hinten rechts, lenkradwinkelproportionaler Radeinschlag, kennlinienabhängiger Radeinschlag über dem Lenkradwinkel, querbeschleunigungsproportionaler Radeinschlag zur Beeinflussung des Schwimmwinkelgradienten und kombinierte Abhängigkeiten von Lenkradwinkel und Fahrgeschwindigkeit. Den grundsätzlichen Aufbau des eingesetzten Modells zeigt Abbildung 3.10.

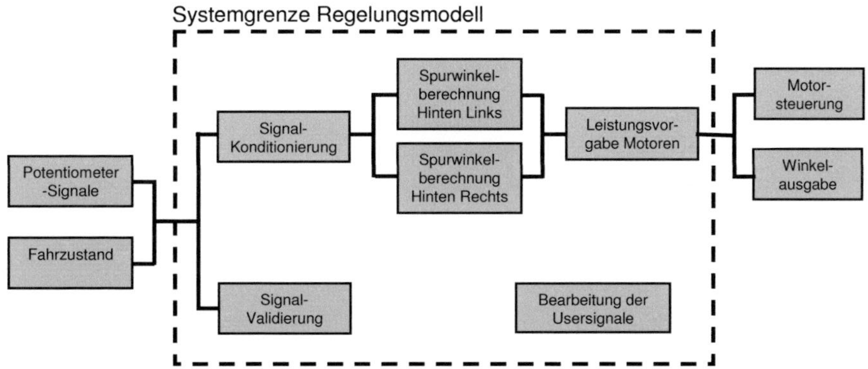

Abb. 3.10.: Modellstruktur der Hinterachs-Spurverstellung

3.3.3. Sicherheitskonzept

Die Ausfallsicherheit der realisierten Hinterachsspurwinkelverstellung muss aus Gründen der Fahrsicherheit gewährleistet werden. In [185] wurde im Rahmen von Simulatorversuchen festgestellt, dass das „Stehenbleiben" der Hinterachsspurwinkel in Falle eines Ausfalls von den meisten Testpersonen bei normaler Fahrt kaum wahrgenommen wurden. Sich unkontrolliert oder ungewollt verändernde Hinterachsspurwinkel während der Fahrt müssen hingegen unter allen Umständen vermieden werden. Als Sicherheitskonzept des realisierten Systems wurde deshalb im Falle einer Fehlfunktion der Signalverarbeitung oder des Rechners die Systemabschaltung definiert. Aufgrund der Selbsthemmung des Schneckengetriebes sind die Hinterachsspurwinkel bei einer Systemabschaltung in ihrem aktuellen Zustand konstant.

In die Software sind unterschiedliche Plausibilitätsüberprüfungen der Potentiometersignale, der Spurwinkel und der Motorpositionen an jedem Rad integriert, welche bei unplausiblen Werten die Aktuatoren stilllegen und so die Spurwinkel in ihrer aktuellen Position festhalten. Die Wegmessung, welche die aktuellen Hinterachsspurwinkel erfasst, ist redundant ausgeführt. An jedem Hinterrad kommen zwei voneinander unabhängige Potentiometer zum Einsatz. Der Ausfall eines Potentiometers oder eine zu große Abweichung der Messwerte der beiden Potentiometer voneinander wird in der Software erfasst und führt zur Abschaltung des Systems. Die erforderliche Motorleistung wird vom Steuerungsrechner mittels eines PWM-Signals ausgegeben. Ein Ausfall des Rechners führt zum Zusammenbruch des Signals, was als Null Prozent Motorleistung interpretiert wird und die Motoren in ihrer aktuellen Position stilllegt.

3.4. Beeinflussung von Lenkradwinkel und Lenkmoment

Neben der virtuellen Veränderung der Spezifikationen verschiedener Fahrwerksbauteile durch den Einsatz von elektrischen Linearaktuatoren und die Verstellung der Hinterachsspurwinkel abhängig vom Fahrzustand soll auch auf die Lenkung und damit auf die Vorderradlenkwinkel Einfluss genommen werden. Weiterhin soll das Lenkmoment bedarfsgerecht variiert werden können.

Das in [217] vorgestellte und erfolgreich angewendete Entwicklungswerkzeug „Lenkmomentensteller" erlaubt es, mittels geeigneter Algorithmen das Lenkmoment abhängig von der Fahrsituation vorzugeben. Die dargestellten Lenkmomente entsprechen einem modellbasierten Sollmoment, welches in Abhängigkeit verschiedener, situativ relevanter Größen, wie beispielsweise Lenkradwinkel, Lenkmoment, Querbeschleunigung, etc. frei errechnet werden kann.

Es handelt sich beim „Lenkmomentensteller" nicht um ein Steer-by-Wire System, sondern um ein Lenkrad, welches wie ein Serienlenkrad auf der Lenkzapfenverzahnung verschraubt ist. Es ist deshalb jederzeit mechanischer Durchgriff zu den Rädern gewährleistet. Das Handmoment kann durch ein mittels eines E-Motors zum Lenkmoment des Grundfahrzeugs addiertes oder subtrahiertes Zusatzlenkmoment variiert werden. Der Motor verfügt über ein Maximalmoment von 30 Nm, welches aus Sicherheitsgründen auf acht Nm begrenzt ist. Das gestellte Zusatzlenkmoment wird über eine Strebe, welche am Kardantunnel befestigt ist, abgestützt. Bis zu einer Lenkfrequenz von zwei Hz erreicht das System eine Regelabweichung von maximal 0,1 Nm.

Durch die definierte Überlagerung von Zusatzwinkeln am Lenkrad wurde weiterhin für verschiedene Probandenuntersuchungen die Lenkübersetzung beziehungsweise das Eigenlenkverhalten virtuell verändert und somit das Gierverhalten des Grundfahrzeugs beeinflusst [38].

3.5. Zielkonflikte und Fahrzeuggewicht

Um fahrdynamische Untersuchungen mittels gezielter Veränderungen des Fahrverhaltens durchführen zu können, ist es von hoher Wichtigkeit, die Abweichungen des Trägerfahrzeugs bezüglich Gesamtmasse, Achslastverteilung und ungefederten Massen in Relation zum Serienzustand des Fahrzeugs innerhalb definierter Grenzen zu halten. Grundvoraussetzung des Tools ist es, dass die fahrdynamischen Eigenschaften des Versuchsfahrzeugs sich bei deaktivierten Systemen im Rahmen der für ein Serienfahrzeug üblichen bewegen. Sind bereits die Fahreigenschaften des passiven Trägerfahrzeugs deutlich unterschiedlich zu denjenigen des Serienfahrzeugs, können die dargestellten Veränderungen nicht sinnvoll bewertet werden. Die Ergebnisse der Änderung von Bauteilspezifikationen wären nicht auf das Serienfahrzeug übertragbar und nur schwer interpretierbar.

3.5.1. Beeinflussung der Gesamtmasse

Eine Erhöhung des Gesamtgewichts des Versuchsfahrzeugs war aufgrund der Applikation der Linearaktuatoren, der Trägerstruktur der Aktuatoren, der Energieversorgung und der Steuerelektronik im und am Fahrzeug unumgänglich. Im Gegenzug wurden nicht benötigte Fahrzeugbauteile entfernt, um dem Gewichtszuwachs so weit wie möglich entgegenzuwirken. Aufgrund der Anbindung der Trägerstruktur der Linearmotoren an den Längsträgern des Fahrzeugs entfallen weiterhin die Biegequerträger und die Crashboxen des Trägerfahrzeugs. Um das Gewicht der zusätzlichen Massen so weit wie möglich zu reduzieren, wurden die folgenden Maßnahmen durchgeführt: Substitution der zuvor verwendeten Blei-Batterien zur Stromversorgung des Tools durch Li-Ion-Batterien, Realisierung der Trägerstruktur zur Anbindung der Aktuatoren an der Karosserie aus Kohlefaser anstelle von Stahl- und Aluminiumprofilen und Darstellung der Boxen, welche Stromversorgung und Ansteuerelektronik aufnehmen, ebenfalls aus Kohlefaser.

Als Auslegungsziel wurde definiert, die Gesamtmasse des Versuchsfahrzeugs inklusive aller notwendigen Bauteile nicht über die Masse eines mit einer Standardbeladung von 3 * 68 kg aufgelasteten Fahrzeugs hinaus zu erhöhen. Unter Berücksichtigung eines Fahrers zum Betrieb beziehungsweise zur Beurteilung des Fahrzeugs ergibt sich eine Zielvorgabe von 2 * 68 kg = 136 kg Zusatzgewicht im und am Fahrzeug. Die Masse des fahrfertig aufgebauten Versuchsfahrzeugs unterschreitet diese Zielvorgabe. Damit ist das gesteckte Ziel bezüglich des Gesamtgewichts des Versuchsträgers erreicht. Die Gewichtsverteilung des Versuchsfahrzeugs unterscheidet sich aufgrund gezielter Anordnung der Systemkomponenten nur um einen Prozentpunkt von derjenigen des Basisfahrzeugs, was als vernachlässigbar gelten kann.

3.5.2. Beeinflussung der ungefederten Fahrzeugmassen

Gemäß DIN 74250 wird in dieser Arbeit für alle Bauteile, welche sich bei einem Federungsvorgang des Rades bei festgehaltener Karosserie bewegen, der Begriff „ungefederte Massen" verwendet. In [155] wird jedoch zu Recht darauf hingewiesen wird, dass auch der Reifen im Fahrbetrieb federt, und somit auch Felge, Radträger und andere Bauteile gegenüber der Straße „abgefedert" sind. In [199] werden als ungefederte Massen eines Fahrzeugs diejenigen Teile der Radaufhängung definiert, die nur über die Reifenfeder und nicht über die Aufbaufeder abgefedert sind. Die ungefederten Massen sollten im Hinblick auf geringe dynamische Radlastschwankungen, also eine gute Bodenhaftung der Räder (Stichwort „Fahrsicherheit") möglichst gering sein.

Eine Erhöhung der ungefederten Massen des Versuchsfahrzeugs konnte nicht komplett vermieden werden. Die in der oben dargestellten Veränderung des Fahrzeuggewichts enthaltenen unvermeidlichen Erhöhungen der ungefederten Massen sind hauptsächlich hervorgerufen durch die Adapterplatten und Lager zur Anbindung der Läufer der Linearmotoren an die Felge, die Läufer der Linearmotoren, spezielle Radschrauben zur Befestigung der Adapterplatten an den Felgen und geringfügig ebenfalls durch die Substitution der hinteren Spurstangen durch längenverstellbare Aktuatoren.

Dem oben genannten Zusatzgewicht wird durch die Verwendung besonders leichter Felgen entgegengewirkt. Da die Reifeneigenschaften starken Einfluss auf das Fahrverhalten haben und die Analyse der Fahreigenschaften im Mittelpunkt der durchgeführten Untersuchungen steht, kommt eine Verwendung von Spezialreifen nicht in Betracht. Im Laufe der Entwicklung des Tools FVS wurden mittels der Umstellung des Systems auf nur noch einen Linearaktuator je Rad die ungefederten Massen weiter hin zum Seriengewicht reduziert.

Insgesamt ergibt sich eine Erhöhung der ungefederten Massen gegenüber dem serienmässigen Basisfahrzeug von ca. 3,3 kg je Rad. In [33] wurden anhand von Prüfstands- und Komfortmessungen die Einflüsse schrittweise erhöhter ungefederter Radmassen detailliert untersucht und bewertet. Weiterhin wurden Kompensationsalgorithmen entwickelt und erprobt, welche mittels gezielter Kraftstellung der Linearaktuatorik die Einflüsse der erhöhten ungefederten Massen auf den Komforteindruck des Fahrers minimieren. So kann beispielsweise die mit der Erhöhung der ungefederten Massen einhergehende Absenkung der Radeigenfrequenz teilweise kompensiert werden. Die Vorgehensweise der genannten Untersuchungen sowie die Dokumentation der erzielten Ergebnisse finden sich im Detail in [33]. Ebenfalls wird der Einfluss der mit der Installation der Linearaktuatorik zwischen Rad und Karosserie unabdingbar erhöhten Reibkräfte auf das Fahrverhalten und den Komforteindruck im Detail anhand verschiedener Messungen analysiert und bewertet.

3.5.3. Einschränkungen und Zielkonflikte des Systems

Wie bereits einleitend ausgeführt ist die Realisierung eines Versuchsfahrzeuges wie des oben beschriebenen mit Zielkonflikten sowie Nachteilen bezüglich nicht primär relevanter Fahrzeugeigenschaften behaftet. Die unvermeidliche Gewichtserhöhung sowohl der gefederten als auch der ungefederten Massen wurde bereits in den voranstehenden Teilkapiteln thematisiert. Darüber hinaus resultieren jedoch weitere Zielkonflikte und Einschränkungen beim Einsatz eines solchen Prototypfahrzeuges, welche nachfolgend dargestellt werden.

Die Darstellungsgüte der virtuellen Variation verschiedener Fahrwerksbauteile mittels der Linearaktuatoren hängt direkt von der Güte der Abbildung der real verbauten Teile im Modell ab. Unvermeidbar werden sich die Spezifikationen der realen Bauteile im Laufe der Fahrzeugnutzung bedingt durch Verschleiß und Alterung verändern. Dies gilt auch und vor allem für die Stoßdämpfer, deren Dämpfleistung mit der Nutzungszeit abnimmt. Da eine regelmäßige Einzelvermessung aller im Fahrzeug verbauten Komponenten in kurzen Intervallen aus Aufwands- und Kostengesichtpunkten nicht in Frage kommt, müssen geringe Abweichungen bezüglich der Darstellungsgüte des Tools unabdingbar in Kauf genommen werden.

Eine Straßenzulassung kann für ein Fahrzeug wie das oben beschriebene im Allgemeinen nicht erlangt werden. Dies beschränkt den Einsatzbereich eines solchen Fahrzeugs auf für den öffentlichen Straßenverkehr nicht zugängliche Prüf- und Testgelände und bedingt einen gewissen logistischen Aufwand zur Durchführung von Untersuchungen. Moderne Fahrzeugtestgelände weisen jedoch ein so breit gefächertes Spektrum verschiedener Streckenprofile auf, dass bezüglich Umfang und Art der Untersuchungen kaum Einschränkungen in Kauf genommen werden müssen.

Auch bezüglich des Komforteindrucks des Fahrzeugs müssen gewisse Zugeständnisse gegenüber Serienfahrzeugen gemacht werden. Der so genannte „Ride" umfasst die straßeninduzierten Schwingungen in der Hochrichtung, um die Längsachse und um die Querachse im Frequenzbereich von null bis 25 Hz und deren Wahrnehmung durch die Insassen. Höherfrequente Schwingungen sind den Geräuschen zuzuordnen. Das hochfrequente Fahrzeugverhalten (in Fachtermini ausgedrückt vor allem das Stuckerverhalten) sowie der Abrollkomfort („Mikrostuckern" genannt) werden von den erhöhten ungefederten Massen des Fahrzeugs beeinflusst.

Weiterhin ist bezüglich der Fahrzeugakustik während der Fahrt mit einem leicht erhöhten Geräuschniveau gegenüber einem vergleichbaren Serienfahrzeug zu rechnen. Dies ist vor allem in den zusätzlichen akustischen Übertragungspfaden hin zum Fahrzeuginnenraum begründet, welche mittels der Anbindung der Linearaktuatoren an die Fahrzeugkarosserie geschaffen wurden.

Wichtiges Element des Fahrverhaltens von Personenkraftwagen ist neben der fahrbahn- oder fahrerinduzierten Aufbaubewegung der Verlauf und die Konstanz der Radaufstandskräfte auf der Fahrbahn. Die Intensität der Schwankungen der Radaufstandskräfte ist ein Indiz für die Fahrsicherheit eines Fahrzeugs; möglichst geringe Schwankungen der Radaufstandskräfte erlauben die bestmögliche Übertragung von Längs- und Seitenkräften durch den Reifen auf die Fahrbahn. Das Tool FVS erlaubt die radindividuelle Generierung von Relativkräften zwischen Rad und Karosserie abhängig von hinterlegten Softwarealgorithmen. Die aktive Veränderung der wirksamen Radaufstandskräfte ist jedoch nur unter Ausnutzung der Massenträgheit der Karosserie möglich, was wiederum die resultierende Karosseriebewegung verfälscht. Eine rückwirkungsfreie Beeinflussung der

Reifenaufstandskräfte kann nicht dargestellt werden, detaillierte Betrachtungen hierzu finden sich in [50].

Abschließend soll die Einschränkung des Sichtbereichs des Fahrers aufgrund der Aktuatoren und ihrer Trägerstruktur nicht unerwähnt bleiben. Diese ist jedoch nach Probandenaussagen sowohl für Experten als auch für Normalfahrer nach einer gewissen Eingewöhnungszeit - die jeder der durchgeführten Probandenstudien vorangestellt wurde – im normalen Fahrbetrieb nicht mehr relevant.

3.6. Fahrdynamische Messtechnik

Für Fahrdynamikuntersuchungen ist es unabdingbar, mittels hochauflösender Messtechnik die Bewegungsgrößen des Fahrzeugs im Fahrbetrieb zu erfassen. Anhand von Beschleunigungs- und Winkelinformationen kann so die Position und Bewegung des Fahrzeugs zu jedem Zeitpunkt der Messung bestimmt werden. Weiterhin werden eine Vielzahl von Größen wie Lenkradwinkel, Lenkradmoment, Schwimmwinkel und Fahrgeschwindigkeit über Grund erfasst, um im Rahmen von Auswertungen Kennwerte und Kennlinien bestimmen zu können.

Die Bewegung des Fahrzeugs im Erdkoordinatensystem wird mittels einer Strapdown-Plattform erfasst. „Strapdown" bedeutet wörtlich so viel wie „festgeschnallt", da die in der Plattform integrierten Drehratensensoren körperfest angebracht sind und so die Orientierungen des Körpers gegenüber dem Erdschwerefeld jederzeit erfassen können. Strap-down-Plattformen messen Beschleunigungen und Winkelgeschwindigkeiten mit Hilfe von Servo-Beschleunigungsaufnehmern und faser-optischen Gyroskopen [219]. Eine komplett ausgerüstete Strapdown-Plattform besteht aus drei Drehratensensoren, drei Beschleunigungsaufnehmern, einem Prozessrechner für die digitale Signalverarbeitung und einem Interface zur Datenausgabe. Mit Hilfe der Drehratensensoren und der Beschleunigungsaufnehmer kann die Plattform jederzeit die genaue Position und Orientierung des Fahrzeugs im Raum ermitteln. Die in den Sensorsignalen enthaltenen Anteile der Erddrehrate (Ω_E = 15,041 °/h) und Erdschwerebeschleunigung (g = 9,81 m/s^2) werden in Echtzeit durch spezielle Strapdown-Algorithmen kompensiert. Die in dieser Arbeit für fahrdynamische Messungen verwendete Strapdown-Plattform ist das Modell iDIS der Firma IMAR. Von der Plattform bestimmt werden der Gierwinkel Psi, der Nickwinkel Theta und der Wankwinkel Phi sowie die Beschleunigungen in Fahrzeuglängsrichtung (X-Achse), Fahrzeugquerrichtung (Y-Achse) und Fahrzeughochrichtung (Z-Achse) [74], [123].

Zur Erfassung von Lenkradwinkel und Lenkmoment kommen Messlenkräder zum Einsatz, welche über spezielle Messnaben ebendiese Größen erfassen. Die Fahrgeschwindigkeit über Grund sowie der Schwimmwinkel werden mittels so genannter Correvit-Sensoren erfasst. Der Correvit ist ein berührungsloser, optischer Geschwindigkeitsaufnehmer. Von einer Lampe (neuere Modelle basieren auf Infrarot-Strahlung) wird ein Lichtkegel auf die Fahrbahn geworfen. Aus den Reflexionen dieses Lichtkegels wird die Geschwindigkeit in der Auswerteeinheit ermittelt. Die Fahrbahnoberfläche wird auf einem optischen Gitter oder einer Zelle abgebildet, wodurch die Frequenz der Lichtintensität ein Maß für die Geschwindigkeiten ist. Je nach Bauart des Sensors können Geschwindigkeiten nicht nur in Fahrtrichtung, sondern auch quer zur Fahrtrichtung gemessen werden. Aus dem Verhältnis der ermittelten Längs- und Quergeschwindigkeiten ergibt sich der Schwimmwinkel am Messort.

In verschiedenen Arbeiten wurde in den letzten Jahren versucht, Fahrzeugschwimmwinkel und Fahrgeschwindigkeit über Grund mittels billigerer und robusterer Methoden zu erfassen. Generell ist eine berührungslose Messung von Geschwindigkeiten über Grund mit optischen, GPS-basierten und radarbasierten Verfahren möglich. In [62] wird ein Sensor vorgestellt, der erstmals auch Fahrzeugschräglaufwinkel basierend auf einem Radarsystem erfassen kann. Es wurde festgestellt, dass Horizontalgeschwindigkeit und Schräglaufwinkel auf den meisten Fahrbahnoberflächen genau gemessen werden können. Lediglich bei auf der Fahrbahn stehendem Wasser kann keine exakte Messung mehr durchgeführt werden, da die Rückstreueigenschaften hier nicht ausreichend sind. In [81] wurde zusätzlich versucht, mittels Radarsensoren die Dicke und den Salzgehalt der Wasserschicht auf der Straße zu messen. Hier wurde auch angeregt, die erkannten Feuchtigkeits- und Rauhigkeitsparameter der Straßenoberfläche für die Einstellung von Fahrwerkseigenschaften zu nutzen. Ab einer gewissen Mindestgeschwindigkeit kann mit Hilfe des Sensors beispielsweise zwischen Asphalt und Kopfsteinoberflächen unterschieden werden.

Um das Bewegungsverhalten der Räder sowie die Funktionsweisen von Lenkung und Aufhängung zu untersuchen kommen optoelektronische Meßsysteme zum Einsatz. Beim optische Messsytstem WheelWatch von Aicon beispielsweise beobachten Hochgeschwindigkeitskameras mit Frequenzen von maximal 490 Hz die Radbewegung. Das

System ist sowohl am Prüfstand als auch während der Fahrt einsetzbar, referenziert sich selbst im Messtakt und liefert die Relativbewegung des Rades zum Kotflügel. Auch die Erfassung von Motorbewegungen ist mittels des Systems möglich [1].

Tabelle 3.1 gibt eine Übersicht über die heutzutage üblicherweise für fahrdynamische Untersuchungen verwendeten Messgrößen und Sensoren (nach [89]). Die gemessenen Quantitäten beinhalten verschiedene Laufzeitverzüge durch die Implementierung von Vorfilterung, Sensoren oder Laufzeiten der Messkette [150]. Über die genannten Größen hinaus erfolgt üblicherweise eine Kopplung der Messtechnik an einem oder mehreren Fahrzeug-CANs, um Signale wie Bremspedalbetätigung, Gaspedalstellung oder Motor- und Raddrehzahlen abgreifen zu können. Bei Bedarf können für spezielle Untersuchungen weitere Sensoren am Fahrzeug appliziert und in das Meßsystem eingespeist werden. Beispiele hierfür sind Bodenabstandssensoren, Druckgeber zur Erfassung von Servodrücken, Weggeber zur Erfassung des Zahnstangenweges sowie Audio- und Videoaufzeichnungsanlagen.

Die Messdatenerfassung erfolgt mittels spezieller Software, in der vorliegenden Arbeit mittels des Programms MOSES der Firma MeasX. Moses beinhaltet eine Vielzahl vordefinierter Standard-Fahrmanöver, erlaubt die Messdatenbetrachtungen sowohl online als auch offline und die Definition eigener Fahrmanöver anhand vordefinierter Schemata. Die Messdatenauswertung wurde mit dem Programm ADAM durchgeführt. ADAM dient neben der Messdatenauswertung zur Kennwertgenerierung und zur Visualisierung der ausgewerteten Messdaten. Signallaufzeiten der einzelnen Signale, die je nach Sensor, Filter und Art der Datenübertragung im Bereich zwischen sieben und 80 Millisekunden liegen ([89] und [102]), werden ebenfalls berücksichtigt.

Messgröße	Sensor
Längsbeschleunigung	Strapdown-Plattform
Querbeschleunigung	Strapdown-Plattform
Vertikalbeschleunigung	Strapdown-Plattform
Wankwinkel	Strapdown-Plattform
Nickwinkel	Strapdown-Plattform
Giergeschwindigkeit	Strapdown-Plattform
Fahrgeschwindigkeit	Correvit-Sensor
Schwimmwinkel	Correvit-Sensor
Lenkradwinkel	Messlenkrad
Lenkradmoment	Messlenkrad
Radeinschlagwinkel	Spurwinkelmessanlage
Spurstangenkräfte	DMS
Zahnstangenweg	Weggeber
Servodruck der Lenkung	Drucksensor
Bremsdrücke	Drucksensor
Sturzwinkel	Sturzwinkelmessanlage
Kräfte und Momente am Rad	MKMR
Radmittelspunktskoordinaten	Wegmesser
Topografische Daten	GPS
CAN-Bus-Daten	CAN-Bus
Video-Daten	Videokamera

Tab. 3.1.: Messgrößen und Sensoren für fahrdynamische Untersuchungen

4. Korrelationsuntersuchungen subjektiv/objektiv

Im Laufe der Fahrzeugentwicklung liefert die subjektive Beurteilung Aussagen hinsichtlich Fahrdynamik und Komfort [65]. Sie ist auch in Zeiten hoch entwickelter Messtechnik und CAE-Entwicklungsmethoden ein wesentliches Instrument zur Feinabstimmung der Fahreigenschaften [24]. Der Untersuchungsaufwand bei der subjektiven Experteneinschätzung eines Kriteriums ist verhältnismäßig gering, stellt jedoch einen hohen Anspruch an die Versuchsperson. So muss diese beispielsweise die Fähigkeit besitzen, bereits kleinste Änderungen wahrzunehmen und im Hinblick auf die Kundenrelevanz richtig einzuordnen [181].

Die Fahrverhaltensauslegung anhand subjektiver Expertenbeurteilungen wird in verschiedenen Veröffentlichungen allerdings auch kritisch betrachtet. Persönliche Präferenzen der Subjektivbeurteiler könnten zu individuellen Bewertungsergebnissen und damit zu unnötigen Entwicklungsschleifen führen. Auch geübte Fahrer liegen hinsichtlich Ihrer Bewertungen niemals exakt deckungsgleich übereinander [101]. [37] geht so weit, die immer noch subjektiv erzielte Abstimmung in Anbetracht der hoch entwickelten Werkzeuge heutiger Fahrzeugentwicklung als unangebracht anzusehen. Der subjektive Ansatz entspricht der Quelle zufolge eher „Versuch und Irrtum" als „Ursache und Wirkung".

Die subjektive Beurteilung erfolgt im Allgemeinen durch mit der Fahrzeugabstimmung betraute Spezialisten und nicht durch Normalfahrer. Die professionellen Fahrer urteilen dabei erfahrungsgemäß tendenziell kritischer als die Normalfahrer. Dies gewährleistet dennoch im Umkehrschluss nicht, dass eine von einem professionellen Fahrer als „gut" bewertete Fahrverhaltensvariante auch generell die Zustimmung der Mehrheit der Normalfahrer finden wird [160]. Die Akzeptanz der gefundenen Abstimmung durch die Normalfahrer (und damit durch die späteren Kunden) ist jedoch mitentscheidend für den Verkaufserfolg eines Modells und somit für den wirtschaftlichen Erfolg des jeweiligen Fahrzeugherstellers. Da Versuchsfahrer zum Teil andere Bewertungsmaßstäbe und Reglereigenschaften aufweisen als Normalfahrer besteht bei Fahrzeugauslegungen ohne genaue Kenntnis des Kundenwunsches stets die Gefahr, dass Fahrzeuge mehr an die Bedürfnisse von Spezialisten als von Normalfahrern angepasst werden [54].

Für die fahrdynamische Auslegung eines Fahrzeugs ist es deshalb (wie auch für viele andere Bereiche der Fahrzeugentwicklung) elementar, den Kundenwunsch mittels objektiver Kennwerte und Kenngrößen abbilden zu können, auf deren Einhaltung hin die Entwicklungsstände eines neuen Fahrzeugmodells überprüft werden können. Zur Definition dieser Kennwerte und ihrer zugehörigen Zielbereiche ist es erforderlich, im Rahmen von Probandenstudien subjektive Beurteilungen von Probanden mit objektiven Fahrverhaltensgrößen zu korrelieren. Zielsetzung solcher Korrelationsuntersuchungen ist es, einen Bewertungsmaßstab für einen physikalischen Effekt einmalig zu definieren [105], so dass zukünftig gleichartige Systeme ohne eine nochmals durchzuführende Korrelationsuntersuchung anhand objektiver Daten kundenrelevant bewertet werden können. Typischerweise werden den Versuchspersonen eine Reihe von Varianten eines Fahrzeugtyps dargeboten, deren unterschiedliches Fahrverhalten dann von den Testpersonen über Fragebögen dokumentiert werden soll [76].

4.1. Betrachtungsebenen und Zusammenhänge

Die Objektivierung subjektiver Fahrereindrücke im Probandenversuch verknüpft drei prinzipiell unterschiedliche Betrachtungsebenen virtuell miteinander. Bei Darstellung der Fahrverhaltensvarianten mittels Änderungen wie Bereifung oder Reifenluftdruck (vergleiche beispielsweise Vorgehen in [161] und [162]) beschränkt sich die Betrachtung der Zusammenhänge auf die Betrachtungsebenen „Wahrnehmung der Probanden" und „Fahrdynamische Fahrzeugeigenschaften". Das im Rahmen dieser Arbeit entwickelte und eingesetzte Tool erweitert die Betrachtung um eine weitere Ebene, um die „Komponentenebene" (siehe Abbildung 4.1).

Durch die Möglichkeit der virtuellen Veränderung der Eigenschaften von Fahrwerksbauteilen (siehe Kapitel 3.2) ergeben sich Querverknüpfungen zwischen allen drei Betrachtungsebenen, welche im Rahmen der Versuchsauswertungen zu berücksichtigen sind. Im Hauptfokus dieser Arbeit steht die Korrelation subjektiver Probandenwahrnehmungen mit fahrdynamischen Fahrzeugeigenschaften zur Objektivierung des subjektiven Fahrerempfindens. Die Wichtigkeit dieser Objektivierung betont ebenfalls [57] mit dem Hinweis, dass häufig der generelle Nutzen des Versuchs für den Entwicklungs-

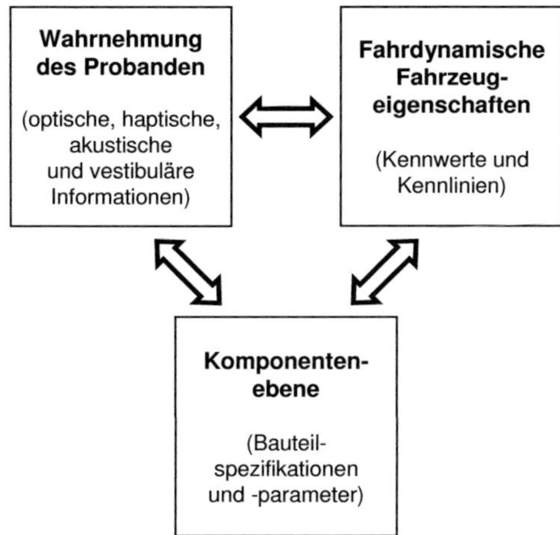

Abb. 4.1.: Betrachtungsebenen bei Subjektiv-Objektiv-Korrelationsuntersuchungen

prozess davon abhängt, ob ein subjektives Empfinden durch entsprechende Messwerte objektiv ausgedrückt werden kann. Im Rahmen dieser Arbeit ebenfalls relevant sind die Zusammenhänge zwischen subjektiver Wahrnehmung und der Komponentenebene, während die Wechselwirkungen der fahrdynamischen Fahrzeugeigenschaften zur Komponentenebene für die im Rahmen dieser Arbeit durchgeführten Korrelationsuntersuchungen nur von sekundärem Interesse sind und dementsprechend nur am Rande der Versuchsauswertungen berücksichtigt werden.

Hauptziel der durchgeführten und nachfolgend beschriebenen Korrelationsuntersuchungen ist es, zu validen objektiven Fahrdynamikkenngrößen beizutragen, welche den subjektiven Fahreindruck beschreiben. Die subjektiven Fahreindrücke sollen unter der Maßgabe hoher Korrelationen in objektive Parameter überführt werden, welche reproduzierbar erfasst und bewertet werden können.

4.2. Subjektive Fahrverhaltensbeurteilung

Die Ergebnisse subjektiver Beurteilungen von fahrdynamischen Fahrverhaltensvarianten hängen stark vom verwendeten Versuchsfahrzeug, dem ausgewählten Probandenkollektiv, dem Ablauf der Beurteilungen sowie dem verwendeten Bewertungssystem ab.

Ebendiese Themenkomplexe werden daher in den folgenden Teilkapiteln im Detail betrachtet.

4.2.1. Versuchsfahrzeug

Fahrverhaltensvarianten können üblicherweise durch mechanische Umbauten von Fahrwerksbauteilen oder durch Variation von beispielsweise Beladung, Bereifung und/oder Reifenluftdruck an einem einzigen Fahrzeug dargestellt werden [92]. Während mechanische Umbauten lange Pausen zwischen den Beurteilungen der verschiedenen Varianten erforderlich machen, welche Vergleiche der einzelnen Varianten ungenauer machen können, ist bei letzterer Vorgehensweise nicht garantiert, dass der Fahrer wirklich keine Informationen über den aktuellen Fahrzeugzustand besitzt. Die beschriebenen Nachteile können mittels eines im Fahrzeug verbauten Systems vermieden werden, welches für den Probanden nicht wahrnehmbar auf Knopfdruck Fahrverhaltensänderungen herbeiführen kann. Ein solches System stellt das Tool FVS dar, welches durch Kraftstellung der Linearmotoren oder Aktion der weiteren eingesetzten Systeme (siehe Kapitel 3.2) die Fahrverhaltensvarianten realisiert.

Wenn verschiedene Fahrverhaltensvarianten anhand eines einzigen Fahrzeuges dargestellt werden können, bietet dies eine Reihe von Vorteilen. So kann jede versuchsfremde Varianz ausgeschlossen werden, die bei der Verwendung mehrerer Fahrzeuge unvermeidbar auftreten würde. Durch die Darstellung der Fahrzeugvarianten mittels Modifikationen am stets gleichen Basisfahrzeug kann sichergestellt werden, dass die Fahrerurteile tatsächlich auf objektive Veränderungen am Fahrzeug und nicht zum Beispiel auf geänderte Imageparameter zurückzuführen sind. Schnell hintereinander in einem Fahrzeug verschiedene Varianten darzustellen minimiert weiterhin den Gedächtniseffekt der Probanden bei der Beurteilung der verschiedenen Varianten. Die kurze Einstellzeit hat den entscheidenden Vorteil, dass die gewonnenen subjektiven Eindrücke des Fahrers nicht verloren gehen [27], [149], [160], [161] und [195].

Im Rahmen der vorliegenden Arbeit kamen eine Limousine der Mercedes C-Klasse (Baureihencode W204) und ein Mercedes GLK Geländewagen (Baureihencode X204) als Trägerfahrzeuge zur Durchführung von Korrelationsuntersuchungen zum Einsatz. Aufgrund der unterschiedlichen Fahrzeugklassen der eingesetzten Trägerfahrzeuge konnte der Einfluss der Sitzposition bzw. der Schwerpunktshöhe auf das Subjektivurteil hinsichtlich ausgewählter Themenkomplexe mit berücksichtigt werden.

4.2.2. Probanden

Spätestens seit die Mikroelektronik im Fahrzeug Einzug gehalten hat und in Form der unterschiedlichsten Assistenzsysteme zunehmend auch in den Fahrvorgang selbst eingreift, ist es notwendig, Versuche auch mit so genannten „Normalfahrern", also Personen, welche über die Wirkungsweise der neuen Techniken wenig oder gar nicht Bescheid wissen, durchzuführen [28]. Auch die Meinungen von technischen Laien müssen Eingang in die Beurteilung von Fahrzeugen finden, da diese Normalfahrer den späteren Kunden repräsentieren.

In der Theorie ist es von zentraler Bedeutung, für eine ausgewogene Verteilung der Probanden bezüglich technischem Wissen, also für einen Ausgleich zwischen Experten- und Normalfahrern zu sorgen. Dies ist in der Praxis aus einer Vielzahl von Gründen nicht ohne weiteres zu realisieren. Geheinhaltungsverpflichtungen, Versicherungsbestimmungen, Zutrittsbeschränkungen und vieles mehr stehen dem Einsatz von Normalfahrern als Probanden im Fahrversuch oft im Wege. Es sollte jedoch zumindest der Versuch unternommen werden, Normalfahrer in nennenswerter Anzahl in die durchgeführten Untersuchungen zu integrieren.

Der Begriff des Normalfahrers beschreibt eine Person, welche ausreichend Erfahrung im Führen eines Kraftfahrzeugs besitzt, sich jedoch nicht aktiv mit Fahrversuchen und Fahrverhaltensbeurteilungen beschäftigt. Als Prädiktoren für hohe Reliabilität wurden in [92] Gesamtfahrleistungen von mindestens 130000 km und ein Mindestalter von 26 Jahren ermittelt. Andere Faktoren wie privat gefahrenes Fahrzeug etc. spielten hier kaum eine Rolle. In [52] werden Normalfahrer als erfahren eingestuft, wenn sie älter als 25 Jahre sind, den Führerschein länger als drei Jahre besitzen und mehr als 50000 km Fahrleistung aufweisen. Als Experten werden im Allgemeinen solche Personen angesehen, die beruflich in subjektive Fahrwerksabstimmungen und -bewertungen involviert sind und/oder die langjährige Erfahrung in der Beurteilung von Fahrzeugen aufweisen.

In einer Reihe von Arbeiten wird darauf hingewiesen, dass Normal- und professionelle Fahrer nicht strukturell unterschiedlich urteilen. Es wurde mehrfach festgestellt, dass sich die professionellen Versuchsfahrer - anders als gelegentlich befürchtet - statistisch gesehen nicht "völlig anders" verhalten als die an den Versuchen beteiligten Normalfahrer, auch wenn im Einzelfall große Unterschiede festzustellen sind. Festgestellt wurde jedoch ebenfalls, dass die Streuungen der abgegebenen Bewertungen bei Fahrern ohne Bewertungserfahrung deutlich größer waren als bei Fahrern mit Bewertungserfahrung [162]. In [92] wird allgemein geschlossen, dass Einschätzungen des Fahrverhaltens auch durch Normalfahrer reliabel erfolgen können. [25] kommt zu dem Schluss, dass Normalfahrer deutlich bei der Wahrnehmung einer Variante differenzieren, während sich die Unterschiede für die einzelnen Aspekte dieser Variante deutlich weniger unterscheiden. [23] weist umgekehrt darauf hin, dass Urteile der Normalfahrer häufig nur geringe Übereinstimmungen aufweisen, dass also Varianten nicht einheitlich beurteilt werden und die Urteile der Fahrer nicht zuverlässig reproduzierbar sind. [150] führt weiterhin aus, dass durch die enorme Komplexität und die immer geringer werdenden Unterschiede zwischen den modernen Fahrzeugvarianten teilweise nur versierte Fahrer in der Lage sind, ein repräsentatives und reproduzierbares Ergebnis zu generieren.

Bei der Auswahl der Probanden sollte eine ausgewogene Verteilung zwischen Männern und Frauen angestrebt werden. Diese ist jedoch vor allem in der Expertenfahrergruppe nur schwer zu erreichen, da die Anzahl der beruflich mit Fahrverhaltensbeurteilungen betrauten Männer jene der entsprechenden Frauen in der Praxis derzeit noch deutlich übersteigt. Auf die Integration zumindest einiger Frauen in die Stichprobe sollte jedoch nicht verzichtet werden, auch wenn in [161] ermittelt wurde, dass es keine geschlechtsspezifischen Unterschiede in der Auflösung der verschiedenen Fahrzeugvarianten gibt. Im Zuge der im Rahmen dieser Arbeit durchgeführten Untersuchungen wurden weibliche und männliche Probandinnen beziehungsweise Probanden eingesetzt. Aus Gründen der Einfachheit wird im Folgenden einheitlich der männliche Begriff „Proband" verwendet.

Zur subjektiven Beurteilung definierter Versuchsvarianten sollten bestimmte Mindestzahlen von Probanden nicht unterschritten werden, um aussagekräftige Ergebnisse zu erzielen. In verschiedenen Untersuchungen werden Probandenkollektive bis hin zu einer Gesamtzahl von 82 Probanden beschrieben [6]. Übliche Probandenzahlen fahrdynamischer Untersuchungen bewegen sich im Bereich von 15 bis 30 Probanden in der relevanten Fahrergruppe. Oft werden einer umfangreichen Expertenfahrergruppe einige Normalfahrer „beigemischt", um stichprobenartig die Übertragbarkeit der gefundenen Zusammenhänge auf die Normalfahrergruppe untersuchen zu können (siehe beispielsweise [219]). Auch Veröffentlichungen mit Probandenzahlen von nur zwölf Experten (siehe [5]) kommen zu aussagekräftigen Ergebnissen, wobei dieses Dutzend sicher als absolute Untergrenze der erforderlichen Probandenzahl betrachtet werden kann. In [28] werden zur vergleichenden Beurteilung verschiedener technischer Auslegungsvarianten 30 bis 50 und zur Durchführung von Untersuchungen im Rahmen von Zusammenhangs-hypothesen zehn Probanden als Mindestanzahl genannt. [206] nennt zehn Probanden als absolute Untergrenze für aussagekräftige Versuchsergebnisse im Bereich fahrdynami-scher Fahrzeugbeurteilungen. Je nach Versuchskonzeption und erforderlichem finanzi-ellem und zeitlichem Aufwand kann sich das Erreichen hoher Probandenzahlen schwie-rig gestalten. Diese Problematik trifft auch für einige der in den folgenden Teilkapiteln beschriebenen im Rahmen dieser Arbeit durchgeführten Probandenstudien zu.

Einheitlicher Wissensstand der Probanden vor der Versuchsteilnahme sowie einheitli-ches Verständnis des verwendeten Bewertungssystems sind elementare Voraussetzungen für verwertbare Ergebnisse von Probandenuntersuchungen. Der einheitliche Wissens-stand der Probanden bezüglich Versuchsinhalt, Versuchsablauf und Versuchsfahrzeug wurde in dieser Arbeit mittels kurzen einführenden Präsentationen sowie verbalen Er-läuterungen vor Versuchsbeginn sichergestellt. Das einheitliche Verständnis der einge-setzten Fragebögen wurde mittels in die Fragebögen integrierter verbaler Erläuterungen aller Fragebogenkriterien sowie mündlicher Durchsprachen der Fragebögen vor Beginn der Beurteilungsfahrten gewährleistet.

4.2.3. Ablauf der Beurteilungen

Ein fahrdynamisches Merkmal entsteht aus der Kombination von Fahrzeugvariante, Fahr-situation und Fahrer. Da der Einfluss der Fahrsituation in den durchgeführten Untersu-chungen nur von sekundärem Interesse ist, muss diese konstant gehalten werden. Der Einfluss des Fahrers wird durch die Verwendung einer möglichst repräsentativen Stich-probe minimiert. Der verbleibende Einfluss - die Fahrzeugvariante - entspricht dem Un-tersuchungsgegenstand und wird bewusst variiert.

Als Möglichkeiten zur Reduzierung von Fehlern in Beurteilungen werden in [171] zu-fällige Reihenfolge der Varianten, Beurteilung relativ zu einem Referenzfahrzeug, Auf-teilung der Beurteilung in Abschnitte und Beurteilung nur einer Fahrzeugklasse genannt. Die Durchführung von Probandenversuchen muss weiterhin den folgenden Regeln und

Erfahrungswerten folgen, um aussagekräftige und reproduzierbare Ergebnisse liefern zu können.

- Grundsätzlich sollten die subjektiven Evaluierungen unter ähnlichen Bedingungen durchgeführt werden wie die objektiven Messungen. Unterschiedliche Umgebungsbedingungen wie Wind oder Wasser auf der Straße können großen Einfluss haben und sollten wenn möglich konstant gehalten werden [49].

- Bei der subjektiven Beurteilung sollte die gefahrene Variante für den Beurteiler stets unbekannt sein. So kann ausgeschlossen werden, dass Wahrnehmungsmängel durch technisches Fachwissen kompensiert werden. Um nicht zum Untersuchungsgegenstand gehörende Interaktionen zu unterbinden, sollten den Versuchspersonen sowohl die Fahrzeugvarianten als auch die Testreihenfolge vor und während des Versuchs unbekannt sein [105], [156].

- Um die erzielten Versuchsergebnisse zu 100 Prozent auf den realen Straßenverkehr übertragen zu können, müssten die Versuche auf öffentlichen Straßen durchgeführt werden. Je nach eingesetztem Versuchsfahrzeug kann dies - wie im vorliegenden Fall - jedoch unmöglich sein. Das latent vorhandene Unfallrisiko auf öffentlichen Straßen beeinflusst stark das Fahrverhalten vor allem von Normalfahrern. Die Ergebnisse von Fahrten auf Versuchsgeländen können deshalb diesbezüglich verfälscht sein [54].

Bei der Planung der Variantenreihenfolgen für die Versuche ist zu beachten, dass durch den so genannten Transfereffekt (der Proband kann Kenntnisse, welche er bei der Beurteilung einer Variante erworben hat, auf die Fähigkeit des Umgangs mit den nachfolgenden Varianten übertragen) die Versuchsergebnisse verfälscht werden können. Mittels eines vollständig permutierten Versuchsplans könnte dieser Effekt eliminiert werden. Hierfür wären jedoch bei steigender Anzahl von Versuchsvarianten sehr viele Probanden erforderlich. Die Anzahl der notwendigen Probanden bei vollständig permutiertem Versuchsplan berechnet sich zu:

$$n = (k)! \qquad\qquad [4.1]$$

mit n = Anzahl der Probanden und k = Anzahl der Versuchsvarianten.

Indem die Variantenreihenfolge der Probanden per Zufallsgenerator variiert wird, kann eine Gewöhnung an die einzelnen Fahrzeugvarianten annähernd ausgeschlossen und die Aussagekraft der Ergebnisse maximiert werden [28], [104]. Vereinzelt ist in der Literatur auch das Vorgehen zu finden, zwei Variantenfolgen zu definieren und je die Hälfte der Probanden die jeweilige Reihenfolge fahren zu lassen. Für die im Rahmen dieser Arbeit durchgeführten subjektiven Beurteilungen kommen randomisierte Variantenreihenfolgen zum Einsatz. Randomisierung bedeutet hierbei die Durchführung der Versuche in zufälliger Reihenfolge, wodurch Trends oder unerkannte Änderungen der Ergebnisse die Schätzung der Effekte nicht verfälschen können [210].

Zu Beginn des Versuchs wird den Probanden im Rahmen einer Eingewöhnungsphase die Möglichkeit gegeben, sich an das Versuchsfahrzeug in seiner Basiskonfiguration zu gewöhnen. Diese bereits zu Beginn verwendete Fahrzeugkonfiguration kommt im Laufe des Versuchs wenn möglich immer wieder zum Einsatz, um den Probanden einen Referenzzustand bei der Beurteilung zu bieten. Der Einsatz der Referenzvariante ist notwendig, um den Bezugsnullpunkt konstant zu halten. Eine Nullpunktveränderung bei der subjektiven Beurteilung wird so weitestgehend vermieden. Im Rahmen von Studien wurde gezeigt, dass diese Form der Beurteilung relativ zu einem Referenzfahrzeug in Kombination mit der Verwendung einer bipolaren Skala (siehe Kapitel 4.2.4) einen signifikanten Vorteil für die erzielte Ergebnisqualität mit sich bringt [37], [69], [100].

Direkt nach dem Fahren einer Fahrverhaltensvariante sollte absolut oder in Relation zum Referenzzustand die subjektive Bewertung des Probanden abgegeben werden. So können Schwankungen im Bewertungsniveau einzelner Versuchsteilnehmer so weit wie möglich vermieden werden [105]. Die Aufgaben werden den Probanden in Form von Einzeldarbietungen (siehe [112]) vorgelegt. Im Gegensatz zur Gesamtdarbietung der Aufgaben wird bei dieser Vorgehensweise die Aufmerksamkeit des Probanden zu jedem Zeitpunkt auf eine einzige Bewertungsaufgabe (hier: eine einzige Fahrverhaltensvariante) gerichtet.

Ein wichtiges Kriterium zur Beurteilung der Qualität einer durchgeführten Korrelationsuntersuchung ist die Reproduzierbarkeit der Ergebnisse. Aus Gründen des zeitlichen und finanziellen Aufwandes war es im Rahmen der vorliegenden Arbeit nicht möglich, komplette Versuchsreihen zu wiederholen, um die gefundenen Ergebnisse zu verifizieren. Um die Reliabilität unter Beweis zu stellen wurde, wie auch in vergleichbaren Untersuchungen durchgeführt, eine Variante zu Beginn und gegen Ende des Versuchs doppelt beurteilt. Dies geschah unwissentlich für die Probanden [160], [216]. Berücksichtigt werden sollte bei der Betrachtung der Wiederholzuverlässigkeit, dass bereits frühere Untersuchungen gefunden haben, dass an die Wiederholzuverlässigkeit von Normalfahrern keine allzu hohen Erwartungen gestellt werden dürfen (die Wiederholzuverlässigkeit ist in einer Gruppe von professionellen Versuchsfahrern durchweg größer zu erwarten als in einer Gruppe von Normalfahrern) sowie, dass Wiederholungsfahrten mit identischen Fahrzeugen nicht gleichbedeutend mit identischen Fahrten sind. Zwei Fahrten mit einem identischen Fahrzeug zu verschiedenen Zeitpunkten können deutlich unterschiedlich ausfallen und auch subjektiv unterschiedlich erlebt werden.

In [85] wird darauf hingewiesen, dass datenschutzrechtliche Aspekte ausschlaggebend für das Scheitern eines Forschungsprojektes sein können. Den Probanden wurde deshalb im Rahmen aller durchgeführten Untersuchungen Anonymität bezüglich der von Ihnen abgegebenen Urteile zugesichert. Selbst ihre Zuordnung zur Experten- oder Normalfahrergruppe wurde den Probanden nicht explizit kommuniziert.

4.2.4. Bewertungssysteme

Es existieren zwei generelle Arten von Bewertungssystemen, welche in der Praxis eine Rolle spielen: Indirekte Beurteilungssysteme versuchen, Veränderungen in Handlungen oder physischen Eigenschaften beim Probanden zu erfassen, um hieraus Rückschlüsse auf das zu bewertende Kriterium zu ziehen. Hierfür wird den Probanden üblicherweise eine definierte Aufgabe gestellt, welche ein Indikator für das Untersuchungskriterium ist, jedoch nicht mit diesem in Bezug steht. Ein Beispiel hierfür ist die Beeinflussung motorischer Fähigkeiten durch anhaltende Vibrationen. Die Vorteile dieses Verfahrens liegen in der geringen Verzerrung der Ergebnisse durch persönliche Vorlieben. Als Nachteil ist die notwendige Ablenkung der Versuchspersonen von der eigentlichen Aufgabe zu nennen, was sich bei der Bewertung von Fahreigenschaften schwierig gestaltet. Deshalb wird im Rahmen dieser Arbeit auf den Einsatz indirekter Beurteilungssysteme verzichtet.

Eine alternative Bewertungsmöglichkeit bietet das direkte Verfahren, bei welchem der Beurteiler gezielt nach seinen persönlichen Eindrücken befragt wird. Da die Beschreibungen häufig mittels verbaler Angaben erfolgen, muss ein Verfahren zur Umwandlung in numerische Werte verwendet werden. Aus diesem Grund kommen Bewertungssysteme zum Einsatz, welche einen direkten Zusammenhang zwischen dem subjektiven Eindruck des Probanden und einer Notenskala herstellen - so genannte Fragebögen und Skalen.

In der Statistik wird bezüglich der Auslegung von Fragebögen generell zwischen Aufgaben unterschieden, bei welchen genau eine Antwort richtig ist und die anderen falsch, und so genannten Stufen-Antwort-Aufgaben [209]. Auf dem Gebiet der Objektivierung von Fahreigenschaften werden überwiegend Fragebögen eingesetzt, die den Charakter von Stufen-Antwort-Aufgaben haben. Hier soll der Zusammenhang zwischen objektiven Verhaltensmerkmalen des Fahrzeugs und Maßen des subjektiven Berichtens und Bewertens untersucht werden. Wichtig für die Erzielung aussagekräftiger Ergebnisse ist eine systematische Ausarbeitung des verwendeten Fragebogens. Untersuchungen (z. B. [99]) haben gezeigt, dass Normalfahrer selbst dann, wenn ihnen nur Minimalfassungen der im Fahrversuch zur Dokumentation von subjektiven Eindrücken verwendeten Fragebögen vorgelegt werden, die Einzelkriterien des Fragebogens nicht klar voneinander abgrenzen können und letztlich nur ein Gesamturteil über das Fahrverhalten abgeben.

Zur Auslegung von Fragebögen für die Durchführung von Korrelationsuntersuchungen bezüglich fahrdynamischer Kennwerte wurde in der Vergangenheit bereits eine Reihe von Arbeiten vorgelegt. Aus diesen wurden beispielhaft die folgenden elementaren Kriterien zur Fragebogenauslegung zusammengetragen:

- Die Ankerung durch Zahlen begünstigt individuelle Relativurteile. Oft werden diese Zahlen mit verbalen Beschreibungen wie „hervorragend" oder „mittelmäßig" verknüpft. Sehr gut wird dies in [218] beschrieben. Die vorgegebenen Items (= Antwortvorgaben) müssen dabei eindeutig und aussagekräftig sein.

- Die einzelnen Kriterien werden ebenfalls verbal umschrieben. Dies dient einem einheitlichen Verständnis der Kriterien über alle Probanden hinweg und erleichtert vor allem den an den Versuchen teilnehmenden Normalfahrern die Beurteilung [219].

- Allgemeine Fragen wie „Wie gefällt Ihnen das Fahrverhalten der Versuchsvariante?" sind zu vermeiden. Sie sollten in konkrete Kriterien übersetzt werden [85].

- Die zur Beurteilung verwendeten Skalen können unipolar oder bipolar sowie offen oder geschlossen aufgebaut sein (siehe Kapitel 4.2.4). Üblich zur Fahrverhaltensbeurteilung sind vor allem offene unipolare Skalen.

Die verwendete Stufenzahl der Skalen variiert innerhalb der verschiedenen veröffentlichten Untersuchungen zwischen mindestens vier und maximal 13. In der Fahrzeugforschung ist die 10-Punkte-Skala weit verbreitet [97]. In [109], [203] und [206] wurden beispielsweise Skalen mit zehn Ankern verwendet. In der letztgenannten Quelle wurden die verwendeten Skalen zusätzlich in drei Bereiche gegliedert, wie es auch in der vorliegenden Arbeit praktiziert wird. [181] beschreibt die Aufteilung der verwendeten Skala in "Fahrzeug im Industriezustand" (genügend und besser) und "Fahrzeug unter Industriestandard" (mangelhaft und schlechter). Die in [150] durchgeführten Untersuchungen basieren auf einer 9er-Skala. Generell muss abgewogen werden zwischen wenigen Ankern, welche zu unscharfen Bewertungen führen können, und feineren Unterteilungen, welche in größeren Streuungen resultieren.

Ein in verschiedenen Arbeiten vorgestellter Ansatz zur Erfassung subjektiver Probandenurteile ist die Trennung von Beschreibung und Beurteilung einer Variante. Beispielsweise in [25], [49], [181] und [217] wurde mittels Fragebögen nicht nur nach der Performance der aktuellen Variante gefragt, sondern auch danach, wie sich der Proband die jeweilige Performance wünscht, beziehungsweise, wie ihm die jeweilige Intensität des Kriteriums gefällt. Es wird konsequent unterschieden zwischen dem subjektiv wahrgenommenen Niveau einer Kenngröße oder der Intensität eines Kriteriums und dem zugehörigen Gefallen der jeweiligen Niveau-Ausprägung.

4.3. Objektive Fahrverhaltensbeschreibung

Das spezifische Fahrzeughalten der in den durchgeführten Studien von Probanden evaluierten Versuchsvarianten wird mittels der in Kapitel 3 beschriebenen Tools generiert. Hierzu werden einzelne oder auch mehrere Teilaspekte des Fahrverhaltens gezielt variiert. Die variierten Teilaspekte werden statistisch als „Faktoren" bezeichnet. Ihnen zugehörige „Faktorstufen" beschreiben, welche Werte die fahrdynamischen Kennwerte im Versuch annehmen. Die Anzahl der erforderlichen Faktorstufen ist von der Art des jeweiligen Faktors abhängig: Qualitative Faktoren können nur bestimmte Werte annehmen, die Anzahl der Stufen ergibt sich aus der Problemstellung heraus. Quantitative

Faktoren hingegen können beliebige Werte annehmen. Die Mindestzahl für den Versuch notwendiger Faktorstufen ergibt sich bei Erwartung eines linearen Effekts zu zwei Stufen, bei Erwartung eines nichtlinearen Effekts zu drei bis fünf Stufen pro Faktor. Die nach

$$Faktorstufenkombinationen = Faktorstufen^{Faktoren} \qquad [4.2]$$

ermittelbare Anzahl der Faktorstufenkombinationen spiegelt die Gesamtheit der zur Verfügung stehenden objektiven Versuchsvarianten wieder. Vollständig faktorisierte Versuchspläne prüfen jede Faktorstufe jedes Faktors ab. Für die im Rahmen dieser Arbeit durchgeführten Probandenstudien kommen überwiegend Screening-Versuchspläne zum Einsatz, welche den Versuchsumfang durch systematische Auswahl geeigneter Faktor-/Stufenkombinationen verringern [210]. Die für die jeweilige Probandenstudie relevanten Faktoren, ihre zugehörigen Faktorstufen und die für den entsprechenden Versuch ausgewählten Faktor-/Stufenkombinationen werden im Folgenden in den jeweiligen Teilkapiteln für jede Studie separat dargestellt und erläutert.

Die wesentliche Grundlage von objektiven Bewertungsverfahren bilden geeignete und exakt ausformulierte Entwicklungsziele in Form von Kennwerten. Die Durchführung von fahrdynamischen Messungen zur Generierung ebendieser Kennwerte und Kennlinien erfordert einen beträchtlichen Aufwand aufgrund der notwendigen Messeinrichtungen und der komplexen Datenverarbeitung [150]. Um die Nullpunktverschiebung der einzelnen Messgrößen möglichst gering zu halten, muss die Messkette beispielsweise regelmäßig auf der stets gleichen horizontalen Fläche neu kalibriert werden.

Es ist von überragender Bedeutung für Subjektiv-Objektiv-Korrelationen, dass im Rahmen der objektiven Variantenvermessung dieselben physikalischen Quantitäten erfasst werden, welche auch vom Fahrer sensiert werden. Die beschleunigungsmessende Plattform für die objektiven Vermessungen ist deshalb anstelle des Beifahrersitzes montiert, d. h. spiegelbildlich zur Hüftregion des Fahrers. Die für objektive Vermessungen im Rahmen der vorliegenden Arbeit eingesetzte fahrdynamische Messtechnik (Kapitel 3.6) sowie die den erhobenen Daten zugrundeliegenden Fahrmanöver (Kapitel 2.1.4) wurden bereits beschrieben. Die Vergleichbarkeit des vermessenen und des beurteilten Fahrzeugzustands ist weiterhin Grundvoraussetzung für alle im Rahmen der Datenauswertung angestellten Korrelationen zwischen objektiven Kennwerten und subjektiven Evaluierungen.

Je nach Inhalt der durchgeführten Studie werden für den entsprechenden Themenkomplex aussagekräftige fahrdynamische Manöver zur objektiven Beschreibung der Versuchsvarianten mittels Kennwerten und Kennlinien ausgewählt und die Versuchsvarianten mittels ebendieser Manöver vermessen. Hierbei wird auf einen standardisierten Manöverkatalog zurückgegriffen, welcher sich eng an den in Normen standardisierten Manövern anlehnt und sowohl Randbedingungen zur Versuchsdurchführung vorgibt als auch Vorschläge zur Kennwertgenerierung aus den Messdaten des jeweiligen Manövers beinhaltet [151].

4.4. Allgemeines zu Korrelationsuntersuchungen

Die Objektivierung subjektiver Eindrücke geht von der zentralen Hypothese aus, dass Zusammenhänge zwischen dem subjektiven Eindruck und objektiv bestimmbarer Charakteristika des Gesamtfahrzeugverhaltens bestehen. Zur Quantifizierung der Beziehungen zwischen Fahrerurteil und fahrdynamischen Parametern wird im Allgemeinen ein statistischer Auswerteansatz verfolgt, welcher auf der Basis von Korrelations- und Regressionsrechnungen versucht, die Zusammenhänge zwischen Urteilen und Bewegungsgrößen zu ermitteln bzw. das Fahrerurteil auf fahrphysikalische Parameter zurückzuführen [133].

Der so genannte Subjektiv-Objektiv-Ansatz versucht zu klären, welche fahrdynamischen Eigenschaften eines Fahrzeugs für dessen Bewertung durch den Fahrer hauptausschlaggebend sind. Seit den 60er Jahren finden intensive Bemühungen statt, das Subjektivurteil, welches nach wie vor unbestritten das wichtigste Kriterium zur Feinabstimmung der Fahreigenschaften und der Anpassung des Fahrzeugs an den Menschen ist, durch physikalisch messbare, objektive Kenngrößen des Fahrverhaltens zu ergänzen beziehungsweise zu substituieren. Die grundsätzliche Fragestellung des Subjektiv-Objektiv-Ansatzes lautet: Gibt es ein fahrdynamisches Merkmal, dessen Variation bei gleichbleibender Fahrsituation die Variation der zugehörigen subjektiven Bewertung bestimmt? [97]

Üblicherweise werden zur Korrelationsanalyse vor allem die Kenngrößen des Open-Loop-Verhaltens und des Closed-Loop-Verhaltens der jeweiligen Fahrverhaltensvarianten herangezogen. Zusätzlich können auch während des Versuchs aufgezeichnete objektive Daten in der Auswertung berücksichtigt werden. Eine sehr geringe Anzahl von Untersuchungen - siehe beispielsweise [206] - leitet sogar ihre Versuchsergebnisse überwiegend aus den objektiven Daten, welche während der Fahrten der Probanden aufgezeichnet wurden, ab. Beispiele solcher Datenkanäle sind Lenkwinkel- und Fahrgeschwindigkeits- sowie Quer- und Längsbeschleunigungsverläufe, aus welchen verschiedene Kennwerte wie Durchschnittsfahrgeschwindigkeiten, mittlere Hauptlenkfrequenzen oder Peak-Querbeschleunigungen bestimmt werden können.

Zur Durchführung des genannten Ansatzes ist neben der objektiven Beschreibung des fahrdynamischen Fahrzeugverhaltens mittels Kennwerten und Kennlinien und der Erfassung des subjektiven Fahrereindrucks mittels eines Probandenkollektivs ein geeignetes statistisches Verfahren erforderlich, welches die erhobenen Daten auf Zusammenhänge hin untersucht. Die Auswertung der erhobenen Daten mittels statistischer Methoden ist nach [87] dann erforderlich, wenn die Zufallsstreuung der erhobenen Daten nicht deutlich kleiner ist als die technologisch relevanten Unterschiede. Dies ist für die in dieser Arbeit erhobenen subjektiven Bewertungsdaten nicht zu erwarten. Die statistischen Grundlagen sowie das im Rahmen dieser Arbeit verwendete Auswerteschema werden in den nachfolgenden Teilkapiteln erläutert.

4.4.1. Statistische Grundlagen

Das nachfolgende Teilkapitel erläutert die statistischen Grundlagen der in späteren Kapiteln diskutierten statistischen Auswertungen. Diese Grundlagen werden dargestellt in Anlehnung an [22], [85], [87], [183] und [209], sowie weiterer, im Einzelfall separat aufgeführter Quellen.

Statistische Untersuchungs- und Analysemethoden teilen sich auf in Methoden der deskriptiven und der analytischen Statistik. Unter deskriptiver Statistik wird die reine Beschreibung der vorliegenden Daten mittels Häufigkeitstabellen, Kennwerten oder Grafiken verstanden. Die analytische Statistik (auch: Interferenzstatistik) beschäftigt sich mit dem Problem, wie aufgrund von Ergebnissen, welche anhand einer vergleichsweise geringen Anzahl von Personen oder Versuchen gewonnen wurden, allgemeingültige Aussagen hergeleitet werden können. Die analytische Statistik versucht allgemein gesprochen, von den Verhältnissen der Stichprobe auf die Verhältnisse der Grundgesamtheit zu schließen. Die Stichprobentheorie untersucht Beziehungen, welche zwischen einer Grundgesamtheit und den aus ihr gezogenen Stichproben bestehen. Anstatt die ganze Gruppe zu untersuchen (welche Grundgesamtheit oder Kollektiv genannt wird) wird nur ein kleiner Teil der Gruppe betrachtet, welcher als Stichprobe bezeichnet wird. Auf der Grundlage von Informationen aus Stichproben müssen in der Praxis sehr oft Entscheidungen über Grundgesamtheiten gefällt werden. Solche Entscheidungen werden statistische Entscheidungen genannt.

Im Gegensatz zur Totalerhebung, bei welcher alle Teile der Grundgesamtheit in die Untersuchung mit einbezogen werden, wird durch die Auswahl einer Stichprobe aus der Grundgesamtheit bereits eine gewisse Vorauswahl getroffen. Es ist deshalb dafür Sorge zu tragen, dass die ausgewählte Stichprobe so repräsentativ wie möglich für die Grundgesamtheit ist. Je größer der Stichprobenumfang ist, desto schmaler wird der Vertrauensbereich für den untersuchten Effekt, das heißt desto kleiner wird der Bereich, der den wahren Effekt mit vorgegebener Wahrscheinlichkeit enthält. Will man bereits einen kleinen wahren Effekt erkennen, so benötigt man demzufolge einen großen Stichprobenumfang. Stichproben mit einem Umfang von $n > 30$ werden im Allgemeinen als „große Stichproben" bezeichnet, Stichproben mit einem Umfang von $n < 30$ als „kleine Stichproben".

Nach der Erhebung eines Datensatzes wird zunächst durch Anwendung von Methoden aus dem Bereich der deskriptiven Statistik versucht, die Struktur und Qualität der vorliegenden Daten abzuschätzen. Hierzu steht in erster Linie die Berechnung spezieller Kennwerte, welche detaillierte Aussagen über die erhobenen Daten erlauben, zur Verfügung. Geeignete Kennwerte sind Lokalisationsparameter (sie beschreiben die Lage einer Verteilung beziehungsweise ihre zentrale Tendenz, z. B. der Mittelwert oder der Median) und Dispersionsparameter oder Streuungsmaße (sie kennzeichnen die Breite einer Verteilung, die bekanntesten von ihnen sind Standardabweichung, Standardfehler, Varianz und Quartilabstand).

Die Varianz ist ein Streuungsmaß der Stochastik, das heißt sie ist ein Maß für die Abweichung einer Variablen von ihrem Erwartungswert. Die Varianz einer Menge von Daten ist gegeben als das Quadrat der Standardabweichung s und somit durch s^2. Die Varianz der erhobenen Daten bezüglich eines Kriteriums kann als Voraussetzung für die weitere statistische Auswertung der Daten ebendieses Kriteriums angesehen werden.

Weiterhin ist die Kenntnis der Art der Skalierung der erhobenen Daten von Interesse, um geeignete statistische Verfahren anwenden zu können. Variablen können nominalskaliert (keine empirische Relevanz, z.B. „1" für männlich, „0" für weiblich), ordinalskaliert (Ordnung der Zahlen, beispielsweise Durchnummerierung von Wertebereichen einer Altersstruktur) oder intervallskaliert (Differenzen von Zahlen, beispielsweise zwischen den Körpergewichten verschiedener Personen) vorliegen. Die gemessenen Zufallsvariablen können diskret oder stetig auftreten. Diskret bedeutet, dass sie nur endlich viele oder abzählbar unendlich viele Werte annehmen können. Eine Zufallsvariable heißt hingegen stetig, wenn sie zumindest in einem bestimmten Bereich jeden reellen Zahlenwert annehmen kann. Ordinalskalierte Variablen sind stets diskret, bei intervallskalierten Variablen entscheidet die Messgenauigkeit, ob sie als diskret oder stetig einzuordnen sind.

Im Anschluss an die Beschreibung der erhobenen Daten mittels deskriptiver statistischer Methoden wird mit Hilfe der analytischen Statistik der „eigentliche" Grund der Erhebung der Daten angegangen, die statistische Auswertung und Ableitung von Erkenntnissen basierend auf den erhobenen Daten.

Aus der Urteilspsychologie ist bekannt, dass eine äußerlich gleiche Urteilsskala von verschiedenen Probanden häufig unterschiedlich benutzt wird. Die Evaluierungen einzelner Probanden unterscheiden sich sowohl in ihrem Einstiegsniveau auf der Skala als auch im benutzten Skalenbereich [97]. Diese unterschiedlichen Beurteilungen treten beispielsweise wegen der unterschiedlichen Vorstellung eines "durchschnittlichen Fahrzeugs" auf, welche die Beurteiler aufgrund ihrer Erfahrung aufweisen [39]. Abhilfe schafft die Transformation der individuellen Beurteilungen mittels Z-Standardisierung nach

$$y_{ind,z} = \frac{y_{ind} - \overline{y}_{ind}}{\sigma_{y,ind}} \qquad [4.3]$$

mit y_{ind} = individueller Notenwert, $\overline{y}_{ind}$ = Mittelwert aller individuellen Noten und $\sigma_{y,ind}$ = Standardabweichung aller subjektiven Noten bzgl. eines Kritieriums.

Die Z-Transformation jeder einzelnen Subjektivbewertungsnote erlaubt eine Skalierung aller von den unterschiedlichen Probanden verwendeten auf einen gemeinsamen Skalenbereich. Die Ausprägungen dieser gemeinsamen Skala können sodann rücktransformiert werden, um die Ergebnisse anschaulich im gewohnten Zahlenraum zu erhalten. Dies ermöglicht die Weiterverwendung der gewonnen Daten für statistische Analysen, ohne Verfälschungen aufgrund persönlicher Präferenzen der Probanden in Kauf nehmen zu müssen.

Von besonderem Interesse ist vor allem bei der Untersuchung intervallskalierter Variablen die Frage, ob die erhobenen Daten in Form einer Normalverteilung vorliegen, da dies wesentlichen Einfluss auf das spätere Vorgehen bei der Anwendung von Methoden aus dem Gebiet der analytischen Statistik - im speziellen auf die Wahl des zu verwendenden Korrelationsansatzes - hat. Hierfür steht eine Reihe von Tests zur Verfügung. Zur Prüfung auf Normalverteilung für kleine Fallzahlen wird üblicherweise der Kolmogorov-Smirnov-Test angewendet, welcher im Gegensatz zu anderen Verfahren keine Mindestanforderungen an einzelne Klassen stellt und deshalb besonders für kleinere Versuchsumfänge geeignet ist. Durch Summenbildung der relativen Häufigkeiten errechnet sich basierend auf den in aufsteigender Reihenfolge geordneten Daten eine Näherungsfunktion der hypothetischen Verteilungsfunktion. Als Gütekriterium für die Näherungsfunktion wird die betragsmäßig größte Abweichung a zwischen beiden Funktionen herangezogen:

$$a = max(F(x) - \overline{F}(x)) \hspace{2cm} [4.4]$$

mit $\overline{F}(x)$ = Näherungsfuktion und $F(x)$ = Hypothetische Funktion

Eine normalverteilte Grundgesamtheit der Bewertungen ist gegeben, wenn die betragsmäßig größte Abweichung a kleiner einem kritischen Wert c ist, welcher in Abhängigkeit vom Stichprobenumfang n und der geforderten Signifikanzzahl aus Tabellen entnommen werden kann. In dieser Arbeit wird zur Überprüfung der Normalverteilung der erhobenen Daten der Lilliefors-Test genutzt, welcher dem Kolmogorov-Smirnov-Test sehr ähnlich ist.

Zu Beginn der statistischen Untersuchungen steht im Allgemeinen eine Signifikanzuntersuchung der erhobenen Daten, welche feststellt, ob die anhand der vorliegenden Daten ermittelten Ergebnisse statistische Signifikanz aufweisen oder auch zufällig zustande gekommen sein könnten. Das Ausmaß, in welchem numerische Daten dazu neigen, um einen Durchschnittswert zu streuen, wird als Variation oder Streuung der Daten bezeichnet. Mit Hilfe einer Varianzanalyse lässt sich die Signifikanz der Beziehungen zwischen den einzelnen Stichproben untersuchen. Gradmesser für die ermittelte Signifikanz der Daten ist die so genannte Irrtumswahrscheinlichkeit p. Die den verschiedenen Werten von p zugeordneten Signifikanzgrenzen (oder auch: Signifikanzniveaus) sind aus Tabelle 4.1 ersichtlich.

Irrtumswahrscheinlichkeit p	Signifikanzniveau
$p \leq 0{,}1$	Tendenz zur Signifikanz
$p \leq 0{,}05$	signifikant
$p \leq 0{,}01$	sehr signifikant
$p \leq 0{,}001$	höchst signifikant

Tab. 4.1.: Signifikanzniveau abhängig von der Irrtumswahrscheinlichkeit

Die praktische Bedeutung der Irrtumswahrscheinlichkeit p wird einfach verständlich am Beispiel der linearen Korrelation von Zufallsvektoren unterschiedlicher Länge, wie in Abbildung 4.2 veranschaulicht. Die Länge der verwendeten Zufallsvektoren entspricht hierbei der Anzahl der Beobachtungen n im statistischen Experiment. Abhängig von n können Summenhäufigkeiten der erzielten Bestimmtheitsmaße R^2 aufgetragen werden.

Aus der Maximalbewertung von 100 Prozent abzüglich der erzielten Summenhäufigkeit ergibt sich abhängig von n und R^2 die Irrtumswahrscheinlichkeit p in Prozent. Exemplarisch ist für n=10 Beobachtungen ein Bestimmtheitsmaß von R^2 größer gleich 0,41 erforderlich, um eine Irrtumswahrscheinlichkeit von fünf Prozent zu unterschreiten. Es wird ersichtlich, dass mit steigender Anzahl der Beobachtungen abnehmende Irrtumswahrscheinlichkeiten bei gleichen Bestimmtheitsmaßen auftreten, die Unsicherheit mit der Anzahl der Beobachtungen also abnimmt.

Sind die vorliegenden Daten als mindestens „signifikant" zu bewerten, so können Beziehungen zwischen den Variablen untersucht werden. Hierzu kann entweder eine Variable als Gruppierungsvariable festgelegt und die entstehenden Gruppen bezüglich

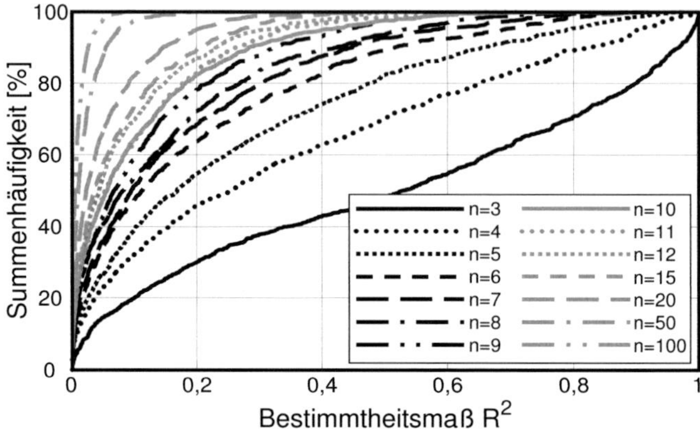

Abb. 4.2.: Irrtumswahrscheinlichkeit bei Korrelation von Zufallsvektoren

Median, Mittelwert oder ähnlichen Kennwerten auf Signifikanz getestet werden oder der Zusammenhang mittels Korrelationskoeffizienten beschrieben werden. Die zweite ist hierbei die deutlich aussagekräftigere und systematischere der beiden zur Verfügung stehenden Methoden.

Mit Hilfe von Korrelationsrechnungen lässt sich der Zusammenhang zwischen zwei Variablen untersuchen. Die Korrelationsanalyse verfolgt das Ziel, den einzelnen Evaluationskriterien valide Parameter zuzuordnen. Für eine Korrelation mit hoher Aussagekraft muss eine möglichst gleichmäßige Verteilung der Messdaten entlang der Regressionsfunktion vorliegen. Ergebnis einer Korrelationsrechnung ist der so genannte Korrelationskoeffizient r. Er beschreibt die Stärke des Zusammenhangs der Variablen und ist stets in den Grenzen von -1 bis +1 gelegen. Der Betrag gibt die Stärke des Zusammenhangs an; das Vorzeichen beurteilt, ob der Zusammenhang gleichläufig oder gegenläufig ist. Tabelle 4.2 zeigt den in der Literatur ohne Berücksichtigung der zugrunde liegenden Anzahl der Beobachtungen allgemein anerkannten Grad der Korrelation abhängig vom ermittelten Korrelationskoeffizienten.

Wird ein rein statistischer Zusammenhang in der Interpretation als kausaler Zusammenhang missverstanden, so wird dies auch als Scheinkorrelationen bezeichnet [56]. Die Wahl des zu verwendenden Korrelationsansatzes hängt maßgeblich vom Skalenniveau und der Verteilung der zugrundeliegenden Datenvektoren ab. Bei intervallskalier-

Korrelationskoeffizient r	Grad der Korrelation
$|r| \leq 0,2$	sehr geringe Korrelation
$0,2 \leq |r| \leq 0,5$	geringe Korrelation
$0,5 \leq |r| \leq 0,7$	mittlere Korrelation
$0,7 \leq |r| \leq 0,9$	hohe Korrelation
$0,9 \leq |r| \leq 1$	sehr hohe Korrelation

Tab. 4.2.: Signifikanz von Korrelationskoeffizienten

ten und normalverteilten Daten kommt üblicherweise die Produkt-Moment-Korrelation nach Pearson zur Anwendung, bei ordinalskalierten oder nicht normalverteilten Daten die Rangkorrelation nach Spearman. Während die allgemein als „klassisches Verfahren" angesehene Korrelation nach Pearson den Korrelationskoeffizienten unter Verwendung von Mittelwerten und Standardabweichungen bestimmt, werden bei der Korrelation nach Spearman nicht die eigentlichen Zahlenwerte formelmäßig verarbeitet, sondern die diesen Werten zugeordneten Rangplätze. Die Rangkorrelation nach Spearman resultiert in tendenziell geringfügig niedrigeren Korrelationskoeffizienten als die Produkt-Moment-Korrelation nach Pearson. Der Pearson-Korrelationskoeffizient hingegen weist eine hohe Empfindlichkeit gegenüber Ausreißern auf. Die entsprechenden Korrelationen sind deshalb kritisch zu hinterfragen [56].

Es muss darauf hingewiesen werden, dass der Betrag von r das Ausmaß des Zusammenhangs in Beziehung zu demjenigen Gleichungstyp misst, welcher der Korrelationsrechnung zugrunde gelegt wurde. Legt man etwa eine lineare Gleichung zugrunde und erhält einen Wert von r nahe Null, so bedeutet dies, dass näherungsweise keine lineare Korrelation vorhanden ist. Nichtsdestotrotz kann eine hohe nichtlineare Korrelation zwischen den Variablen existieren. Bei der Berechnung einfacher oder multipler Korrelationen wird in der vorliegenden Arbeit die Annahme vorausgesetzt, dass jede mathematische Verbindung zwischen Fahrerurteilen und Messgrößen relativ einfach sein muss. Aufgrund der begrenzten zur Verfügung stehenden Anzahl von Datenpunkten werden in dieser Arbeit keine Ansatzfunktionen mit mehr als drei Freiheitsgraden verwendet, um die Allgemeingültigkeit der Ergebnisse nicht einzuschränken.

Das Maß R^2 entspricht dem Quadrat des Korrelationskoeffizienten r und wird als Bestimmtheitsmaß oder Determinationskoeffizient bezeichnet. Es ist im Gegensatz zum Korrelationskoeffizienten r nicht vorzeichenbehaftet. Der Wert des Bestimmtheitsmaßes entspricht dem Verhältnis von erklärter Varianz zu beobachteter Varianz des Datenkollektivs.

In enger Beziehung zum Korrelationskoeffizienten steht die so genannte Kovarianz, welche ebenfalls eine Maßzahl für den Zusammenhang zweier statistischer Merkmale darstellt. Ihr Wert ist positiv, wenn die beiden untersuchten statistischen Variablen oder Vektoren einen gleichsinnigen Zusammenhang aufweisen und negativ, wenn ebenjener Zusammenhang gegensinnig ist. Analog zum Korrelationskoeffizienten entspricht eine Kovarianz von Null einem in der angenommenen mathematischen Form nicht existenten Zusammenhang der Variablen. Im Unterschied zum Korrelationskoeffizienten gibt die Kovarianz zwar die Richtung einer Beziehung zwischen zwei Variablen an, trifft jedoch keine Aussage hinsichtlich der Stärke des Zusammenhangs, da ihr Ergebnis von den Maßeinheiten der untersuchten Variablen abhängig ist. Sie besitzt aus diesem Grund nur geringere praktische Relevanz als Korrelationskoeffizient oder das Bestimmtheitsmaß. Aus der Normierung der Kovarianz ergibt sich der Korrelationskoeffizient r, mit welchem die Stärke des untersuchten Zusammenhangs festgestellt werden kann.

[84] weist darauf hin, dass der begrenzte Erfolg der Anwendung linearer Methoden zur Ermittlung von Zusammenhängen in der zitierten Korrelationsanalyse darauf schließen lässt, dass die wichtigen Verbindungen zwischen subjektiven Evaluierungen und objektiven Messdaten nichtlinear sind. Dennoch sollten Ansatzfunktionen höherer als linearer Ordnung in der Regel begründete Thesen zugrunde liegen, um deren Anwendung zu rechtfertigen. In dieser Arbeit erfolgt eine Beschränkung auf lineare und quadratische Ansatzfunktionen zur Ermittlung von Zusammenhängen zwischen Subjektivurteilen und objektiven Kennwerten.

Zur kritischen Betrachtung der Anwendung des korrelativen Ansatzes zur Objektivierung subjektiver Fahreindrücke sei ergänzend auf [133] verwiesen, welche verschiedene einschränkende Betrachtungen anstellt. Erstgenannt wird das Problem der Stichprobenheterogenität: Die Variantenunterschiede sind auch von der Beurteilungssituation abhängig, z. B. resultierende Nickwinkelunterschiede von der Längsbeschleunigung und resultierende Vertikalbeschleunigungen von der Fahrgeschwindigkeit. Dem kann mittels der Vorgabe von Zielbetriebspunkten zur Beurteilung entgegengewirkt werden.

Wichtig zu wissen ist, dass Variantenunterschiede linear von der Situation abhängen oder z. B. erst im Grenzbereich auftreten können. Zweiteres wird die Bereichsabhängigkeit der Subjektiv-Objektiv-Korrelation genannt. Je nach Bereich der Fahrsituation (z. B. der Querbeschleunigung) können theoretisch unterschiedliche Varianten als optimal bewertet werden. Jeder Proband könnte je nach befahrenem Bereich unterschiedliche Varianten optimal finden. Ein Korrelationskoeffizient von Null bei heterogener Fahrerstichprobe wäre theoretisch denkbar, auch wenn der untersuchte Kennwert sehr wohl für den einzelnen Fahrer urteilsrelevant ist. Drittens wird auf die unzulässige Extrapolation der Urteilsgleichung hingewiesen. Im untersuchten Bereich der Kennwerte gefundene lineare Zusammenhänge können außerhalb dieses Bereichs nicht mehr stimmen, z. B. quadratisch sein. Dem wird in dieser Arbeit durch strikte Unterlassung der Extrapolation von Korrelationsergebnissen und der Angabe von Gültigkeitsbereichen Rechnung getragen.

Das erzielte Bestimmtheitsmaß kann bei der Anwendung multipler Korrelation durch die Hereinnahme weiterer unabhängiger Variablen in das Korrelationsmodell erhöht werden, ohne dass sich die Modellqualität verbessert. Deshalb wird bei einem multiplen Regressionsmodell das korrigierte Bestimmtheitsmaß R^2_{korr} verwendet, welches nur bedingt mit der Anzahl der unabhängigen Variablen ansteigt. Es berechnet sich zu:

$$R^2_{korr} = R^2 - \frac{n_P \cdot (1 - R^2)}{n_B - n_P - 1} \qquad [4.5]$$

mit n_P = Anzahl der unabhängigen Variablen, n_B = Anzahl der Beobachtungen

Lediglich nach obiger Formel ermittelte korrigierte Bestimmtheitsmaße größer gleich dem Maximum der Bestimmtheitsmaße der zugrunde liegenden Einzelkorrelationen resultieren in der Zulässigkeit der jeweiligen multiplen Korrelation.

Die Berechnung so genannter partieller Korrelationen bietet die Möglichkeit, Störvariablen, welche Scheinkorrelationen erzeugen können, auszuschließen. Es wird hierbei die Korrelation zwischen einer abhängigen Variablen und einer bestimmten unabhängigen Variablen gemessen, wenn alle anderen zugehörigen Variablen konstant gehalten werden. Der Partialkorrelationskoeffizient lässt sich aus den Einzelkorrelationskoeffizienten errechnen zu:

$$R_{yxz} = \frac{R_{xy} - R_{xz} \cdot R_{yz}}{\sqrt{1 - R_{xz}^2} \cdot \sqrt{1 - R_{yz}^2}} \qquad [4.6]$$

Anschließend an die Korrelationsanalyse können mit Hilfe von Regressionsrechnungen formelmäßige Zusammenhänge zwischen den unabhängigen und den abhängigen Variablen ermittelt werden. Hierzu wird ein mathematisches Modell für den Zusammenhang zwischen Einflussgröße(n) und Zielgröße an vorhandene Daten angepasst. Die Regression ist definiert als die Schätzung einer abhängigen Variablen aus einer oder mehreren mit ihr in Zusammenhang stehenden unabhängigen Variablen. Der regressionsanalytische Ansatz versucht in der vorliegenden Arbeit, aus den fahrdynamischen Größen als Prädiktoren (= unabhängige Variablen) die subjektiven Größen als Prädikanden (= abhängige Variablen) "vorherzusagen". Dabei wird zwischen linearen und nichtlinearen Zusammenhängen unterschieden. Im Fall eines linearen Zusammenhangs ist das Ergebnis der Regressionsrechnung eine zunächst noch imaginäre Regressionsgerade, um welche sich die Punkte des Streudiagramms mehr oder weniger stark anschmiegen. Die allgemeine Form der linearen Regressionsgleichung lautet:

$$SU = b_0 + \sum_1^n b_i \cdot a_i \qquad [4.7]$$

mit SU = Subjektivurteil, $b_0..b_n$ = Regressionskoeffizienten, n = Anzahl der Einflussgrößen, a_i = Beschreibungskriterium

Neben der Subjektiv-Objektiv-Korrelation ist auch die Korrelation objektiver oder subjektiver Kriterien untereinander möglich. Subjektiv-Subjektiv-Korrelationen werden angewendet, um überflüssige Fragebogenkriterien oder Zusammenhänge im Fahrerurteil zu identifizieren, mittels Objektiv-Objektiv-Korrelationen werden Zusammenhänge der verschiedenen objektiven Kennwerte zueinander untersucht.

Gehen mehrere fahrdynamische Größen als Prädiktoren in die Regressionsrechnung ein, so resultieren multiple Regressionen. Dieses auch „mehrfache Regression" genannte Verfahren beschreibt die Abhängigkeit einer Zielgröße von mehr als einer Einflussgröße.

4.4.2. Verwendetes Auswerteschema

Das zur Auswertung von durchgeführten Probandenstudien mittels statistischer Methoden verwendete Schema veranschaulicht Abbildung 4.3. Zunächst erfolgt eine Beschreibung der erhobenen Daten mittels deskriptiver statistischer Methoden. Durch Basisuntersuchungen wie der Ermittlung von Standardabweichungen und Mittelwerten wird abgeprüft, ob eine Korrelationsrechnung der erhobenen Daten sinnvoll durchgeführt werden kann. Hierbei kommt die beschriebene Z-Transformation zur Anwendung.

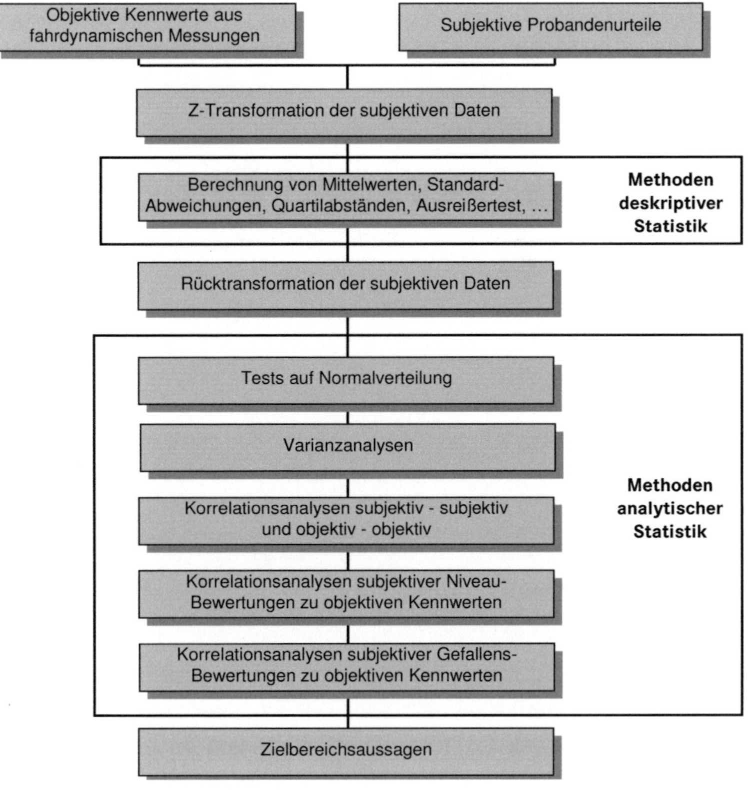

Abb. 4.3.: Eingesetztes statistisches Auswerteschema

Nach den beschriebenen vorbereitenden Untersuchungen kann mit der Auswertung der erhobenen Daten mittels Methoden der analytischen Statistik begonnen werden. Hierzu wird zuerst mittels geeigneter Testmethoden untersucht, ob die untersuchten Daten normalverteilt vorliegen, was zentrale Bedeutung für die spätere Auswahl eines geeigneten Korrelationsansatzes besitzt.

Vor der Durchführung der Korrelationsanalysen erfolgt weiterhin eine Untersuchung der Daten auf Reliabilität und auf Varianz. Die Reliabilitätsuntersuchung ermittelt die Wiederholzuverlässigkeit der erhobenen Daten anhand einer unwissentlich von den Probanden doppelt bewerteten Variante. Die Reliabilität eines Tests ist der Grad der Genauigkeit, mit welcher er ein bestimmtes Merkmal misst. Sie wird mittels des Reliabilitätskoeffizienten gemessen.

Mittels einer ersten Korrelationsanalyse werden im Anschluss die Zusammenhänge der objektiven Kennwerte und der subjektiven Bewertungen untereinander betrachtet. Hierbei wird sowohl intraindividuell (für jeden Probanden), als auch interindividuell (über die Probanden gemittelt) korreliert. Diese Korrelationsrechnungen zeigen nach erfolgter Korrelation überflüssige Fragebogenkriterien sowie Fahrverhaltensparameter auf - so können der Fragebogen- und der Manöverumfang gegebenenfalls verringert werden.

Nachfolgend wird anhand weiterer Korrelationsanalysen untersucht, ob die subjektiven Niveaubewertungen bezüglich der einzelnen Kriterien mit den Gefallensbewertungen in Zusammenhang gebracht werden können. Ist dies möglich, so können Geschmacksfragen der einzelnen Probanden ausgeschlossen werden. Anhand der Zusammenhänge der Niveau- zu den Gefallensurteilen kann eine Differenzierung zwischen Charakter- und Diskomfort-Themen durchgeführt werden. Charakterfragen zeichnen sich durch einen quadratischen Zusammenhang zwischen Niveau- und Gefallens-Bewertung aus; der Bereich hohen Gefallens wird beidseitig von Bereichen schlechteren Gefallens begrenzt, die ermittelbaren Zielbereiche weisen entsprechend Ober- und Untergrenzen auf. Diskomfort-Themen hingegen, welche nur störend sind, solange sie wahrgenommen werden, weisen stetig steigende oder stetig fallende Zusammenhänge zwischen Niveau- und Gefallensurteilen auf. Die für Diskomfort-Themen resultierenden Zielbereiche sind nur einseitig gegenüber dem Bereich schlechten Gefallens hin abgegrenzt. Am Ende dieses Korrelationsschrittes steht ein Datensatz aus subjektiven und objektiven Daten zur Verfügung, welcher keine redundanten Kriterien und Kennwerte mehr enthält sowie nur noch subjektive Kriterien mit eindeutigen Gefallenstendenzen des Probandenkollektivs berücksichtigt.

Im dritten Korrelationsschritt werden schließlich die objektiven Variantenparameter mit den subjektiven Urteilen korreliert. Als Ergebnis dieser Korrelationsrechnungen können Zielbereiche für bestimmte Fahrzeugkennwerte abgeleitet werden, welche die bezüglich des Gefallens von den Probanden als „annehmbar" oder besser bewerteten Bereiche der Fahrzeugkenngrößen repräsentieren. Hierzu werden für diejenigen Kombinationen aus subjektivem Kriterium und objektivem Kennwert, für welche enge Zusammenhänge zwischen Kennwert und Niveau-Bewertung nachgewiesen werden können, die subjektiven Gefallens-Urteile mit den Objektivwerten korreliert. Zur Korrelationsrechnung mit den Niveau-Bewertungen werden die rücktransformierten Daten aus den Z-Transformationen verwendet. Dies ist aufgrund der Erhebung der Daten ohne verbalen Anker legitim und bringt die oben erläuterten Vorteile mit sich. Zur Korrelationsrechnung mit den Gefallens-Bewertungen hingegen werden die erhobenen Originaldaten verwendet. Da die Gefallens-Bewertungen mit verbalen Ankern erhoben wurden, ist eine Verwendung transformierter Daten zu vermeiden, um die Probandenurteile gegenüber den in den Skalen definierten Ankern nicht zu verschieben.

Ziel der oben beschriebenen statistischen Auswertung ist allgemein gesprochen der Versuch, aus den gemessenen Größen solche objektiven Kriterien zu ermitteln, die zur Beschreibung der subjektiven Beurteilung am besten geeignet sind. Gelingt es, eine Beziehung zwischen der subjektiven Bewertung und den validierten Kenngrößen herzustellen, können Ziel- bzw. Grenzbereiche für die entsprechenden Quantitäten abgeleitet werden [219].

4.5. Grenzen für Anfahr- und Bremsnicken

In diesem und den nachfolgenden Teilkapiteln wird detailliert auf im Rahmen dieser Arbeit durchgeführte Subjektiv-Objektiv-Korrelationsuntersuchungen eingegangen. Die Dokumentation der Probandenstudien folgt in diesem und den nachfolgenden Teilkapiteln der in [87] vorgeschlagenen allgemeinen Gliederung in die Beschreibung der Ausgangssituation, die Definition des Untersuchungsziels, die Festlegung von Zielgrößen und Einflussfaktoren, das Aufstellen eines Versuchsplans, die Durchführung der Versuche, die Auswertung der Versuchsergebnisse, die Interpretation der Ergebnisse (und Ableitung von Maßnahmen) und die Dokumentation.

Die Beschreibung der Ausgangssituation und die Definition des Untersuchungsziels werden im Folgenden zu einem Themenkomplex zusammengefasst. Die Dokumentation der Versuche erfolgt im Rahmen der vorliegenden Arbeit und wird deshalb nicht gesondert aufgeführt. Die sich so ergebenden sechs Vorgehensschritte bilden den groben Rahmen der folgenden Teilkapitel zur Beschreibung der durchgeführten Untersuchungen. Der Schwerpunkt liegt hierbei naturgemäß auf der Auswertung der Versuchsergebnisse.

Einschränkend muss zur überwiegenden Zahl der im Folgenden aufgeführten Versuchsergebnisse angemerkt werden, dass aufgrund des Versuchsdesigns keine Analyse des Einflusses der Fahrzeugklasse auf die untersuchten Kriterien möglich ist. Als möglichst repräsentatives Trägerfahrzeug kommt eine Limousine der Mittelklasse zum Einsatz. Die Übertragbarkeit der Ergebnisse auf Fahrzeuge mit höherer Sitz- und Schwerpunktsposition wurde für ausgewählte Themenkomplexe untersucht und wird für diese Themenkomplexe im jeweiligen Teilkapitel diskutiert.

In diesem wie auch in allen nachfolgenden Teilkapiteln befindet sich der Koordinatenursprung der gezeigten Diagramme sofern nicht abweichend beschrieben im linken unteren Schnittpunkt der Koordinatenachsen, welche von diesem Ursprungspunkt ausgehend lineare positive Skalierungen aufweisen. Das vorliegende Teilkapitel beinhaltet die Dokumentation einer Korrelationsuntersuchung im Themenkomplex Anfahr- und Bremsnicken.

4.5.1. Ausgangssituation und Untersuchungsziel

Der Nickwinkel Θ (Theta) entspricht der Fahrzeugdrehbewegung um die Y-Achse des um die Z-Achse mit dem Gierwinkel ψ (Psi) gedrehten Weltkoordinatensystems [194]. Die in [90] genannte Fühlbarkeitsschwelle des Nickwinkels von ca. 0,02 Grad erscheint sehr gering. Das Nickverhalten eines Fahrzeugs beim Anfahren und beim Bremsen wird allgemein als so genanntes Komfortkriterium (siehe Kapitel 4.4.2) eingestuft. Komfortkriterien werden vom Normalfahrer bei guter oder sehr guter Ausprägung des Kriteriums nicht wahrgenommen. Sie werden nur bei Nichtgefallen beziehungsweise bei Beanstandung realisiert.

In Lastenheften zukünftiger Fahrzeuggenerationen werden maximale Nickwinkel absolut oder bei definierten Längsbeschleunigungen und Längsverzögerungen festgeschrieben. Die verwendeten Grenzwerte entstammen derzeit jedoch fast ausschließlich dem subjektiven Eindruck erfahrener Versuchs- und Abstimmingenieure. Im Entwicklungsprozess der Daimler AG werden maximale Anfahrnickwinkel bei vier m/s^2 und maximale Bremsnickwinkel bei sechs m/s^2 als Zielgrößen definiert. In der Literatur sind derzeit keine Untersuchungen zum Themenkomplex Anfahr- und Bremsnicken zu finden.

In [77] wurden die Höhenänderungen von PKW-Karosserien beim Bremsen untersucht, um die gewonnenen Erkenntnisse in Verkehrsunfallrekonstruktionen einfließen zu lassen. In der genannten Studie wurde kein genereller Trend der Höhenänderungen beim Beschleunigen und Bremsen abhängig von der Bauform, der Fahrzeugklasse oder der Radaufhängung der Fahrzeuge ermittelt. Es ergaben sich insgesamt Höhenänderungen an den Karosserien von maximal 108 Millimeter an der Vorderachse und maximal 90 Millimeter an der Hinterachse. Die gemessenen Werte können laut den Autoren jedoch nicht ohne weiteres auf andere Fahrzeuge übertragen werden. [24] nennt ein Grad maximaler Nickwinkel als Obergrenze für gute Fahrwerke bei Volllastbeschleunigung. Dieser Wert wird jedoch nicht anhand von Untersuchungen belegt.

Ziel der hier durchgeführten Studie ist es, Zusammenhänge zwischen objektiven das Nickverhalten beschreibenden Kenngrößen und subjektiven Fahrerurteilen zu untersuchen. Ebenfalls soll ermittelt werden, inwiefern ein signifikanter Zusammenhang zwischen dem Niveauempfinden und dem Gefallen verschiedener Nickverhaltensvarianten existiert. Weitere zu untersuchende Fragestellungen des Themenkomplexes Fahrzeugnickwinkel sind:

- Hängen positive Beurteilungen der Probanden zwingend mit kleinen Nickwinkeln zusammen oder wird ein gewisser Mindestnickwinkel zur Sensierung der Längsbeschleunigung vom Fahrer gewünscht?

- Inwiefern wird eine Verschiebung des Fahrzeugdrehpunkts in X-Richtung beim Nicken durch den Menschen wahrgenommen und beurteilt?

- Wird vom Menschen vorwiegend der Nickwinkel des Fahrzeugs (vestibuläre Wahrnehmung) oder vor allem der Federweg der Vorderachse und damit des Fahrzeugsvorbaus (visuelle Wahrnehmung) erfasst?

- Lassen sich Unterschiede in der Beurteilung des Nickverhaltens durch erfahrene Versuchsingenieure (Expertengruppe) und durchschnittliche Kunden (Normalfahrergruppe) feststellen?

4.5.2. Zielgrößen und Einflussfaktoren

Der Nickwinkel eines Fahrzeugs setzt sich aus den kinematischen und elastokinematischen Ein- respektive Ausfederwegen der Vorder- und der Hinterräder und der Kompression bzw. Dekompression der Fahrzeugreifen in Vertikalrichtung in Kombination mit dem Radstand zusammen. Eventuelle Neigungen der Fahrbahn schlagen sich im absoluten Nickwinkel nieder, jedoch nicht im längsbeschleunigungsabhängig auftretenden relativen Nickwinkel. Die Sitzposition des Fahrers im Fahrzeug wiederum hat Einfluss auf das subjektive Empfinden des auftretenden Fahrzeugnickwinkels.

Die Reifenkompression in Vertikalrichtung ist einerseits abhängig vom verwendeten Reifen (Querschnittsverhältnis, Luftdruck und Reifenvertikalsteifigkeit sind Haupteinflussparameter) und andererseits von den auf den Reifen einwirkenden Kräften, welche sich aus der wirksamen Längsbeschleunigung sowie der Schwerpunktslage und dem Radstand des Fahrzeugs ergeben. Die kinematischen Ein- und Ausfederwege der Räder, welche üblicherweise deutlich höhere Beträge aufweisen als die auftretenden Reifenkompressionen, sind im quasistationären Fall von der Tragfedersteifigkeit, dem Übersetzungsverhältnis der Feder zum Rad und der Achskinematik abhängig. Im dynamischen Fall sind weiterhin die von den Stossdämpfern zur Abstützung der Karosserie generierten Kräfte und die wirksamen Trägheitsmomente zu beachten. Der Einfluss der Stabilisatoren auf das Fahrzeugnickverhalten ist (ebene Fahrbahn und geringe Querbeschleunigungen vorausgesetzt) vernachlässigbar gering.

Die Achskinematik stellt abhängig von der gewählten Auslegung und Lenkeranordnung eine gewisse Nickabstützung beim Beschleunigen und/oder Bremsen zur Verfügung. Dem so genannten Anfahr- und Bremsnickausgleich, welcher in Prozent angegeben wird, sind jedoch Grenzen gesetzt. Eine zu hohe negative Schrägfederung beispielsweise wird aus Komfortgründen wenn möglich vermieden. Das Verhältnis der Federwege beider Achsen zur Generierung eines bestimmten Nickwinkels spielt derzeit in der Fahrwerksauslegung eine untergeordnete Rolle. Dies ist auch in der Tatsache begründet, dass zu diesem Themenkomplex derzeit keine systematischen Untersuchungen bekannt sind.

4.5.3. Versuchsplan

Bei Verwendung eines konventionellen Fahrzeuges ist der Aufwand, unterschiedliche Nickverhaltensvarianten mittels eines einzigen Versuchsträgers darzustellen, hoch. Eine Veränderung der Achskinematik zur Darstellung verschiedener Nickverhaltensvarianten kommt aus Aufwands- und Kostengesichtspunkten nicht in Frage. Eine Variation des Nickverhaltens durch den Einsatz verschieden steifer Aufbaufedern ist prinzipiell möglich, bringt jedoch hohen Material- und Umbauaufwand mit sich. Das Tool FVS, welches die wirksamen Federsteifigkeiten an Vorder- und Hinterachse unabhängig voneinander virtuell verändern kann, ist ein geeignetes Tool zur Durchführung von Subjektiv-Objektiv-Korrelationsuntersuchungen im Themenkomplex Anfahr- und Bremsnicken.

Für die Durchführung der Versuche werden verschiedene Nickverhaltensvarianten mit dem Tool dargestellt. Das Nickverhalten des Versuchsfahrzeugs wird dabei durch die virtuelle Variation der Federsteifigkeiten an Vorder- und Hinterachse realisiert. Dies bedingt zwingend die Veränderung des quasistationären Nickwinkelgradienten des Fahrzeugs. Die Dämpfungseinstellung bleibt bei den untersuchten Versuchsvarianten stets konstant. Zur Limitierung des Versuchsumfangs auf ein im Rahmen einer Probandenstudie mögliches Maß erfolgt eine Begrenzung der Betrachtungen auf den quasistatischen Fahrzeugnickwinkel. Das dynamische Fahrzeugnickverhalten ist nicht Gegenstand der Betrachtung.

Neben der Variation des absoluten Fahrzeugnickwinkels wird in mehreren Fahrverhaltensvarianten eine Verschiebung des Drehpols des Fahrzeugs um die Y-Achse hin zur Vorder- oder Hinterachse realisiert. Durch die Erhöhung der Federsteifigkeit an der Vorderachse einhergehend mit der Verringerung der Federsteifigkeit an der Hinterachse kann eine Verschiebung des Fahrzeugsdrehpunkts hin zur Vorderachse generiert werden und umgekehrt. Neben dem Nickwinkel wird so auch der Einfluss des Verhältnisses der Federwege von Vorder- zu Hinterachse auf das Fahrerempfinden untersucht.

4.5.4. Versuchsdurchführung

Die Durchführung der Untersuchung gliedert sich in zwei voneinander losgelöste Versuchsteile, die objektive Vermessung der Versuchsvarianten mittels fahrdynamischer Messtechnik und die subjektive Beurteilung der Versuchsvarianten durch die teilnehmenden Probanden. Mittels statistischer Auswertemethoden werden die erhobenen Daten im Anschluss auf signifikante Zusammenhänge hin untersucht.

Zu beachten ist, dass alle ausgewerteten Ergebnisse und im Folgenden vorgestellten Kennwerte sich auf relative Nickwinkel beziehen. Eine Beurteilung absoluter Nickwinkel ist im Versuchsteil „subjektive Beuteilung" nicht zu leisten, da keine Möglichkeit besteht, für jede Beurteilung jedes Probanden einen gleichen, einheitlichen Ausgangsnickwinkel darzustellen. Leichte Verspannungen im Fahrzeug sind unumgänglich. Auch ist es nicht möglich, einen absoluten Nickwinkel für verschiedene Fahrzeuge zu bestimmen. Der Einbau der Messtechnik im Fahrzeug und unterschiedliche Fahrzeugkonzepte machen es unmöglich, einen „Basisnickwinkel" als Null zu definieren und reproduzierbar einzustellen. Es wurde deshalb für die beschriebene Untersuchung wie allgemein üblich per Definitionem der bei Längsbeschleunigung Null vorliegenden Fahrzeugzustand als „Nickwinkel Null" definiert. Ausgehend von dieser Basis werden längsbeschleunigungsabhängige relative Nickwinkel ausgewertet und von den Probanden beurteilt.

Objektive Vermessung der Versuchsvarianten

Die objektive Vermessung der Versuchsvarianten erfolgt mit Hilfe des fahrdynamischen Manövers „Anfahr- und Bremsnicken". Hierbei werden die beim Anfahren und Bremsen auftretenden Radfederwege erfasst und über der klassierten Längsbeschleunigung mit einer Klassenbreite von 0,2 m/s^2 ausgewertet. Aus den Radfederwegen werden mit Hilfe des Radstandes unter Berücksichtigung der Reifenkompression die resultierenden Fahrzeugnickwinkel ermittelt. Für jede Versuchsvariante werden die folgenden Kennwerte bestimmt:

- Nickwinkelgradient (lineare Nährung des Nickwinkels über der Längsbeschleunigung)

- Nickwinkel bei definierter Längsbeschleunigung (sowohl aus den Messdaten als auch aus dem Nickwinkelgradienten)

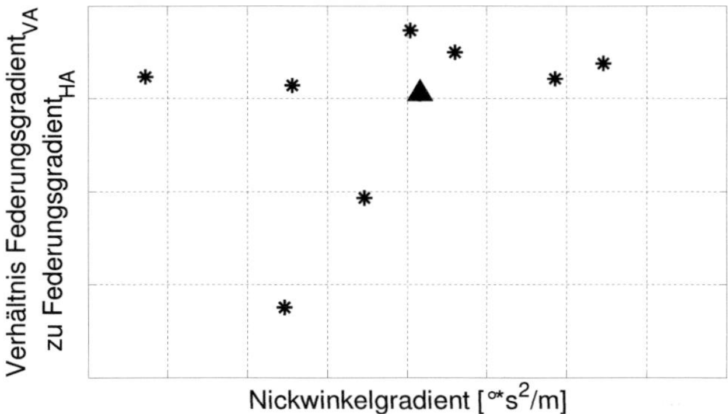

Abb. 4.4.: Objektive Variantenspreizung bezüglich Nickwinkelgradient und Verhältnis der Achsfederungsgradienten

- Federungsgradient an der Vorderachse (lineare Nährung des Radfederwegs an der Vorderachse über der Längsbeschleunigung)

- Federungsgradient an der Hinterachse (lineare Nährung des Radfederwegs an der Hinterachse über der Längsbeschleunigung)

- Verhältnis zwischen den Federungsgradienten an Vorderachse und Hinterachse (entspricht einem Quantifizierungsmaß der Lage des Drehpunkts des Fahrzeugs in X-Richtung beim Nickvorgang)

Für jede Variante wird unterschieden zwischen den Fahrzuständen Bremsen und Beschleunigen, was die Anzahl der verfügbaren Kennwerte verdoppelt. Die definierten Längsbeschleunigungen betragen vier m/s^2 beim Beschleunigen und sechs m/s^2 beim Bremsen. Zur Verdeutlichung der Spreizung der Versuchsvarianten dient Abbildung 4.4. Zur Orientierung mittels Dreicksymbol visualisiert ist das auch als Referenzvariante dienende Basisfahrzeug gegenüber den acht mittels Sternsymbol dargestellten Versuchsvarianten. Exemplarisch wird auf den Versuchsteil Beschleunigen eingegangen, die Versuchsspreizungen des Versuchsteils Bremsen sind quantitativ vergleichbar.

Bei der Interpretation von Abbildung 4.4 ist zu beachten, dass die Skalierung der Ordinate (Hochachse) zwar linear ist, die Veränderung des Fahrzeugdrehpunkts sich aber nicht linear zum Verhältnis der Federungsgradienten ändert. Eine prozentual vergleichbare Änderung des Federwegsquotienten hin zu größeren und zu kleineren Werten führt zu absolut deutlich größeren Veränderungen des Quotienten bei Verschiebung des Drehpunkts hin zur Vorderachse (betragsmäßig größerer Quotient) im Vergleich zur Verschiebung des Drehpunkts hin zu Hinterachse (betragsmäßig kleinerer Quotient). Der Nickwinkelgradient auf der Abszisse (Rechtsachse) ist diesem Phänomen nicht unterworfen.

Aufgrund der gebräuchlichen Vorzeichenkonventionen (Fahrzeugbeschleunigung positiv, Radeinfederung positiv und Nickwinkel unter Einfederung der Vorderachse und Ausfederung der Hinterachse positiv) ergeben sich negative Werte sowohl für die Quotienten der Federungsgradienten als auch für die Nickwinkelgradienten. Abbildung 4.5 veranschaulicht den Verlauf der Fahrzeugnickwinkel über der Längsbeschleunigung aller acht Versuchsvarianten und der Referenzvariante, dem passiven Basisfahrzeug (in Abbildung 4.5 als "Variante 4" codiert). Die schwarzen vertikalen Linien symbolisieren die Längsbeschleunigungswerte von vier beziehungsweise minus sechs m/s^2 zur Auswertung der Nickwinkelverlaufskurven bei definierten Längsbeschleunigungen.

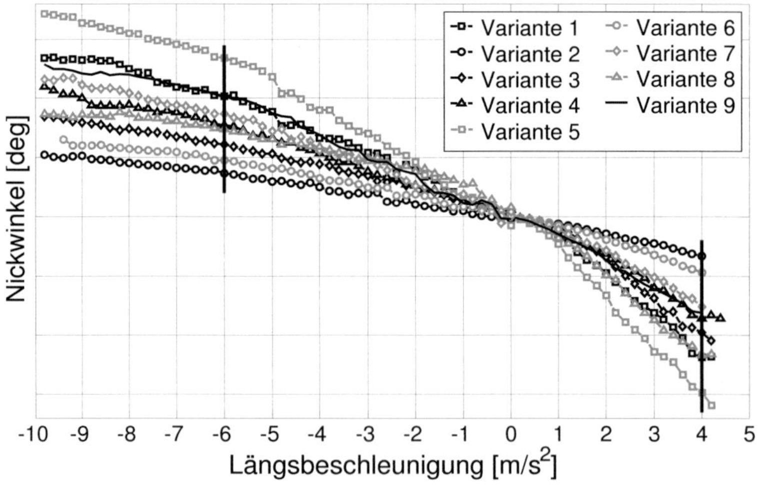

Abb. 4.5.: Nickwinkelverlaufskurven der Versuchsvarianten

Subjektive Beurteilung der Versuchsvarianten

Entsprechend den Empfehlungen in [27] und [184] gliedert sich der Versuchablauf in drei Phasen. Vor dem eigentlichen Beginn des Versuchs steht die so genannte Informationsphase. Den Probanden werden die Ziele und der Ablauf des Versuchs beschrieben, sie erhalten jedoch vor und während des Versuchs keine Informationen über die von ihnen beurteilten Varianten. Wichtig für die Generierung aussagekräftiger Resultate ist, dass jeder Fahrer vor Versuchsbeginn die gleichen Informationen erhält. Den Probanden wird außerdem das Versuchsfahrzeug und dessen Funktionsweise ausführlich vorgestellt. Im Rahmen der Gewöhnungs- und Lernphase hat jeder Proband anschließend Gelegenheit, sich mit dem Versuchsfahrzeug vertraut zu machen. Hierfür wird dieselbe Fahrverhaltensvariante verwendet, die später als Referenzvariante dient. Anschließend an die Gewöhnungs- und Lernphase beginnt die eigentliche Mess- und Bewertungsphase, welche auf einem nicht für den öffentlichen Straßenverkehr zugänglichen Versuchsgelände durchgeführt wird. Die in Abbildung 4.6 dargestellte Phasengliederung des Versuchsablaufs gilt analog für alle weiteren im Folgenden dokumentierten Probandenstudien.

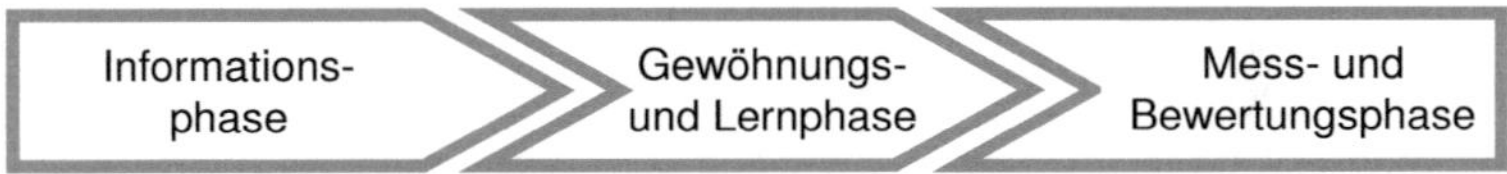

Abb. 4.6.: Phasengliederung des Subjektivbeurteilung

Um unerwünschte Wechselwirkungen zu vermeiden wird die Beurteilung von Anfahr- und Bremsnicken streng voneinander getrennt in zwei Versuchsteilen untersucht. Den Probanden wird lediglich für den aktuell zu bewertenden Fahrzustand die Versuchsvariante aufgeschaltet, der übrige Fahrtanteil erfolgt in der Basiskonfiguration der Referenzvariante. Für die Beurteilung jeder Variante steht den Probanden eine beliebige Anzahl von Fahrten zur Verfügung.

Zu Beginn der Mess- und Bewertungsphase werden jedem Probanden die Extreme des Versuchs eingespielt, um ein Gefühl für die dargestellte Variantenspreizung zu vermitteln. Anschließend wird die Referenzvariante von jedem Probanden auf einer Niveau- und einer Gefallensskala (siehe Kapitel 4.2.4) bewertet, um später die dargestellten Varianten relativ zur Beurteilung der Referenzvariante einordnen zu können. In beiden Versuchsteilen wird jede Variante anschließend auf den beiden verwendeten Skalen vom Probanden eingeordnet. Diese Art der Beurteilung beinhaltet implizit auch eine qualitative Bewertung der Varianten. Der Proband äußert zwangsläufig auch, ob ihm die aktuelle Variante besser oder schlechter gefällt als die Referenz.

Wie in [133] erläutert, ist die Vorgabe von Ziel-Betriebspunkten für alle Probanden während der Beurteilung wichtig. Die gemeinsame Fahrsituation aller Probanden kann die Unterschiede zwischen den Fahrzeugvarianten verdeutlichen, um die im Fahrversuch primär interessierende Variantenvarianz auf der Basis eines Fahrerkollektivs sinnvoll abprüfen zu können. Der Fahrzustand während der Beurteilung wird deshalb mit Volllastbeschleunigung beim Anfahren und einer Verzögerung von circa sechs m/s^2 beim Bremsen vorgegeben.

Die subjektive Bewertung der Versuchsvarianten gliedert sich wie oben erwähnt in eine Niveau-Bewertung und eine Gefallens-Bewertung jeder Variante durch die Probanden. Die Urteile der Probanden werden mittels zweier offener unipolaren Skalen mit neun Ankern erfasst, siehe hierzu Tabelle 4.3. Während die Niveau-Skala ohne weitere Unterteilung dem Empfinden des Nickwinkelniveaus der jeweiligen Variante durch die Probanden entspricht, gliedert sich die Gefallens-Skala in die Bereiche annehmbar, bedingt annehmbar und nicht annehmbar, welche jeweils wiederum in drei Teilbereiche untergliedert sind. Jeder Notenwert der Gefallens-Skala ist zur besseren Einordnung mit einem verbalen Anker verknüpft.

Am Versuch nahmen insgesamt 32 Probanden teil, hiervon 16 Experten auf dem Gebiet der fahrdynamischen Fahrzeugbeurteilung und 16 Normalfahrer. Als Normalfahrer werden nach [130] solche Probanden eingestuft, die keine bleibenden Erfahrungen mit den für den quer- beziehungsweise längsdynamisch nichtlinearen Fahrbereich typischen Effekten aufweisen. Dabei wird unterstellt, dass einmalige solche Erfahrungen zu keinen Lerneffekten im Umgang mit dem Fahrzeug im Grenzbereich führen. Der Profifahrer hat im Gegensatz zum Normalfahrer eine höhere Auflösung in seiner Wahrnehmungsfähigkeit und beherrscht durch seine Ausbildung das Fahrzeug auch in anspruchsvollen Fahrsituationen.

Wie hoch beurteilen Sie das aktuelle Nickverhalten des Fahrzeugs?								
Verbale Beschreibung	niedrig			mittel			hoch	
Urteilsnote	1	2	3	4	5	6	7	8	9

Wie gut gefällt Ihnen die aktuelle Einstellung?								
Kriterium	annehmbar			bedingt annehmbar			nicht annehmbar		
Verbale Beschreibung	exzellent	sehr gut	gut	befriedigend	ausreichend	an der Grenze	mangelhaft	schlecht	katastrophal
Urteilsnote	1	2	3	4	5	6	7	8	9

Tab. 4.3.: Evaluierungsbogen zum Fahrerempfinden beim Nickvorgang

4.5.5. Auswertung der Ergebnisse

Aus den beiden durchgeführten Versuchsteilen stehen zwei Datensätze für die Auswertung der Versuchsergebnisse zur Verfügung: Die objektiven Messdaten und die subjektiven Evaluierungen der Probanden, welche getrennt voneinander erfasst wurden. Die statistische Auswertemethodik in diesem wie auch in den im Folgenden beschriebenen Korrelationsuntersuchungen orientiert sich am in Kapitel 4.4.2 erläuterten Schema.

Korrelationsergebnisse Versuchsteil Anfahrnicken

In einem ersten Korrelations-Schritt werden die subjektiven Niveau-Bewertungen der Probanden mit den erhobenen fahrdynamischen Kennwerten korreliert. Das Probandenurteil zum Niveau des Anfahrnickwinkels wird dabei von den Kennwerten „Nickwinkelgradient" und „Nickwinkel bei vier m/s^2 Beschleunigung" mit Bestimmtheitsmaßen von R^2 größer gleich 0,95 sehr gut abgebildet. Da der Nickwinkel bei vier m/s^2 Beschleunigung die Auswertung des Nickwinkelgradienten bei der entsprechenden Längsbeschleunigung darstellt, sind annähernd gleiche Korrelationskoeffizienten für beide Kennwerte die Folge. Die Abbildungen 4.7 und 4.8 zeigen exemplarisch die Korrelationen der Niveauurteile zum Kennwert „Nickwinkel bei vier m/s^2 Längsbeschleunigung" beider

Probandengruppen. Aufgrund des beim Anfahren negativ definierten Nickwinkels befindet sich der Koordinatenursprung beider Diagramme im rechten unteren Achsenschnittpunkt.

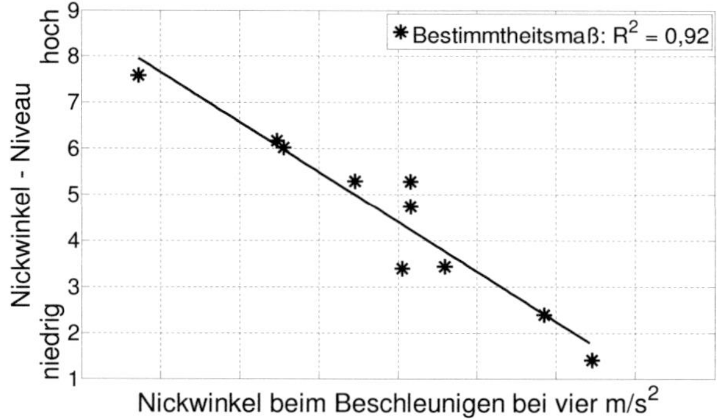

Abb. 4.7.: Korrelation der subjektiven Niveau-Urteile zum Nickwinkel bei vier m/s^2 Beschleunigung (Expertenfahrer)

Wie ersichtlich ist, wird das Empfinden sowohl der Experten- als auch der Normalfahrer vom verwendeten Kennwert sehr gut abgebildet. Die Streuung der Beurteilungen ist dabei in der Expertengruppe deutlich niedriger als in der Normalfahrergruppe (Standardabweichung von 1,07 im Vergleich zu 1,20). Die Steigung der berechneten Regressionsgeraden hingegen ist in der Expertengruppe höher, was auf eine höhere Auflösungsfähigkeit der Experten gegenüber der Normalfahrergruppe hinweist.

Die Korrelation der Niveau- zu den Gefallensbewertungen der Probanden zeigt sowohl bei den Normal- als auch bei den Expertenfahrern einen engen linearen Zusammenhang des empfundenen Nickwinkels zum Gefallen der entsprechenden Variante. Auch für die Varianten mit den geringsten empfundenen Nickwinkeln ist kein Sättigungsbereich der Gefallensbewertungen auszumachen. Exemplarisch ist nachfolgend der Korrelationsplot der Expertenfahrer dargestellt. In Abbildung 4.9 wie in allen nachfolgenden Korrelationsplots läuft die Skalierung der Gefallens-Achse linear von eins wie exzellent bis neun wie katastrophal.

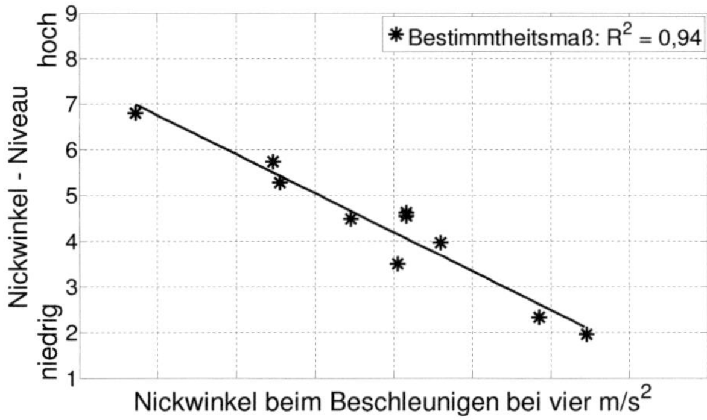

Abb. 4.8.: Korrelation der subjektiven Niveau-Urteile zum Nickwinkel bei vier m/s^2 Beschleunigung (Normalfahrer)

Die enge Abhängigkeit der Niveau-Urteile von den Gefallens-Urteilen erlaubt die Korrelation der Gefallensurteile mit den objektiven Kennwerten zur Ableitung von Zielbereichen. Sinnvollerweise werden hierzu diejenigen Kennwerte herangezogen, welche bereits im ersten Korrelationsschritt enge Zusammenhänge zu den Niveau-Urteilen aufgewiesen haben. Die Korrelation der Gefallens-Urteile mit dem Kennwert „Nickwinkel bei vier m/s^2" zeigt die Möglichkeit der Identifikation eines Bereichs des Kennwerts auf, der als „annehmbar" bewertet wurde. Exemplarisch ist die Überlagerung der drei Fragebogenbereiche mit den Gefallensurteilen der Expertenfahrergruppe in Abbildung 4.10 dargestellt. Wiederum ist der Koordinatenursprung aufgrund der negativ definierten Nickwinkel im rechten unteren Achsenschnittpunkt angesiedelt.

Die Bereichsgrenze des Bereichs „annehmbar" zum Bereich „bedingt annehmbar" lässt sich für beide Fahrergruppen als einseitige obere Grenze des Zielbereichs identifizieren. Die Steigung der Regressionsgeraden ist in der Gruppe der Normalfahrer deutlich geringer als in der Expertengruppe: Die Normalfahrer sind im Mittel deutlich toleranter gegenüber auftretenden Anfahrnickwinkeln als die Expertenfahrer.

Mittels multipler Korrelationsanalyse wird weiterhin der Einfluss der Bewegungen der beiden Fahrzeugachsen auf das Probandenempfinden beim Anfahrnicken ermittelt. Als Ansatzfunktion wird der lineare Ansatz

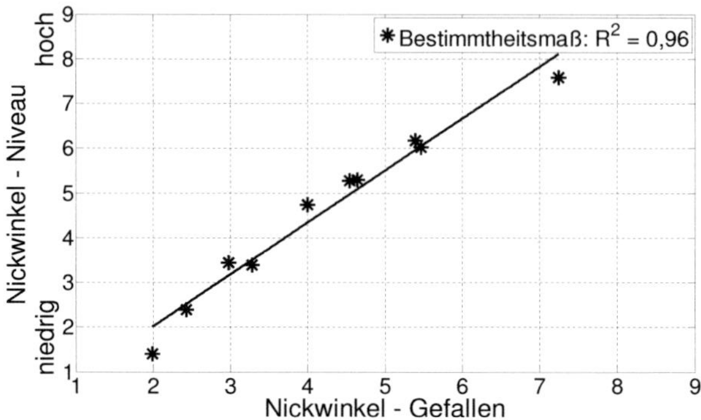

Abb. 4.9.: Korrelation der subjektiven Niveau- zu den Gefallens-Urteilen bzgl. Anfahrnicken (Expertenfahrer)

$$Niveau = (x_1 \cdot Federungsgradient_{VA}) + (x_2 \cdot Federungsgradient_{HA}) + x_3 \qquad [4.8]$$

verwendet. Aufgrund der Übereinstimmung von Federungsgradient$_{VA}$ und Federungsgradient$_{HA}$ sowohl bezüglich Einheit als auch bezüglich Dimension können die Beträge der ermittelten Regressionskoeffizienten x_1 und x_2 als Gewichtungsfaktoren für die Bedeutung der Bewegung der jeweiligen Achse beim Anfahrnicken angesehen werden.

	$\mid x_1 \mid$	$\mid x_2 \mid$	$\mid x_1 \mid / \mid x_2 \mid$
Experten	0,50	0,27	1,85
Normalfahrer	0,38	0,26	1,46

Tab. 4.4.: Gewichtungsfaktoren der Achsfederungsgradienten beim Anfahren

Der Quotient der Gewichtungsfaktoren in Tabelle 4.4 spiegelt das Verhältnis der Wichtigkeit der Bewegung von Vorderachse und Hinterachse für das Probandenempfinden beim Anfahren wieder. Die Bewegung der Vorderachse ist demnach für das Fahrerempfinden des Anfahrnickwinkels dominierend gegenüber der Bewegung der Hinterachse.

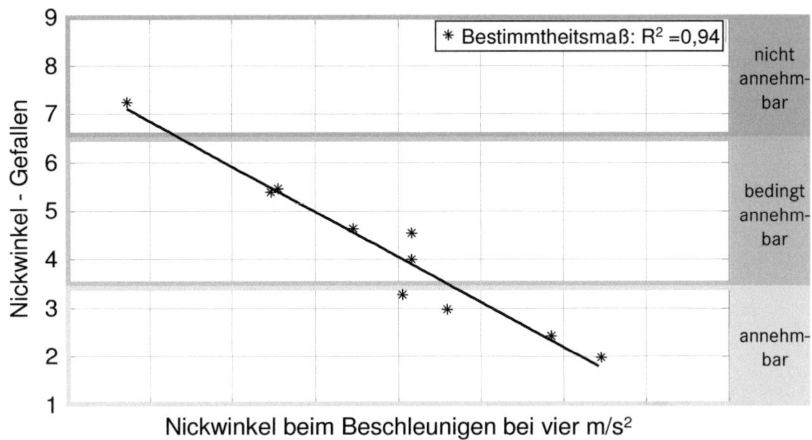

Abb. 4.10.: Zielbereichsableitung des Anfahrnickwinkels bei vier m/s^2 Beschleunigung

Ihre Bedeutung ist für die Experten annähernd doppelt so hoch, für die Normalfahrer ca. 1,5-mal so hoch wie diejenige der Hinterachse. Die Ergebnisse der multiplen Korrelationsrechnung weisen darauf hin, dass der Anfahrnickwinkel hauptsächlich über die Bewegung der Vorderachse und damit des Fahrzeugvorbaus visuell sensiert wird und weniger vestibulär über den eigentlichen Nickwinkel.

Korrelationsergebnisse Versuchsteil Bremsnicken

Analog zum Versuchsteil Anfahrnicken wird bezüglich Bremsnicken das Niveau-Urteil der Probanden vor allem durch die Kennwerte „Nickwinkelgradient" und „Nickwinkel bei sechs m/s^2 Verzögerung" sehr gut repräsentiert, wobei auch hier der letztgenannte Kennwert die Auswertung des erstgenannten bei definierter Längsverzögerung darstellt. Die Bestimmtheitsmaße sind aus diesem Grund wie oben für beide Kennwerte annähernd gleich hoch. Dargestellt sind in den Abbildungen 4.11 und 4.12 exemplarisch die Korrelationen beider Fahrergruppen zum Kennwert „Nickwinkel bei sechs m/s^2 Verzögerung". Deutlich zu sehen ist im Vergleich beider Fahrergruppen die kritischere Beurteilung durch die Expertenfahrer beziehungsweise die größere Toleranz der Normalfahrer hinsichtlich auftretender Nickwinkel. Wie im Versuchsteil Anfahrnicken existiert ein enger linearer Zusammenhang zwischen den Niveau- und den Gefallensbeurteilungen der Probanden. Auch hier entspricht weniger Nickwinkel des Fahrzeugs durchgängig besserem Gefallen der Probanden, ein Sättigungsbereich zu geringen Bremsnickwinkels kann nicht festgestellt werden.

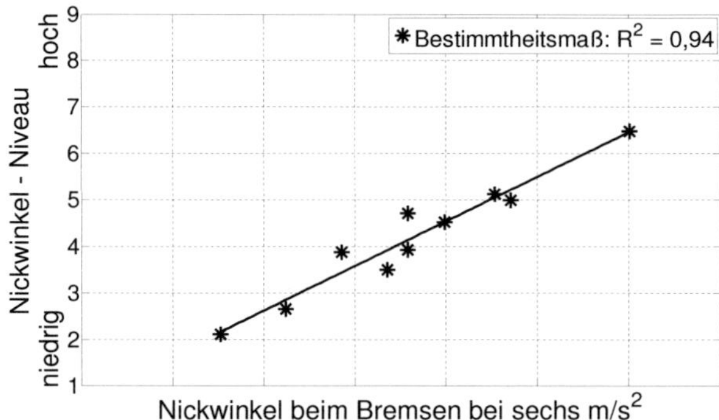

Abb. 4.11.: Korrelation der subjektiven Niveau-Urteile zum Nickwinkel bei sechs m/s^2 Brems-verzögerung (Expertenfahrer)

Der enge Zusammenhang zwischen Niveau- und Gefallens-Urteilen erlaubt auch bezüglich des Bremsnickwinkels die Korrelation der Gefallensurteile mit den oben als das Probandenurteil beschreibend identifizierten objektiven Kennwerten. Wie oben sind in Abbildung 4.13 die Fragebogenbereiche „annehmbar", „bedingt annehmbar" und „nicht annehmbar" mittels unterschiedlicher Graustufen kodiert.

Es sind hohe Korrelationskoeffizienten in Verbindung mit mäßig hohen Steigungen der Regressionsgeraden festzustellen. Die Bereichsgrenze der Bereiche „bedingt annehmbar" zu „nicht annehmbar" ist mittels Extrapolation zwar ermittelbar, wird durch die Versuchsspreizung jedoch nicht erreicht. Hinsichtlich Bremsnickwinkel sind die Normalfahrer im Mittel deutlich toleranter gegenüber auftretenden Nickwinkeln als die Expertenfahrergruppe.

Auch in diesem Versuchsteil lässt sich mittels multipler Korrelation der Einfluss des Federwegs der Vorderachse im Verhältnis zum Federweg der Hinterachse während des

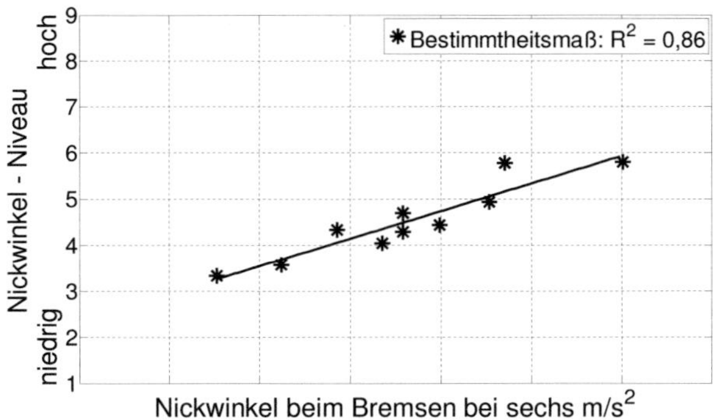

Abb. 4.12.: Korrelation der subjektiven Niveau-Urteile zum Nickwinkel bei sechs m/s^2 Bremsverzögerung (Normalfahrer)

Verzögerungsvorgangs untersuchen. Wie im vorangegangenen Versuchsteil wird eine lineare Ansatzfunktion der multiplen Regression zugrunde gelegt:

$$Niveau = (x_1 \cdot Federungsgradient_{VA}) + (x_2 \cdot Federungsgradient_{HA}) + x_3 \qquad [4.9]$$

Die Dimensions- und Einheitengleichheit der beiden Federungsgradienten erlaubt anhand des Quotienten der Koeffizienten x_1 und x_2 wieder die Ableitung einer Aussage bezüglich der Bedeutung der Federungsgradienten für das Probandenurteil der Fahrergruppen mittels Tabelle 4.5.

	$\mid x_1 \mid$	$\mid x_2 \mid$	$\mid x_1 \mid / \mid x_2 \mid$
Experten	0,54	0,63	0,88
Normalfahrer	0,36	0,39	0,92

Tab. 4.5.: Gewichtungsfaktoren der Achsfederungsgradienten beim Bremsen

Die Bewegungen der beiden Achsen sind im Versuchsteil Bremsnicken den Tabelleneinträgen folgend von annähernd gleich großer Bedeutung für das Probandenempfinden.

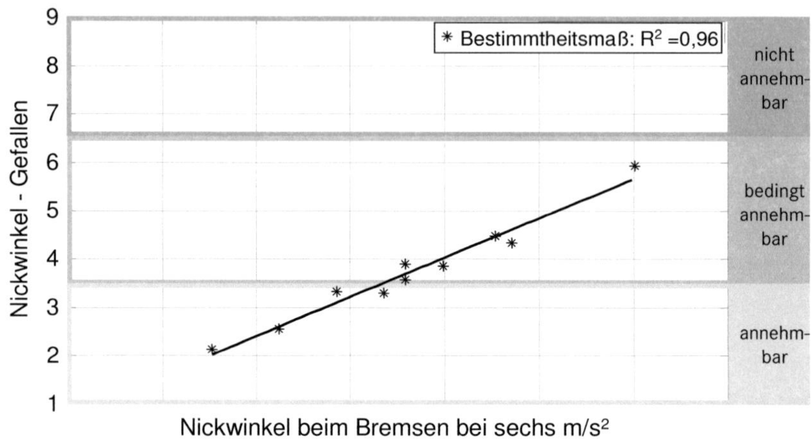

Abb. 4.13.: Zielbereichsableitung des Bremsnickwinkels bei sechs m/s² Bremsverzögerung

Der ermittelte leicht höhere Einfluss der Hinterachse im Vergleich zur Vorderachse liegt im Bereich der Auflösegenauigkeit des Versuchs. Eine eindeutige Tendenz wie im Versuchsteil Anfahren kann nicht abgeleitet werden.

4.5.6. Interpretation

Anhand der beschriebenen Datenauswertungen können eine Reihe von Rückschlüssen gezogen werden, welche für die Auslegung und Abstimmung zukünftiger Fahrzeuge bezüglich des Nickverhaltens relevant sind. Die ermittelten Ergebnisse und ihre Limitierungen werden im Folgenden komprimiert dargestellt:

- Das Fahrerempfinden des Nickverhaltens korreliert hoch mit dem Nickwinkelgradienten der Fahrverhaltensvarianten über der Längsbeschleunigung. Auch die Auswertung der Nickwinkelverläufe bei definierten Beschleunigungswerten (untersucht wurden vier m/s² Beschleunigung beziehungsweise sechs m/s² Verzögerung) korreliert hoch linear mit den Niveau-Bewertungen der Probanden.

- Das Niveauempfinden sowohl der Experten- als auch der Normalfahrer korreliert hoch linear mit dem Gefallensempfinden. Weniger empfundener Nickwinkel entspricht besserem Gefallen der Probanden und umgekehrt; ein Sättigungsbereich zu geringer empfundener Fahrzeugnickwinkel kann anhand der realisierten Versuchsspreizung nicht festgestellt werden.

- Aufgrund des Versuchsdesigns (Verwendung einer Mittelklasse-Limousine als Trägerfahrzeug) ist eine Übertragbarkeit der Ergebnisse über das Spektrum verschiedener Limousinen hinaus fraglich. Eine Übertragung der Versuchsergebnisse auf Fahrzeuge im Segment der Sport- oder Geländewagen beispielsweise scheint unzulässig.

- Die Ausprägung der Federbewegung der Vorderachse hat beim Anfahren einen annähernd doppelt so großen (Expertenfahrer) beziehungsweise 1,5-mal so großen (Normalfahrer) Einfluss auf das Niveauempfinden des Nickwinkels wie die Ausprägung der Federbewegung der Hinterachse. Im Versuchsteil Bremsnickwinkel wurde eine leicht gegenläufige Tendenz festgestellt, welche sich allerdings im Rahmen der Grenze der Auflösegenauigkeit der Untersuchung bewegt.

- Die Reproduzierbarkeit der Probandenurteile wurde mittels einer in den Versuchsablauf integrierten Wiederholungsvariante getestet. Die durchschnittliche Abweichung der Probandenbewertungen über alle Kriterien zwischen Erst- und Wiederholungsbeurteilung beträgt 1,32 Notenpunkte bei den Niveaubewertungen und 1,15 Notenpunkte bei den Gefallensbewertungen auf einer Skala mit neun Ankern. Die ermittelte Wiederholgenauigkeit kann damit als befriedigend bezeichnet werden.

- Für die oben beschriebenen Kennwerte wurden Grenzwerte abgeleitet, unterhalb derer das Nickverhalten sowohl von den Experten- als auch von den Normalfahrern als „annehmbar" beziehungsweise „bedingt annehmbar" beurteilt wird. Die Bereichsgrenze zwischen „bedingt annehmbar" und „nicht annehmbar" wird im Versuchsteil Bremsen nicht erreicht. Der zugehörige Grenzwert kann mittels Extrapolation der Regressionsgeraden ohne Anspruch auf Belastbarkeit errechnet werden.

- Die Steigungen der Regressionsgeraden für die Korrelationsrechnungen der Gefallensurteile zu den objektiven Kennwerten sind in beiden Versuchsteilen für die Normalfahrer niedriger als für die Expertenfahrer. Die Gruppe der Normalfahrer ist toleranter gegenüber auftretenden Nickwinkeln als die Expertenfahrergruppe.

- Die in [90] genannte Fühlbarkeitsschwelle von $0{,}02°$ Nickwinkel kann nicht bestätigt werden. Wird als Kriterium für die Fühlbarkeitsgrenze die Veränderung der durchschnittlichen Probandenbewertung um einen Notenpunkte (entspricht der kleinstmöglichen Urteilsveränderung) auf der Niveauskala angenommen, so resultieren Fühlbarkeitsschwellen von $0{,}18°$ (Experten) beziehungsweise $0{,}23°$ (Normalfahrer) Nickwinkel bei vier m/s^2 Anfahrbeschleunigung und von $0{,}21°$ (Experten) beziehungsweise $0{,}33°$ (Normalfahrer) Nickwinkel bei sechs m/s^2 Bremsverzögerung.

4.6. Fahrerempfinden beim Wankvorgang

Die subjektive und objektive Beurteilung der Fahreigenschaften neuer Fahrzeuggenerationen ist die Basis für eine gezielte Auslegung des Fahrverhaltens, welche den Automobilherstellern längst nicht mehr nur zur Sicherstellung der aktiven Fahrsicherheit, sondern darüber hinaus als Mittel zur Positionierung neuer Fahrzeuge und zur Ausprägung markentypischer Eigenschaften dient. Das Fahrzeug-Wankverhalten steht dabei als vom Kunden direkt und sehr häufig erlebbares fahrdynamisches Kriterium besonders im Fokus der Fahrzeughersteller, wie zahlreiche Veröffentlichungen und die Realisierung von Wankstabilisierungssytemen in verschiedenen Volumenmodellen namenhafter Hersteller zeigen. Einen guten Überblick über die Historie und derzeitige Verbreitung aktiver Wankstabilisierungssysteme am Markt bietet [50].

In einer Probandenstudie wurde im Rahmen dieser Arbeit der Themenkomplex „Fahrerempfinden beim Wankvorgang" detailliert untersucht. Die nachfolgenden Teilkapitel erläutern die Ergebnisse bisheriger Studien, die Motivation, Durchführung und Auswertung dieser Untersuchung sowie die erarbeiteten Ergebnisse.

4.6.1. Ausgangssituation und Untersuchungsziel

Das Wankverhalten von Fahrzeugen ist eine wichtige Auslegungsgröße der fahrdynamischen Fahrzeugabstimmung. Das Fahrerurteil wird - vor allem in Kurven und Wechselkurven - stark vom Wankverhalten des Fahrzeugs geprägt. [219] identifiziert das Wanken als Diskomfort-Kriterium, also als ein Kriterium des subjektiven Empfindens, welches einen linearen Zusammenhang zwischen Niveau- und Gefallensurteil und damit einen nur einseitig abgegrenzten Zielbereich aufweist. [127] stellt anhand einer Studie fest, dass ein Teil der teilnehmenden Probanden eindeutig das Fahren gänzlich ohne Wanken favorisierte, während eine andere Gruppe nicht auf das Wanken als Teil der Fahrzeugreaktion verzichten wollte. [203] weist allgemein darauf hin, dass der Einfluss des Wankens auf den Fahrereindruck zukünftig noch detaillierter untersucht werden muss.

In [54] wird festgestellt, dass die subjektive Bewertung des Wankens mit dem stationär ermittelten Wankwinkelgradienten korreliert: Höhere Wankwinkelgradienten entsprechen schlechteren subjektiven Bewertungen und umgekehrt. Weiterhin wird nachgewiesen, dass gute subjektive Einschätzungen sowie hohe sichere Fahrgeschwindigkeiten unter anderem Folge geringer Wankverstärkungen sind [92]. Aktuelle Veröffentlichungen beschäftigen sich mit dem Einfluss von Wankwinkelgeschwindigkeiten und -beschleunigungen, welche neben dem Wankwinkel mitentscheidend für den Fahrereindruck sind. Vor allem Veränderungen an der Fahrzeugdämpfung verändern das dynamische Wankverhalten deutlich, während das quasistationäre Wankverhalten hiervon unbeeinflusst bleibt - eine solche Änderung wird vom Wankwinkelgradienten nicht erfasst. Diese These deckt sich mit der Aussage in [203], dass bei der Charakterisierung des Handlings jedes Typs von Fahrzeug die dynamischen Parameter eine zentrale Rolle spielen. [162] führt aus, dass das Empfinden von Stabilität vor allem auch von der Wankgeschwindigkeit abhängt. In [23] wird der so genannte „Wankindex" vorgestellt, welcher neben dem absoluten Wankwinkel auch Wankwinkelgeschwindigkeiten und -beschleunigungen berücksichtigt (siehe unten). Der Wankindex wird in [150] bezüglich seines Einflusses auf das Subjektivurteil als einer der wichtigsten fahrdynamischen Kennwerte identifiziert.

Die oben genannten Untersuchungen leiden jedoch sämtlich unter der fehlenden Möglichkeit der direkten vergleichenden Beurteilung der dargestellten Versuchsvarianten durch Probanden im realen Fahrzeug, da die Variantendarstellung entweder mittels Fahrsimulatoren oder mittels mechanischer Umbauten eines Basisfahrzeugs realisiert wurden. Die Überprüfung und gegebenenfalls Ergänzung der oben genannten Thesen ohne die beschriebenen Einschränkungen soll im Rahmen dieser Arbeit geleistet werden. Wie bereits oben dargelegt können mit Hilfe des Tools FVS Fahrwerksänderungen in einer Güte und einer zeitlichen Nähe zueinander im realen Fahrzeug dargestellt werden, wie es sonst nur im Rahmen von Simulatorversuchen möglich ist.

4.6.2. Zielgrößen und Einflussfaktoren

Haupteinflussparameter auf das Wankverhalten eines Fahrzeugs und dessen Empfinden durch den Fahrer sind neben den klassischen Fahrzeugkonzeptparametern Fahrersitzposition, Achskinematik, Spurweite und Schwerpunktshöhe (beziehungsweise Lage der Wankachse) fast alle Fahrwerksbauteile, explizit genannt werden sollen an dieser Stelle Federn, Stossdämpfer und Stabilisatoren, welche erheblichen Einfluss auf das Wankverhalten aufweisen.

Zielgröße bei der Beurteilung des Wankverhaltens ist klassischerweise der Fahrzeugwankwinkel φ (Phi) bei definierter Querbeschleunigung oder der Wankwinkelgradient (kurz: WWG). Der aus der nach ISO 4138 genormten stationären Kreisfahrt ermittelbare Wankwinkelgradient beschreibt die Veränderung des Fahrzeugwankwinkels über der Querbeschleunigung. Er berechnet sich im linearen Bereich von einem bis vier m/s^2 Querbeschleunigung zu:

$$WWG = \frac{\Delta\varphi}{\Delta a_y} \qquad [4.10]$$

In [23] wird der so genannte Wankindex (kurz: WI) als Kennwert eingeführt, welcher neben dem Wankwinkel auch Wankwinkelgeschwindigkeiten und Wankwinkelbeschleunigungen berücksichtigt. Die Validierung dieses Kennwerts stützt sich auf im Rahmen von Simulatorversuchen erhobene Fahrerurteile. Die Validierung des Kennwerts im realen Versuchsträger ist noch zu leisten. Der Wankindex berechnet sich zu:

$$WI = \frac{\ddot{\varphi}}{a_y} \cdot h_k \cdot m_1 + \frac{\dot{\varphi}}{a_y} \cdot h_1 \cdot m_2 + \frac{\varphi}{a_y} \cdot h_1 \cdot m_3 \qquad [4.11]$$

mit h_k Vertikaler Abstand von der Fahrzeugrollachse zum Fahrerkopf und h_1, m_1, m_2, m_3 Vorfaktoren für gleiche Einheiten aller Summanden

Der Wankindex wird im Fahrversuch aus einem bei 80 km/h durchgeführten Frequenzgang mit quasistationärer Querbeschleunigung von vier m/s^2 bei 0,5 Hz Lenkfrequenz unter Verwendung der Beträge der relevanten Signalamplituden ermittelt.

4.6.3. Versuchsplan

Aufgrund der Konzeption des Tools Fahrverhaltensynthese kann kein Einfluss auf die konzeptionellen Fahrzeugparameter wie Achskinematik und Spurweite genommen werden. Das Wankverhalten des Versuchsfahrzeugs wird durch virtuelle Variation der Spezifikationen der Fahrwerksbauteile Federn, Stoßdämpfer und Stabilisatoren verändert.

Insgesamt acht realisierte Versuchsvarianten teilen sich auf in zwei Varianten erhöhter bzw. verringerter Drehstabsteifigkeiten, zwei Varianten erhöhter bzw. verringerter Fahrzeugdämpfung, zwei Varianten erhöhter bzw. verringerter Federsteifigkeit, der Basisvariante des Serienfahrzeugs (passives System) und einer Variante reduzierter Drehstabsteifigkeit mit über dem Lenkradwinkel realisierter Wankabstützung zur Veränderung der Phase des auftretenden Wankwinkels beim Einlenken. Die so erzielte Variantenzusammensetzung erlaubt die Ableitung von Aussagen zum stationären und dynamischen Fahrzeugwankverhalten.

4.6.4. Versuchsdurchführung

Die Durchführung der Versuche gliedert sich, wie bereits oben dargestellt, in die objektive Vermessung und die subjektive Beurteilung der Versuchsvarianten.

Objektive Vermessung der Versuchsvarianten

Alle Versuchsvarianten werden bezüglich den oben erläuterten Kennwerten Wankwinkelgradient und Wankindex objektiv vermessen. Zugrunde liegende fahrdynamische Manöver sind die stationäre Kreisfahrt zur Ermittlung des Wankwinkelgradienten und der Frequenzgang bei 80 km/h und vier m/s^2 quasistationärer Querbeschleunigung zur rechnerischen Bestimmung des Wandindex. Aus der stationären Kreisfahrt wird der Verlauf des Wankwinkels über der Querbeschleunigung gewonnen, dessen lineare Nährung im Bereich eins bis vier m/s^2 Querbeschleunigung in einer Regressionsgerade resultiert, deren Steigung wiederum den Wankwinkelgradient repräsentiert. Die Wankindizes der Versuchsvarianten werden rechnerisch anhand Formel 4.11 bestimmt. Abbildung 4.14 veranschaulicht die Verteilung der Versuchsvarianten anhand der genannten Kennwerte.

Durch die Auftragung der ermittelten Wankwinkelgradienten über den berechneten Wankindizes ist ersichtlich, dass Varianten lediglich veränderter Dämpfung bei unverändertem Wankwinkelgradienten gegenüber der Serienvariante mittels des Wankindex

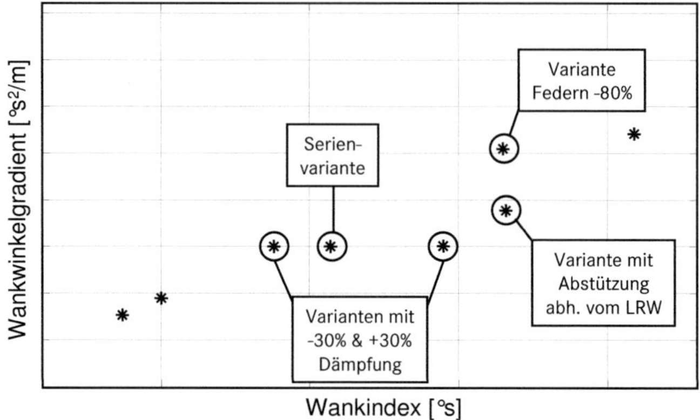

Abb. 4.14.: Objektive Variantenspreizung bzgl. Wankwinkelgradient und Wankindex

differenziert werden können. Umgekehrt sind zwei Varianten veränderter Wankwinkelgradienten bei unverändertem Wankindex Teil des Versuchsplans. Die Unterschiede im
auftretenden Wankwinkel werden hier in der Berechnung des Wankindex durch unterschiedliche Wankwinkelgeschwindigkeiten und -beschleunigungen kompensiert.

Subjektive Beurteilung der Versuchsvarianten

Für den Ablauf einer subjektiven Beurteilung bezüglich eines eher komplexen Fahrzu-
standskriteriums wie des Wankens wird in [171] vorgeschlagen, standardisierte Manöver zu verwenden, um zu große Streuungen in den Ergebnissen zu vermeiden. Zusätzlich
sollten den Probanden jedoch auch freie Beurteilungen ermöglicht werden, um auch kri-
tische Zustände des Fahrzeugs nicht zu "verpassen". Dem folgend standen die folgenden
Beurteilungssituationen jedem Probanden zur Verfügung:

- Fahrt auf einem kurvenreichen Landstraßenprofil mit verschiedenen Übergangs-
  bögen und Kurvenradien, Streckenlänge ca. fünf Kilometer je Variante, Richtge-
  schwindigkeit 80 bis 100 km/h,

- Kreisverkehrsituation bei Stadtfahrgeschwindigkeit zur Beurteilung stationärer Wankwinkel,

- Slalom und ISO-Spurwechsel zur Beurteilung des dynamischen Wankverhaltens und

- freies Fahren zur individuellen Beurteilung von Teilaspekten des Wankverhaltens.

Je Proband setzt sich die Versuchsteilnahme zusammen aus einer vorgeschalteten Gewöhnungsphase an das Fahrzeug mit passivem System und der anschließenden Beurteilung der Versuchsvarianten auf den oben aufgeführten Streckenmodulen. Zur Vermeidung von Gedächtniseffekten kommen permutierte Variantenreihenfolgen zum Einsatz. Zur Generierung vergleichbarer Ergebnisse werden Zielbetriebspunkte (Fahrgeschwindigkeiten) zur Beurteilung der Versuchsvarianten individuell je Streckenmodul vorgegeben.

Alle Probandeneindrücke werden während oder direkt nach dem Fahren der Varianten mittels eines immer gleichen Fragebogens dokumentiert. Der Fragebogen teilt sich auf in Fragen zu den Themenkomplexen Wankverhalten, Gierverhalten und Gesamtfahrzeugverhalten. Zum besseren und einheitlichen Verständnis wird jedes Fragebogenkriterium verbal beschrieben und die Skala mit zwei (Niveau-Skala) bzw. neun (Gefallens-Skala) verbalen Ankern versehen, siehe Tabelle 4.6. Der komplette Fragebogen der Studie findet sich im Anhang dieser Arbeit.

4.6.5. Auswertung der Ergebnisse

Vor der Korrelation der subjektiven Urteile mit den objektiven Kriterien ist es erforderlich, das in den Subjektivurteilen der Probanden formulierte Fahrerempfinden im Detail zu betrachten. Redundanzen der Fragebogenkriterien ebenso wie Verknüpfungen zwischen Niveau- und Gefallens-Urteilen stehen im Fokus der Betrachtungen. Im Anschluss hieran werden Zusammenhänge subjektiver Urteilskriterien zu objektiven Kennwerten gesucht, um Verknüpfungen von Probandenurteilen und Kennwerten finden und bestätigen zu können sowie Zielbereiche für gutes Fahrzeugverhalten abzuleiten.

Subjektiv-Subjektiv-Korrelationsuntersuchungen

Wie aus Tabelle 4.7 ersichtlich wird, bestehen (hoch) signifikante Korrelationen der Expertenurteile bezüglich aller das Wanken betreffenden subjektiven Einzelkriterien zueinander mit Ausnahme des Kriteriums Zeitverzug der Wankreaktion. Trotz einer Vari-

Themen-komplex	Kriterium	Verbale Beschreibung	Beurteilung des Kriteriums bzgl.	
			Niveau	Ge-fallen
Wank-verhalten	Stationäres Wanken	Wie stark neigt sich das Fahrzeug bei langgez. Kurvenfahrt nach aussen?	X	X
	Dynamisches Wanken	Wie dynamisch neigt sich das Fahr-zeug unter Kurvenfahrt nach außen?	X	X
	Zeitverzug der Wankreaktion	Wie früh oder spät neigt sich das Fahrzeug während des Lenkvorgangs?	X	X
	Nachschwing-verhalten	Wie ausgeprägt empfinden Sie Nach-schwingen der Wankbewegung?	X	X
	Anwanken	Wie stark ist die Wankreaktion b. klei-nen Lenkradwinkeln um d. Mittellage?	X	X
	Gesamteindr. bzgl. Wanken	Wie gut gefällt Ihnen die aktuelle Einstellung bzgl. Wankverhalten?	O	X
Gier-verhalten	Ansprech-verhalten	Wie spontan reagiert das Fahrzeug auf Lenkvorgaben?	X	X
	Agilität / Gierverhalten	Wie stark dreht das Fahrzeug bei einer Lenkvorgabe ein?	X	X
Gesamt-fahrzeug-verhalten	Harmonie Wan-ken zu Gieren	Wie ist das Verhältnis zwischen Wank- und Gierreaktion des Fahrzeugs?	O	X
	Angebunden-heit an d. Str.	Vermittelt das Fahrzeug einen guten Kontakt zur Straße?	X	X

Tab. 4.6.: Evaluierungsbogen zum Fahrerempfinden beim Wankvorgang

antenzusammensetzung, welche sowohl Varianten lediglich veränderter Dämpfung als auch Varianten lediglich veränderter Steifigkeiten beinhaltete, werden die Einzelkriterien von den Probanden nicht voneinander getrennt - die Probanden bilden sich ein integrales Urteil vom Wankverhalten des Fahrzeugs. Lediglich der Zeitverzug der Wankreaktion wird deutlich von den anderen fünf Kriterien differenziert. Er wird später detailliert betrachtet.

Bestimmtheitsmaß R^2	Stationäres Wanken	Dynamisches Wanken	Zeitverzug der Wankreaktion	Nachschwing- verhalten	Anwanken	Gesamteindruck bzgl. Wanken
Stationäres Wanken	...	0,99	0,10	0,73	0,98	0,96
Dynamisches Wanken		...	0,13	0,81	0,99	0,99
Zeitverzug der Wankreaktion			...	0,14	0,11	0,12
Nachschwingverhalten				...	0,81	0,88
Anwanken					...	0,99
Gesamteindruck bzgl. Wanken						...

Tab. 4.7.: Subjektiv-Subjektiv-Korrelationen der Einzelkriterien bzgl. Wankverhalten (Niveau-Urteile)

Subjektiv-Objektiv-Korrelationsuntersuchungen

Sowohl Wankwinkelgradient als auch Wankindex korrelieren linear hoch mit dem Gesamteindruck bezüglich Wanken sowohl der Experten als auch der Normalfahrer. Sie sind als Beschreibungsgrößen zur Quantifizierung des Fahrereindrucks des Wankverhaltens geeignet. Die Subjektivurteile werden vom Wankindex geringfügig besser abgebildet als durch den Wankwinkelgradienten, wobei der vom Wankindex berücksichtigte Einfluss des Abstands des Fahrerkopfs zur Wankachse aufgrund des Versuchsdesigns mit gleichbleibendem Basisfahrzeug nicht untersucht werden konnte.

Die ausreichend große Streuung der Gesamteindrucksurteile erlaubt die Ableitung von Zielbereichen aus den erhobenen Daten. Die Regressionsgeraden der Korrelationen von Wankwinkelgradient und Wankindex zum Gesamteindruck bzgl. Wanken in den Abbildungen 4.15 und 4.16 schneiden die Bereichsgrenzen der Gefallens-Skala zwischen den Bereichen „annehmbar" und „bedingt annehmbar", was die Extraktion dieser Schnittpunkte als obere Grenze von wünschenswerten Zielbereichen bezüglich beider Kennwerte erlaubt. Analog zur oben beschriebenen Darstellung von Gefallensurteilen erstreckt sich die Achsskalierung im Zusammenhang mit Gesamteindrucksurteilen hier wie im Folgenden von eins wie exzellent bis neun wie katastrophal.

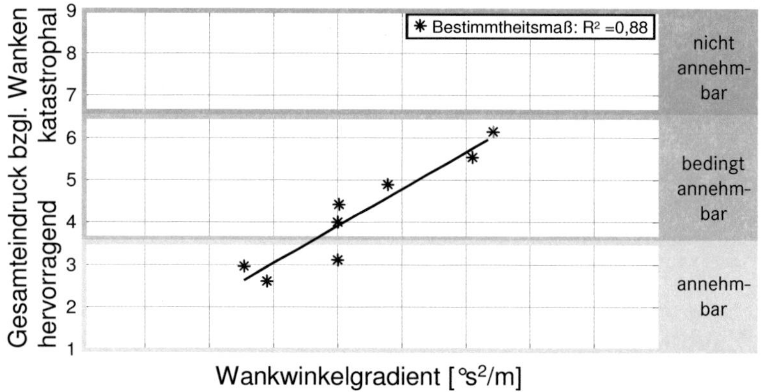

Abb. 4.15.: Korrelation des Gesamteindrucksurteils zum Wankwinkelgradienten (Expertenfahrer)

Aus den hohen Korrelationen der subjektiven Kriterien bezüglich Wanken zueinander folgen enge Zusammenhänge der Kriterien stationäres Wanken, dynamisches Wanken, Nachschwingverhalten und Anwanken zu den oben aufgeführten objektiven Kennwerten. Alle genannten Kriterien weisen darüber hinaus enge Zusammenhänge zwischen Niveau- und Gefallens-Urteilen auf, was die Ableitung von Zielbereichen bezüglich Wankwinkelgradient und Wankindex anhand eines durch Mittelung der genannten Einzelkriterien bestimmbaren Urteilskriteriums Wankverhalten erlaubt. Die ableitbaren

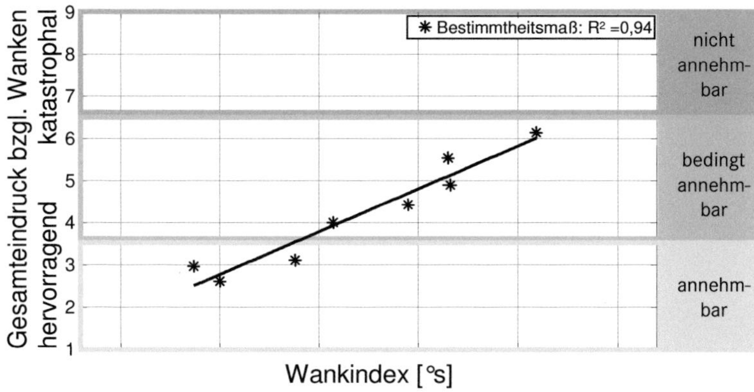

Abb. 4.16.: Korrelation des Gesamteindrucksurteils zum Wankindex (Expertenfahrer)

Zielbereiche der objektiven Kennwerte sind für das kombinierte Kriterium Wankverhalten geringfügig enger zu wählen als bei Zugrundelegung des Gesamteindrucksurteils bezüglich Wanken. Die oben genannten Einzelkriterien, welche dem Kriterium Wankverhalten zugrunde liegen, werden von den Probanden im Einzelvergleich gleich bis geringfügig sensibler beurteilt als der Gesamteindruck bezüglich Wanken.

Das Teilkriterium Zeitverzug der Wankreaktion wird als von den Probanden von allen übrigen Kriterien im Themenkomplex Wankverhalten differenziertes Kriterium identifiziert. Die Korrelationen der Urteile bezüglich des Zeitverzugs der Wankreaktion zu allen anderen subjektiven Einzelkriterien sind nicht signifikant. Bei detaillierter Betrachtung des Kriteriums wird festgestellt, dass die Probandenevaluierungen bezüglich des Zeitverzugs der Wankreaktion nicht variant sind (siehe Abbildung 4.17). Dem gegenüber stehen, wie aus Abbildung 4.18 ersichtlich wird, deutliche Unterschiede im Phasengang der Wankwinkel relativ zum Lenkradwinkel zwischen den Versuchsvarianten, welche sich aus den durchgeführten Frequenzgangmessungen extrahieren lassen. Es lässt sich feststellen, dass der Zeitverzug der Wankreaktion trotz veränderter Phasenverläufe der Wankwinkel zum Lenkradwinkel von den Probanden im Rahmen der Versuchsspreizung nicht differenziert wird.

Die bezüglich Gier- und Gesamtfahrzeugverhalten ermittelten Korrelationsergebnisse sind vor dem Hintergrund lediglich veränderten Wankverhaltens bei nahezu unverän-

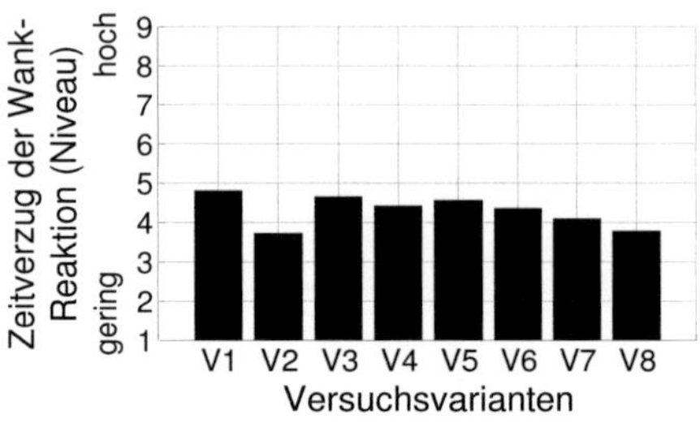

Abb. 4.17.: Mittleres Expertenurteil zum Zeitverzug der Wankreaktion

derter Fahrzeuggierreaktion als nur eingeschränkt aussagekräftig einzustufen. Auf die Darstellung dieser Ergebnisse wird unter Hinweis auf das eine Probandenstudie zum Thema Verhältnis von Wank- zu Gierreaktion beschreibende Kapitel 4.7 verzichtet.

4.6.6. Interpretation

Zusammenfassend lässt sich festhalten, dass das Probandenempfinden der erhobenen Stichprobe hinsichtlich des Wankverhaltens des Fahrzeugs vom Wankindex (WI) minimal besser abgebildet wird als vom Wankwinkelgradienten (WWG), welcher als aus dem Manöver stationäre Kreisfahrt extrahierter Kennwert breite Akzeptanz besitzt. Sowohl bezüglich des Wankwinkelgradienten als auch bezüglich des Wankindex können mittels des Bereichsübergangs „annehmbar" zu „bedingt annehmbar" der anhand der Gefallensskala erhobenen Probandenbewertungen Zielbereiche identifiziert werden. Die Bereichsgrenzen von „bedingt annehmbar" zu „nicht annehmbar" werden im Rahmen der Versuchsspreizung nicht erreicht; die Toleranz der Probanden gegenüber auftretenden Wankreaktionen ist größer als erwartet. Die Bereichsübergänge von „bedingt annehmbar" zu „nicht annehmbar" können mittels Extrapolation ermittelt werden, was jedoch nicht zu vernachlässigende Unsicherheiten mit sich bringt.

Sättigungsbereiche zu geringer Wankreaktion des Fahrzeugs werden in der durchgeführten Untersuchung nicht festgestellt. Niveau-Urteile geringerer Wankreaktion entsprechen bezüglich aller abgefragten Kriterien besseren Gefallens-Bewertungen und umgekehrt. Dies deckt sich mit der Erkenntnis in [219], welche das Wanken als Diskomfort-Kriterium identifiziert, also als Kriterium mit linearem Zusammenhang zwischen

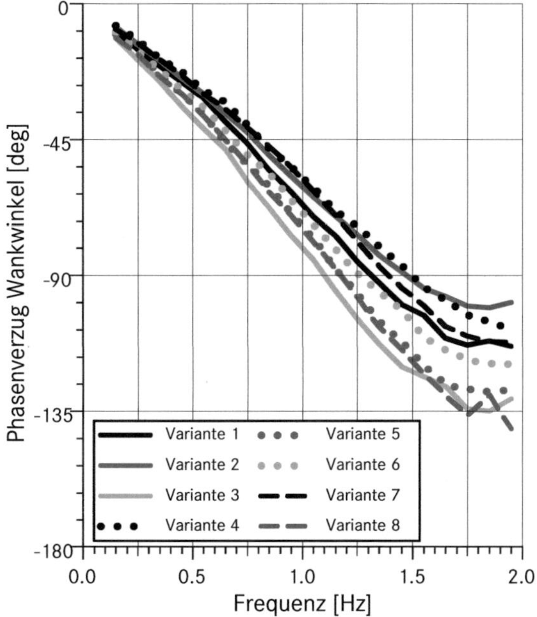

Abb. 4.18.: Phasengänge der Wankwinkelamplituden

Niveau und Gefallen. Die These, dass eine gewisse statische und dynamische Mindest-wankreaktion zur Sensierung der Querbeschleunigung vom Fahrer gewünscht wird (sie-he [127]), kann nicht bestätigt werden.

Die zur Verfügung stehenden Daten eröffnen die Möglichkeit, basierend auf den an-hand verschiedener virtueller Bauteiländerungen dargestellten Versuchsvarianten eine Rückrechnung der Probandenurteile auf die den unterschiedlichen Versuchsvarianten zugrunde liegenden Fahrwerksbauteile anzustellen. Tabelle 4.8 stellt die Änderungen der Expertenurteile gegenüber der Serie normiert auf eine 30-prozentige Änderung von Federn und Stabilisatoren dar. Eine Erhöhung der Bauteilspezifikation einhergehend mit einer Verbesserung des jeweiligen Kriteriums entspricht dabei positivem Vorzeichen und umgekehrt.

Die virtuelle Veränderung der Stabilisatorsteifigkeiten bewirkt im normierten Mittel größere Änderungen des Expertenurteils als die virtuelle Veränderung der Federsteifig-

	stationäres Wanken (Niveau)	dynamisches Wanken (Niveau)	Anwanken (Niveau)	Gesamteindruck bzgl. Wanken
Stabilisatoren	0,75	1,0	0,75	0,75
Federn	0,5	0,5	0,5	0,5

Tab. 4.8.: Zusammenhänge zwischen Subjektivurteilen bzgl. Wanken und Steifigkeiten

keiten, siehe hierzu Tabelle 4.8. Dies gilt bezüglich aller untersuchten Kriterien des Themenkomplexes Wankverhalten. Einschränkend muss angemerkt werden, dass die Drehstäbe des Versuchsfahrzeugs im arithmetischen Mittel von Vorder- und Hinterachse bezogen auf die Radanlage absolut höhere Steifigkeitswerte aufweisen als die Federn, so dass prozentual gleiche Änderungen sich bzgl. der Stabilisatoren absolut stärker auswirken als bzgl. der Federn. Interessant ist der besonders hohe Einfluss von Stabilisatoränderungen auf das Urteil im Kriterium dynamisches Wanken, welcher durch das integrale Urteil, welches sich die Probanden vom Wankverhalten des Fahrzeugs bilden, erklärt werden kann.

	stationäres Wanken (Niveau)	dynamisches Wanken (Niveau)	Anwanken (Niveau)	Gesamteindruck bzgl. Wanken
Erhöhte Dämpfung	0,75	1,0	0,75	1,0
Verringerte Dämpfung	0	0	-0,25	-0,5

Tab. 4.9.: Zusammenhänge zwischen Subjektivurteilen bzgl. Wanken und Dämpfungen

Bei der Betrachtung der Auswirkungen veränderter Dämpfungswerte auf das Probandenurteil muss zwischen erhöhter und verringerter Dämpfung unterschieden werden. Eine Erhöhung der Dämpfung erzeugt eine vergleichsweise größere Variation der Expertenurteile gegenüber einer Verringerung der Dämpfung, welche kaum Einfluss auf die Urteile bezüglich der aufgeführten Kriterien aufweist. Beachtenswert ist vor allem die Veränderung des Probandenurteils im Kriterium stationäres Wanken bei Erhöhung der Fahrzeugdämpfung, welche wie oben lediglich durch die integrale Urteilsbildung der Probanden vom Wankverhalten des Fahrzeugs erklärt werden kann.

4.7. Verhältnis von Wank- zu Gierreaktion

Die Wankreaktion eines Fahrzeugs ist nach weit verbreiteter Expertenmeinung nicht nur separat zu betrachten, sondern auch in Relation zur Gierreaktion des Fahrzeugs zu setzen. Das Verhältnis von Wank- zu Gierreaktion wurde in unterschiedlichen Veröffentlichungen thematisiert, Objektivierungsansätze bisher jedoch nur hinsichtlich Fahrsimulatorversuchen oder dem Einsatz von Fahrzeugen verschiedener Aufbauzustände veröffentlicht. Das Tool FVS erlaubt die Veränderung sowohl der Wank- als auch der Gierreaktion eines Trägerfahrzeugs auf Knopfdruck und eröffnet so die Möglichkeit, unter Ausschluss von Sekundäreffekten das Fahrerempfinden bezüglich des Zusammenspiels von Wank- und Gierreaktion bei direktem Variantenvergleich im Rahmen einer Probandenstudie zu untersuchen.

4.7.1. Ausgangssituation und Untersuchungsziel

Im voranstehenden Kapitel 4.6 wurde das Fahrerempfinden beim Wankvorgang detailliert untersucht. Sowohl hinsichtlich der Korrelation verschiedener subjektiver Kriterien zueinander als auch in Bezug auf die Abbildung von Fahrerurteilen mittels objektiver Kennwerte liegt eine Reihe von Erkenntnissen vor. Aufbauend auf den gewonnenen Erkenntnissen bezüglich Wanken wird das Fahrerempfinden hinsichtlich des Zusammenspiels von Wank- und Gierreaktion des Fahrzeugs im Rahmen einer Probandenstudie betrachtet.

Ein Überblick über Veröffentlichungen hinsichtlich des Fahrereindrucks beim Wankvorgang wurde bereits oben gegeben. Ergänzend werden nachfolgend verschiedene Thesen und Erkenntnisse aus Untersuchungen im Themenkomplex „Gierverhalten und Gierreaktion" diskutiert. [49] stellt hierzu allgemein fest, dass die Informationen, welche der Fahrer während der Fahrt erhält, von der Gierrate dominiert sind. Die Wichtigkeit der (maximalen) Gierverstärkung als den Fahreindruck prägende Kenngröße betonen weiterhin [49] und [203]. [215] nennt als Teilaspekt der Gierreaktion die Giereigenfrequenz, welche starken Einfluss auf das Subjektivurteil aufweist.

Hohe Bedeutung messen eine Reihe von Veröffentlichungen dem Phasenverlauf der Giergeschwindigkeit (dem Zeitverzug der Gierreaktion des Fahrzeugs) bei. [161], [184] und [219] beispielsweise nennen den Zeitverzug zwischen Lenkradwinkel und Giergeschwindigkeit als prägend für das Subjektivurteil. [84] schildert als Auslegungsziel die Forderung, die Phasenverzüge der Gierrate möglichst zu minimieren, [54] nennt 0,1s als Richtwert für gute Zeitverzögerungen der Giergeschwindigkeit. [203] sowie [127] geben weiterhin die Dämpfung der Gierreaktion als Einflussgröße auf das Fahrerurteil an.

Trotz der zahlreichen Hinweise auf die Wichtigkeit der Gierverstärkung für den Fahreindruck fehlen konkrete Auslegungsrichtlinien und Zielbereichsangaben. Die derzeit in der fahrdynamischen Fahrzeugbeurteilung eingesetzten Grenzwerte als gut zu beurteilender Gierverstärkungswerte und -verläufe entstammen zum überwiegenden Teil dem Erfahrungsschatz langjährig mit der Fahrzeugbeurteilung betrauter Versuchsingenieure und nicht systematischen Subjektiv-Objektiv-Korrelationsuntersuchungen. Zum Fahrerempfinden des Zusammenspiels von Wank- und Gierreaktion existieren mit Ausnahme von [23], welche sich auf Fahrsimulatorversuche stützt, derzeit keine relevanten Veröffentlichungen.

4.7.2. Zielgrößen und Einflussfaktoren

Wie bereits diskutiert sind Haupteinflussgrößen des Fahrzeugwankverhaltens die Konzeptparameter Spurweite, Schwerpunktshöhe, Wankzentrumshöhe (bzw. Verlauf Wankachse) und die Spezifikationen und Angriffspunkte der Fahrwerksbauteile Stabilisatoren, Federn und Stoßdämpfer, sekundär weiterhin die Eigenschaften und Eingriffspunkte von Anschlagpuffern und Zuganschlagfedern. Das Wankverhalten wird klassischerweise durch den Wankwinkelgradienten (WWG) beschrieben. Alternativ steht der aus Frequenzgangmessungen extrahierbare Wankindex (WI) als Kennwert zur Beschreibung des Wankverhaltens zur Verfügung. Die Bestimmung sowie Bedeutung beider Kennwerte wurde ausführlich in Kapitel 4.6 diskutiert und analysiert.

Per Definitionem wird als Gierachse die vertikale Achse eines Luft-, Wasser- oder Landfahrzeugs definiert. Die Drehbewegung um ebenjene Achse wird als Gieren bezeichnet. Die Gierrate beschreibt dem folgend die Winkelgeschwindigkeit der Drehung des Fahrzeugs um die Hochachse.

Das Gierverhalten wird (neben zahlreichen weiteren Einflussparametern) vorrangig von der gewählten Lenkübersetzug sowie vom Eigenlenkverhalten eines Fahrzeugs bestimmt. Steigende (also indirektere) Lenkübersetzungen sowie ein größer werdender Eigenlenkgradient (entspricht zunehmendem Untersteuerverhalten des Fahrzeugs, Herleitung siehe unten) führen unisono zu verringerten Gierreaktionen bei gleich bleibender Lenkwinkelvorgabe. Zur Beschreibung der Gierreaktion dient die so genannte Gierverstärkung (kurz: GV), welche den Betrag der Lenkwinkelamplitude bei niederfrequentem sinusförmigem Lenken in Relation zum Betrag der resultierenden Fahrzeuggiergeschwindigkeitsamplitude setzt. Das Gierverhalten eines Fahrzeugs wird mittels des Verlaufs der Gierverstärkung über der Fahrgeschwindigkeit beschrieben, der so genannten Gierverstärkungskurve. Charakteristische Kenngrößen der Gierverstärkungskurve sind die Gierverstärkung bei 100 km/h Fahrgeschwindigkeit (kurz: GV_{100}), das Maximum der Gierverstärkung bezüglich Betrag und zugehöriger Fahrgeschwindigkeit (die so genannte charakteristische Geschwindigkeit) sowie der Abfall der Gierverstärkung von ihrem Maximum bis zu einer Fahrgeschwindigkeit von 200 km/h.

4.7.3. Versuchsplan

Aus der im voranstehenden Teilkapitel dokumentierten Probandenstudie im Themenkomplex Fahrerempfinden beim Wankvorgang ergibt sich, dass dynamisches und stationäres Wanken von den Probanden nicht differenziert und das Fahrzeugwankverhalten mittels eines integralen Urteils bewertet wird. Basierend hierauf werden in dieser Studie Wankverhaltensvarianten lediglich mittels der virtuellen Variation wechselseitiger Steifigkeiten dargestellt; auf die Generierung von Wankverhaltensvarianten mittels veränderter Dämpfung wird verzichtet. Die Lenkübersetzung als Haupteinflussgröße der Gierverstärkung eines Fahrzeugs wird virtuell hin zu größeren und kleineren Lenkübersetzungen variiert.

Die dargestellten Versuchsvarianten setzen sich zusammen aus Varianten veränderten Wankverhaltens, welches mittels der in Kapitel 3.2 beschriebenen Linearaktuatoren realisiert wird, und Varianten veränderten Gierverhaltens, welches mittels des in Kapitel 3.4 beschriebenen aktiven Lenkrades dargestellt wird. Weiterhin sind Kombinationsvarianten veränderten Wank- und veränderten Gierverhaltens Teil des Versuchsplans.

4.7.4. Versuchsdurchführung

Wie bereits oben teilt sich die Durchführung der Versuche in die objektive Vermessung der Versuchsvarianten und die subjektive Beurteilung ebenjener Varianten durch das eingesetzte Probandenkollektiv auf.

Objektive Vermessung der Versuchsvarianten

Die objektive Beschreibung des Wankverhaltens der Versuchsvarianten erfolgt in gewohnter Weise mittels der Kennwerte Wankwinkelgradient (WWG) und Wankindex (WI). Die Beschreibung des Gierverhaltens der Versuchsvarianten erfolgt mittels des Verlaufs der Gierverstärkungskurve. Aufgrund der Versuchsdurchführung in Anlehnung an eine in [23] beschriebene Fahrsimulatorstudie dient zur Auslegung der Versuchsvarianten die Auswertung der Gierverstärkungskurve bei 100 km/h Fahrgeschwindigkeit (kurz: GV_{100}). Die Zusammensetzung der im Versuch eingesetzten Varianten hinsichtlich ihres jeweiligen Wank- und Gierverhaltens zeigt Abbildung 4.19.

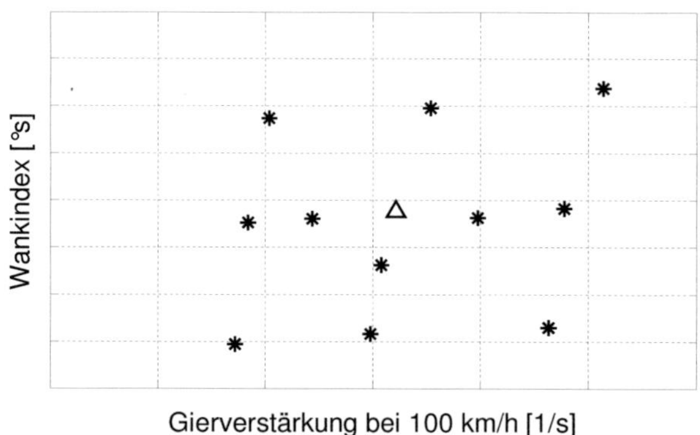

Abb. 4.19.: Variantenauslegung anhand Wankwinkelgradient und Wankindex

Ausgehend vom mittels Dreiecksymbol markierten passiven Basisfahrzeug ergeben sich die mittels Sternsymbol dargestellten aktiven Versuchsvarianten, welche die Variantenspreizung im GV_{100}-WI-Diagramm aufspannen.

Subjektive Beurteilung der Versuchsvarianten

Aufgrund der Zielsetzung der Validierung dort beschriebener Versuchsergebnisse am realen Versuchsträger wird in Anlehnung an die genannte simulationsbasierte Untersuchung die Fahrvorgabe zu konstanten 100 km/h Fahrgeschwindigkeit gewählt. Als Beurteilungsstrecke kommt ein ca. zwölf Kilometer langer nicht für den öffentlichen Straßenverkehr zugänglicher Ovalrundkurs zum Einsatz, welcher den Probanden für jede Versuchsvariante längere Fahrten ohne Unterbrechung auf einem mehrspurigen einer Autobahn nachempfundenen Streckenprofil ermöglicht. Die Versuchsvarianten werden von den Probanden mittels kundennaher einfacher und doppelter Fahrspurwechsel sowie mittels frei gefahrener Slalommanöver beurteilt. Eine Untersuchung des Fahrereindrucks bei höheren Fahrgeschwindigkeiten ist aufgrund sicherheitstechnischer Limitierungen des Versuchsfahrzeugs nicht möglich. Dies scheint aufgrund der in [23] vorgestellten Erkenntnisse, nach denen die Beurteilung der Zielgenauigkeit und der Empfindlichkeit eines Fahrzeugs bei hohen Geschwindigkeiten nur sehr schwach mit der Gierverstärkung bei 200 km/h beziehungsweise dem Gierverstärkungsabfall korreliert, hinnehmbar.

Die Aufteilung des eingesetzten Fragebogens in eine Niveau- und eine Gefallensskala resultiert in der in Tabelle 4.10 gezeigten Struktur des Fragebogens, welcher sich in voller Länge im Anhang dieser Arbeit findet.

Wie bereits mehrfach beschrieben sind vorgeschaltete Gewöhnungsphasen an das Fahrzeug, permutierte Variantenreihenfolgen zur Vermeidung von Gedächtniseffekten sowie direkte Erfassung der Probandenbewertungen durch eine Begleitperson im Fahrzeug Teil der subjektiven Probandenbewertungen.

4.7.5. Auswertung der Ergebnisse

Basis der dem Versuch nachfolgenden statistischen Auswertung ist die Korrelation der subjektiven Fragebogenkriterien zueinander, um eventuell vorhandene Zusammenhänge und Abhängigkeiten im Probandenurteil aufzudecken. Es schließen sich Subjektiv-Objektiv-Korrelationen bezüglich Wank- und Gierverhalten und der Harmonie von Wanken zu Gieren an. Den Abschluss der Auswertung stellt die detaillierte Analyse des Fahrerverhaltens des Probandenkollektivs während der Beurteilung der Versuchsvarianten dar.

Kriterium	Verbale Beschreibung	Beurteilung des Kriteriums bzgl.	
		Niveau	Gefallen
Harmonie Wanken zu Gieren	Wie empfinden Sie die Harmonie zwischen Wank- und Gierreaktion des Fahrzeugs?	O	X
Wankverhalten	Wie stark wankt das Fahrzeug?	X	X
Ansprechverhalten	Wie groß ist der Zeitverzug zwischen Lenkwinkeleingabe und Gierreaktion?	X	X
Agilität / Gierverhalten	Wie stark dreht das Fahrzeug bei einer Lenkvorgabe ein?	X	X
Sportlichkeit / Fahrbahnkontakt	Als wie sportlich empfinden Sie das Fahrzeug?	X	X

Tab. 4.10.: Evaluierungsbogen zur Harmonie von Wanken zu Gieren

Subjektiv-Subjektiv-Korrelationen

Die abgefragten Kriterien Sportlichkeit/Fahrbahnkontakt und Wankverhalten sowie die optionalen Fragebogenkriterien bezüglich des Wankverhaltens weisen für beide Fahrergruppen eindeutige Gefallenstendenzen hin zu geringerer Wankreaktion beziehungsweise höherer Sportlichkeit auf. Bezüglich aller genannten Kriterien sind keine Sättigungsbereiche zu geringer Wankreaktion respektive zu hoher Sportlichkeit auszumachen. Detailliertere Betrachtung erfordern die Kriterien Ansprechverhalten und Agilität/Gierverhalten. Die erhobenen Urteile beider Kriterien weisen hohe Korrelationen zueinander auf. In Abbildung 4.20 sind exemplarisch die Ergebnisse der Expertenfahrergruppe diesbezüglich dargestellt.

Sowohl bei Experten als auch bei Normalfahrern geht der Eindruck höherer Agilität mit dem Eindruck spontaneren Ansprechverhaltens einher. Das Urteil hinsichtlich Ansprechverhalten ändert sich wie bei reinen Lenkübersetzungsänderungen zu erwarten mit der empfundenen Agilität. Die Experten realisieren gleiche Spreizungen beider Kriterien, die Normalfahrer eine größere Spreizung bzgl. Ansprechverhalten in Relation zu Agilität/Gierverhalten. Einschränkend muss ergänzt werden, dass das Ansprechver-

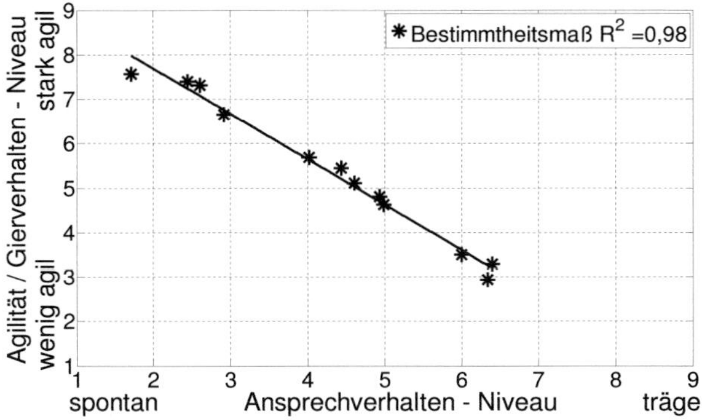

Abb. 4.20.: Korrelation der subjektiven Niveauurteile zum Ansprechverhalten und zu Agilität/Gierverhalten (Expertenfahrer)

halten im Versuch nicht aktiv verändert wurde, sondern lediglich aus den veränderten Lenkübersetzungen der Versuchsvarianten resultierte.

Beide näher betrachteten Kriterien stellen sich bezüglich der Gefallenstendenz uneinheitlich dar. Für die Normalfahrergruppe lassen sich hinsichtlich beider Kriterien keine allgemein gültigen Gefallenstendenzen ableiten. Sinnvoll interpretierbare Gefallenstendenzen zeigen sich nur für die Expertenfahrergruppe und das Kriterium Ansprechverhalten (siehe Abbildung 4.21).Wie im Diagramm ersichtlich wird, besteht bei verringerter Wankreaktion eine eindeutige Gefallenstendenz hin zu spontanerem Ansprechverhalten des Fahrzeugs. Diese Gefallenstendenz ist mit zunehmender Wankreaktion schwächer ausgeprägt, für Varianten erhöhter Wankreaktion ist keine Gefallenstendenz hinsichtlich Ansprechverhaltens mehr festzustellen. Spontanes Ansprechverhalten gefällt der Expertenfahrergruppe im Mittel nur in Kombination mit geringer Wankreaktion des Fahrzeugs. Bei starkem Wanken des Fahrzeugs ist das Gefallen sowohl spontanen als auch trägen Ansprechverhaltens im mittleren und damit neutralen Skalenbereich angesiedelt.

Subjektiv-Objektiv-Korrelationen bezüglich Wank- und Gierverhalten

Im Hauptfokus dieses Teilkapitels steht die Frage, inwiefern die Probanden verändertes Wankverhalten und verändertes Gierverhalten eines Fahrzeugs unabhängig voneinander

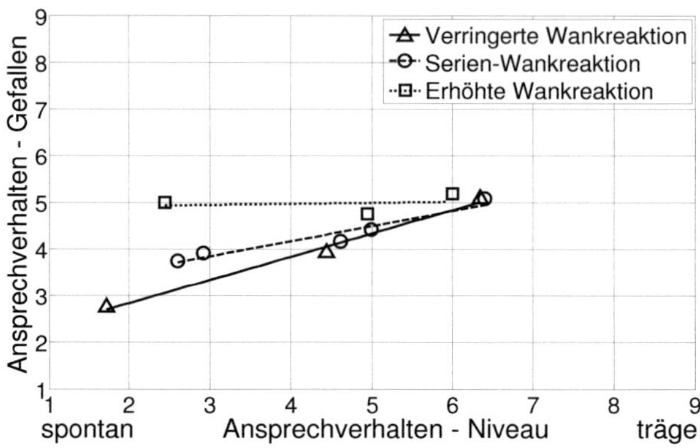

Abb. 4.21.: Subjektive Gefallenstendenzen des Ansprechverhaltens abhängig vom Wankverhalten (Expertenfahrer)

auflösen können beziehungsweise inwiefern sich Überstrahlungseffekte in den Beurteilungen ergeben. Hierzu werden die Versuchsvarianten und die zugehörigen Probandenevaluierungen in Gruppen gleichen Wank- beziehungsweise gleichen Gierverhaltens unterteilt und die Abhängigkeiten bezüglich des jeweils anderen der beiden Kriterien untersucht.

Für die Expertenfahrergruppe wird festgestellt, dass die Beurteilungen bezüglich Wanken und Gieren weitestgehend unabhängig voneinander erfolgen. Für beide Kriterien ist ein leichter Einfluss des jeweils anderen Kriteriums zu beobachten, der sich jedoch auf niedrigem Niveau bewegt. Exemplarisch ist in Abbildung 4.22 der Einfluss veränderten Gierverhaltens auf die Beurteilungen des Wankverhaltens dargestellt. Die umgekehrte Abhängigkeit bewegt sich auf vergleichbar niedrigem Niveau. Für die Normalfahrergruppe zeigen sich leicht erhöhte Abhängigkeiten bei ebenfalls leicht erhöhten Streuungen der Beurteilungen, welche in Summe jedoch immer noch als gering bezeichnet werden können.

Zusammenfassend kann festgestellt werden, dass der Wankindex und der Wankwinkelgradient gut bis sehr gut geeignet sind, das Fahrerempfinden bezüglich des Wankens abzubilden. Dies bestätigt die Ergebnisse der in Kapitel 4.6 beschriebenen Untersuchung zum Fahrerempfinden beim Wankvorgang. Die Gierverstärkung bei 100 km/h ist weiter-

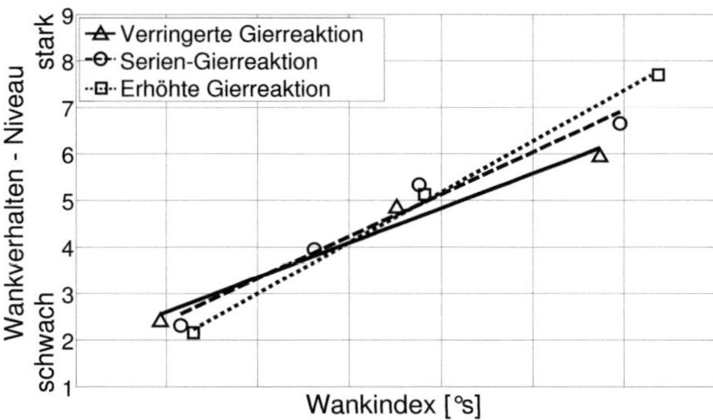

Abb. 4.22.: Abhängigkeit der Beurteilung des Wankverhaltens von der Gierreaktion (Expertenfahrer)

hin gut bis sehr gut geeignet, das Fahrerempfinden bezüglich des Gierverhaltens bei ebenjener Fahrgeschwindigkeit objektiv abzubilden.

Für das Wankverhalten kann nachgewiesen werden, dass die in Kapitel 4.6 für Seriengierverhalten ermittelten Zielbereichsgrenzen auch bei einer Veränderung des Gierverhaltens Gültigkeit behalten. Bezüglich des alleinigen Gierverhaltens gestaltet sich die Ableitung von Zielbereichen hingegen schwierig. Die Spreizungen der Gefallensurteile der Fragebogenkriterien Ansprechverhalten und Agilität/Gierverhalten sind überraschend gering. Die mittleren erhobenen Gefallensurteile liegen überwiegend im Fragebogenbereich „bedingt annehmbar", was die Identifikation konkreter Zielbereiche unmöglich macht. Die Toleranz beider Fahrergruppen hinsichtlich verändertem Gierverhaltens des Fahrzeugs ist hoch.

Subjektiv-Objektiv-Korrelationen bezüglich der Harmonie von Wanken zu Gieren

Im Hauptfokus der durchgeführten Untersuchung steht das Empfinden der Harmonie von Wank- zu Gierreaktion durch die Probanden und die potenzielle Identifikation von Zielbereichen des Wankverhaltens relativ zur Gierreaktion (oder vice versa), welche ebenjene empfundene Harmonie gewährleisten. Zur Veranschaulichung sind in Abbildung 4.23 die Expertenurteile zur Harmonie von Wanken zu Gieren über dem WI und der GV_{100} dargestellt. Die Urteilsnote eins auf der Hochachse entspricht dabei exzellenter Harmonie von Wanken zu Gieren, die Note neun katastrophaler.

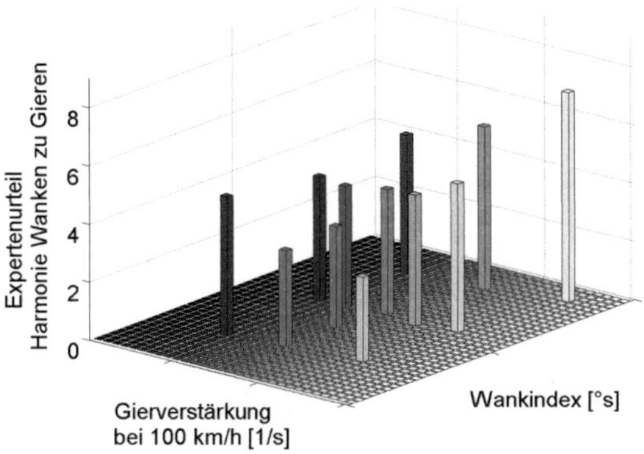

Abb. 4.23.: Subjektivurteil Harmonie Wanken zu Gieren abhängig von Wankindex und Gierverstärkung (Expertenfahrer)

Bei Ansicht des Diagramms von rechts vorne in der GV_{100}-WI-Ebene wird ein V-förmiges Optimum der Probandenbewertungen über den Kennwerten sichtbar (Visualisierung in Abbildung 4.24), welches sich je nach Drehungswinkel des Diagramms um die Hochachse geringfügig verändert. Um den optimalen Blickwinkel in das Diagramm und damit die optimale Annäherung der Probandenurteile zu ermitteln, wird die Abbildungsgüte der Probandenurteile mittels der gezeigten V-Form anhand der Korrelation der Variantenabstände zu ihrem Minimum aus dem jeweiligen Blickwinkel zum abgegebenen Probandenurteil untersucht, siehe hierzu Abbildung 4.25.

Ein Blickwinkel von Null Grad entspricht im Diagramm einer Vernachlässigung des Einflusses des Gierverhaltens auf das Probandenurteil, ein Blickwinkel von 90 Grad einer Negation des Einflusses des Wankverhaltens auf das Probandenurteil. Wie ersichtlich wird, ergibt sich für eine achspositive Drehung des Diagramms von 28 Grad um die Hochachse eine optimale Annäherung der Probandenevaluierungen mittels der beschrie-

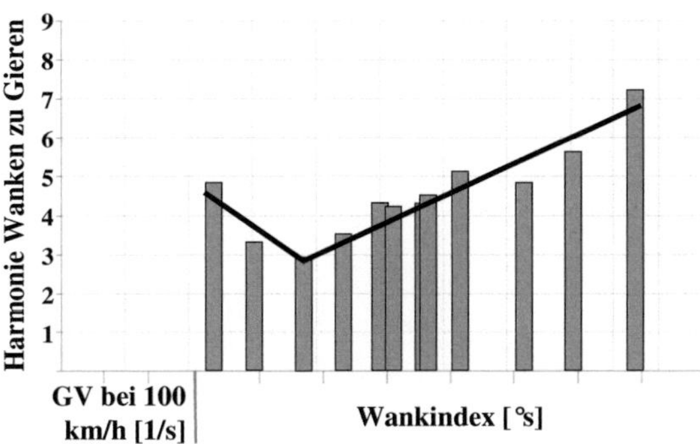

Abb. 4.24.: Ausbildung V-Form bei Seitenansicht der dreidimensionalen Harmonie-Urteile

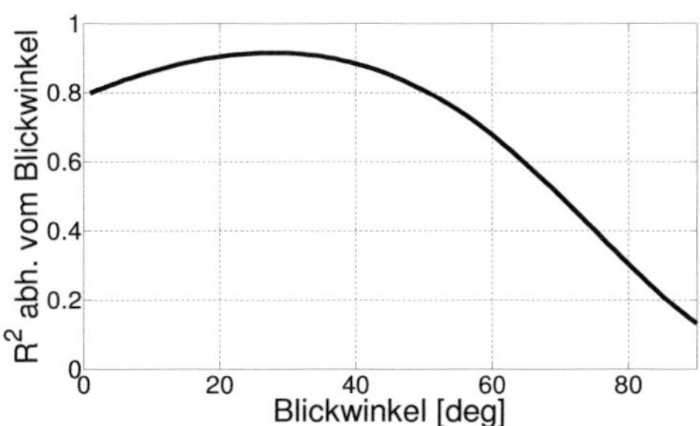

Abb. 4.25.: Abbildungsgüte der Harmonie-Urteile mittels V-Form abhängig vom Blickwinkel

benen V-Form. Die hieraus entstehenden Grenzflächen der V-Form bilden die Mittelwerte der Variantenbeurteilungen durch die Probanden gut ab, wie Abbildung 4.26 aus der ISO-Ansicht veranschaulicht.

Einschränkend muss angemerkt werden, dass die Steigung der ermittelten Optimumsgeraden entlang der Blickrichtung des Betrachters und damit die Neigung der in Abbildung 4.26 per Gitternetz visualisierten Flächen nicht gesichert ermittelt werden kann, da keine evaluierten Versuchsvarianten in diesem Diagrammpunkt zur Verfügung stehen. Die dargestellten Flächen basieren deshalb auf einer steigungsfreien Optimumsgerade in ihrem gemeinsamen Minimum. Das bei 28 Grad Blickwinkel identifizierte Optimum der Annäherung des Probandenurteils entspricht in der Draufsicht auf die X-Y-Ebene

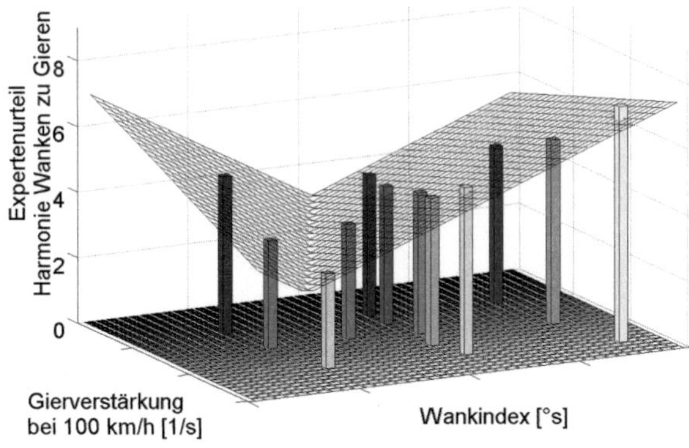

Abb. 4.26.: Annäherung des Subjektivurteils Harmonie Wanken zu Gieren mittels dreidimensionaler V-Form

in Abbildung 4.27 der Neigung der Optimumsgeraden gegenüber der Abszisse (Rechtsachse).

Der parallele Abstand der Bereichsgrenzen „annehmbar" zu „bedingt annehmbar" (Übergang hellgrau zu mittelgrau) sowie „bedingt annehmbar" zu „nicht annehmbar" (Übergang mittelgrau zu dunkelgrau) in Abbildung 4.27 ergibt sich aus den Bereichsgrenzen in den jeweiligen Korrelationsdiagrammen der Variantenabstände zum ermittelten Optimum bei Blickwinkel 28 Grad zu den abgegebenen Expertenurteilen der Harmonie von Wanken zu Gieren.

Untersuchungen zum Fahrerverhalten

Zur Untersuchung des Fahrerverhaltens abhängig von der jeweiligen Fahrzeugreaktion wird eine Reihe von Fahrzustandsgrößen während der Versuche aufgezeichnet und in Abhängigkeit des jeweiligen Fahrers und der beurteilten Variante ausgewertet. Ermittelt werden unter anderem die mittlere Fahrgeschwindigkeit, die maximale und die mittlere Querbeschleunigung, die maximale und die mittlere Gierrate, der maximale und der mittlere Lenkradwinkel und die Hauptlenkfrequenz und der Frequenzbereich der hauptsächlichen Lenkarbeit.

Abbildung 4.28 veranschaulicht die Ermittlung der Hauptlenkfrequenz und den Frequenzbereich der hauptsächlichen Lenkarbeit beispielhaft für einen Probanden und die

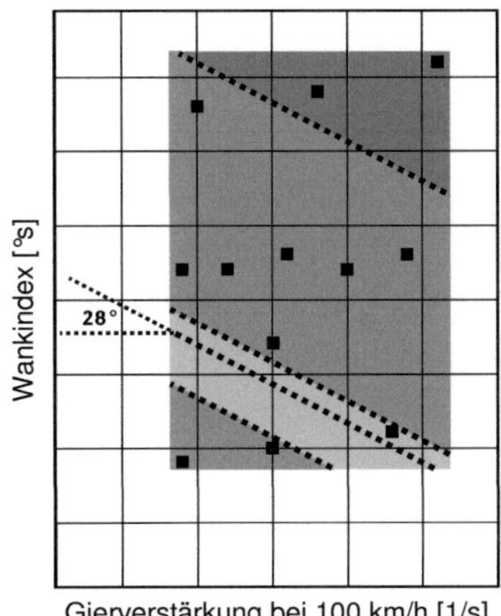

Abb. 4.27.: Ableitung von Zielbereichen des Wankindex relativ zur Gierverstärkung

Beurteilung einer Versuchsvariante. Die Hauptlenkfrequenz entspricht der Frequenz des Maximums des Leistungsdichtespektrums (hier ca. 0,44 Hz) der realisierten Lenkradwinkel. Aussagekräftiger als dieser Wert ist die mittlere Hauptlenkfrequenz, welche sich als frequenzmäßiger Mittelwert des Bereichs der hauptsächlichen Lenkarbeit ergibt. Im Gegensatz zur Hauptlenkfrequenz kann diese nur in geringerem Maße durch mehrsekündiges Einschwingen auf eine gleichbleibende Frequenz verfälscht werden, was im Laufe der subjektiven Beurteilungen ab und zu der Fall ist. Der Bereich der hauptsächlichen Lenkarbeit wird beidseitig durch die Unterschreitung eines Viertels der Leistungsdichte der Hauptlenkfrequenz begrenzt. Um Einflüsse aufgrund ungleicher Signallängen (ursächlich begründet in unterschiedlich langen Beurteilungszeiten verschiedener Probanden) auszuschließen, werden nur Kennwerte auf der Frequenzachse ausgewertet, es erfolgt keine Beurteilung der erzielten Amplituden der Leistungsdichtespektren.

Für beide Fahrergruppen ergeben sich signifikante Abhängigkeiten der mittleren erzielten Gierrate, des mittleren Lenkradwinkels sowie der mittleren Hauptlenkfrequenz von der Gierverstärkung der Versuchsvarianten. Varianten höherer Gierverstärkung werden tendenziell mit höheren mittleren Gierraten sowie geringeren mittleren Lenkradwinkeln bewegt. Dies ist insofern interessant, als die Fahrer (Experten und Normalfahrer) weder die Gierrate noch den Lenkradwinkel bei der Beurteilung über die Versuchsvari-

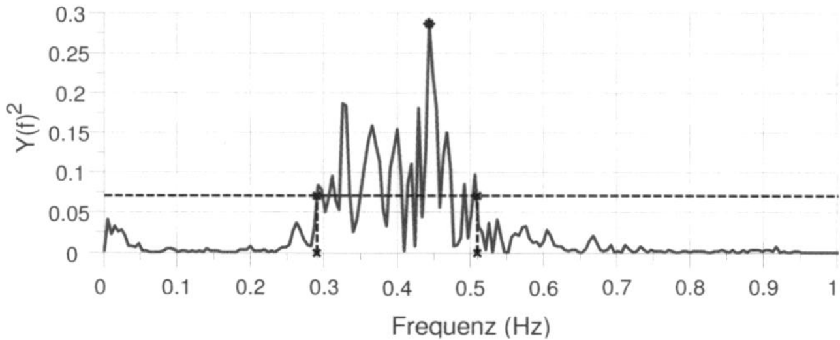

Abb. 4.28.: Exemplarische Ermittlung der Hauptlenkfrequenz aus dem Leistungsdichtespektrum des Lenkradwinkels

anten konstant einregeln. Sowohl die Lenkwinkeleingabe des Fahrers - quantifizierbar mittels des mittleren Lenkradwinkels - als auch die Fahrzeugreaktion - quantifizierbar mittels der mittleren erzielten Gierrate - zeigen deutliche Abhängigkeiten zur Gierverstärkung des Fahrzeugs. Weiterhin zeigt sich die Tendenz zu höheren mittleren Hauptlenkfrequenzen bei der Beurteilung von Versuchsvarianten erhöhter Gierverstärkung, in Abbildung 4.29 exemplarisch für die Expertenfahrergruppe visualisiert.

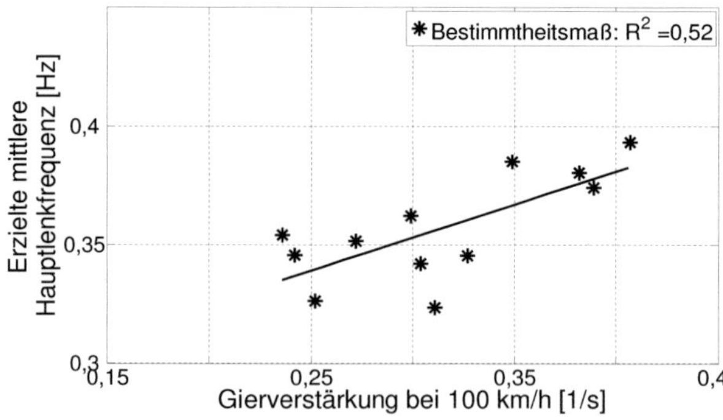

Abb. 4.29.: Korrelation der mittleren Hauptlenkfrequenz mit der Gierverstärkung bei 100 km/h (Expertenfahrer)

Summarisch lässt sich die These aufstellen, dass die Fahrer die getätigte Lenkarbeit bei der Beurteilung der Versuchsvarianten konstant halten, sich bei zunehmender Fahrzeuggierverstärkung jedoch die mittlere Hauptlenkfrequenz erhöht und der mittlere erzielte Lenkradwinkel demzufolge verringert. Die beschriebene Adaption an das jeweilige Fahrzeugverhalten geht jedoch nicht so weit, die Fahrzeuggierreaktion unabhängig von der Gierverstärkung auf konstantem Niveau einzuregeln.

4.7.6. Interpretation

Aus den oben genannten Auswertungen der erhobenen Daten mittels statistischer Methoden lassen sich eine Reihe von Rückschlüssen ziehen, welche nachfolgend komprimiert aufgelistet werden:

- Bei Veränderung des Gierverhaltens mittels veränderter Lenkübersetzung verändern sich die Fahrerurteile bzgl. Ansprechverhalten und Agilität/Gierverhalten vergleichbar. Die Normalfahrer beurteilen dabei Ansprechverhalten sensibler, die Expertenfahrergruppe weist vergleichbare Spreizungen beider Kriterien auf.

- Wank- und Gierreaktion des Fahrzeugs können von beiden Fahrergruppen weitestgehend unabhängig voneinander beurteilt werden. Die auftretenden Überstrahlungseffekte sind gering. Beide Gruppen weisen hohe Toleranz gegenüber der alleinigen Gierverstärkung auf. Obwohl für beide Fahrergruppen ein Optimum der Beurteilungen hinsichtlich Gierreaktion identifiziert werden kann, bewegen sich die mittleren Gefallensurteile beider Gruppen durchweg im Skalenbereich „bedingt annehmbar".

- Bezüglich der Harmonie von Wanken zu Gieren können Zielbereiche abgeleitet werden. Ausgehend von einer Optimumsgeraden, deren Neigung mittels Korrelationsanalysen identifiziert wurde, steigen die Beurteilungen der Harmonie von Wanken zu Gieren mit zunehmendem Abstand von dieser Geraden beidseitig hin zu schlechteren Notenwerten an. Es gelingt eine gute Annäherung der abgegebenen Probandenurteile mittels einer dreidimensionalen zweischenkligen V-Form. Die ermittelte Neigung der Optimumsgeraden in der Draufsicht auf das WI-GV$_{100}$-Diagramm weist eine geringere Steigung auf als in [23] vorgeschlagen. Dies entspricht einer im Vergleich zur genannten simulationsbasierten Untersuchung deutlich höheren Bedeutung des Wankverhaltens gegenüber der Gierreaktion des Fahrzeugs für den Fahrereindruck der Harmonie von Wanken zu Gieren.

- Bezüglich des Fahrerverhaltens sind die Abhängigkeiten zur Fahrzeugwankreaktion ausnahmslos als nicht signifikant einzustufen. Es bleibt festzuhalten, dass nur die Veränderung des Gierverhaltens zu einer messbaren Veränderung des Fahrerverhaltens wie oben dargelegt führt, nicht jedoch die Veränderung des Wankverhaltens. Das Wanken kann deshalb als reines Komfortkriterium und als nicht prägend für das Fahrerverhalten eingestuft werden.

Einschränkend zu den diskutierten Versuchsergebnissen muss angemerkt werden, dass als Beurteilungssituation in Anlehnung an [23] Autobahnfahrt bei 100 km/h Fahrgeschwindigkeit gewählt wurde. Der Fahreindruck der Varianten bei Hochgeschwindigkeitsfahrt konnte aufgrund von sicherheitstechnischen Limitierungen des Versuchsfahrzeugs nicht abgeprüft werden.

4.7.7. Validierung der Ergebnisse bei erhöhter Sitzposition

Das Fahrerempfinden des Wankens wird außer von der tatsächlichen Fahrzeugdrehbewegung um die Längsachse auch stark von der Sitzposition des Fahrers im Fahrzeug geprägt [23]. Die Lage der Wankpole der beiden Achsen relativ zur Fahrbahn und zur Position des Fahrersitzes spielt ebenfalls eine wichtige Rolle für das Subjektivempfinden, da die Relation dieser Geometriemaße zueinander die gespürten Wankwinkel, Wankwinkelgeschwindigkeiten und Wankwinkelbeschleunigungen beeinflusst. Zur Analyse der beschriebenen Einflüsse auf den Subjektiveindruck wurde die in den voranstehenden Teilkapiteln beschriebene Probandenstudie zum Verhältnis von Wank- zu Gierreaktion mit einem Fahrzeug mit veränderter Fahrersitz- und Schwerpunktshöhe wiederholt. Hierzu kam der in Kapitel 3 beschriebene Mercedes GLK mit dem Baureihencode X204 zum Einsatz. Von Vorteil beim Einsatz dieses Fahrzeugtyps sind die gegenüber der ersten Probandenstudie im Themenkomplex (mit der Mercedes C-Klasse) näherungsweise unveränderten Maße von Spurweite und Radstand und somit die Elimination zweier potenzieller Einflussparameter in der späteren Gegenüberstellung der Ergebnisse der beiden durchgeführten Studien.

Die Versuchsdurchführung, der eingesetzte Fragebogen sowie die objektive fahrdynamische Variantenauslegung orientieren sich eng an der voranstehend beschriebenen

Probandenstudie mit der C-Klasse. Wichtige Unterschiede sind lediglich im Aufbau des Fragebogens zu nennen: Die Detailfragen hinsichtlich des Fahrerempfindens der Wankreaktion (stationäres Wanken, dynamisches Wanken, etc.) resultierten in der vorangegangenen Studie nicht in zusätzlichen statistisch signifikanten Erkenntnissen. Sie wurden für die Wiederholung der Studie daher nicht mehr abgefragt. Ergänzt wurde der Fragebogen hingegen um die Frage nach der subjektiven Reihenfolge des Auftretens von Wank- und Gierraktion. Die beschriebenen Änderungen resultieren in der in Tabelle 4.11 dargestellten Fragebogenstruktur zur Subjektivevaluierung der Versuchsvarianten für diesen Versuch.

Kriterium	Verbale Beschreibung	Beurteilung des Kriteriums bzgl.	
		Niveau	Gefallen
Harmonie Wanken zu Gieren	Wie empfinden Sie die Harmonie zw. Wank- und Gierreaktion des Fahrzeugs?	O	X
Zeitl. Abfolge v. Wanken u. Gieren	Was wird subjektiv früher wahrgenommen (Wanken oder Gieren)?	X	X
Wankverhalten	Wie stark wankt das Fahrzeug?	X	X
Agilität / Gierverhalten	Wie stark dreht das Fahrzeug bei einer Lenkvorgabe ein?	X	X
Sportlichkeit	Als wie sportlich empfinden Sie das Fahrzeug?	X	X
Gesamteindruck	Wie gut gefällt Ihnen summarisch das Fahrzeug?	O	X

Tab. 4.11.: Evaluierungsbogen zur Harmonie von Wanken zu Gieren (Folgeversuch)

Die Darstellung der Wankverhaltensvarianten erfolgte analog zur vorangehenden Studie anhand der virtuellen Variation der wechselseitigen Steifigkeiten mittels der Linearaktuatorik (siehe Kapitel 3.2), diejenige der Gierverhaltensvarianten anhand der virtuellen Veränderung des Lenkübersetzung mittels des aktiven Lenkrades (siehe Kapitel 3.4). Summarisch ergibt sich in der objektiven Vermessung der Versuchsvarianten eine Matrixstruktur analog der in Abbildung 4.19 gezeigten. Aufgrund des hier im Vergleich zur ersten Studie im Themenkomplex anderen eingesetzten Fahrzeugtyps sind die Versuchsvarianten im Mittel hin zu höheren Wankindizes und zu geringeren Gierverstärkungen bei 100 km/h Fahrgeschwindigkeit verschoben.

Die subjektive Beurteilung der Versuchsvarianten erfolgt wieder bei konstanten 100 km/h Fahrgeschwindigkeit in kundennahen einfachen und doppelten Fahrspurwechseln sowie in frei gefahrenen Slalommanövern auf einem nicht für den öffentlichen Straßenverkehr zugänglichen Testgelände. Das Probandenkollektiv dieser Studie bestand aus 19 Experten- sowie 22 Normalfahrern.

In den erhobenen Subjektivevaluierungen zeigen sich Gefallenstendenzen bzgl. der Evaluationskriterien Wanken, Agilität/Gierverhalten und Sportlichkeit, wie sie auch in der vorangegangen Studie beobachtet wurden: In hohen linearen Korrelationen gefallen geringeres Wanken und höhere Sportlichkeit den Probanden besser, während hinsichtlich der Agilität in quadratischer Gefallenstendenz mittlere Agilität bevorzugt und niedrige sowie hohe empfundene Agilitätsniveaus abgewertet werden. Bezüglich des Kriteriums der zeitlichen Abfolge von Wanken und Gieren können keine eindeutigen Gefallenstendenzen in den erhobenen Fahrergruppen festgestellt werden, was die Erkenntnisse einer im Rahmen von [23] durchgeführten Simulatorstudie nicht bestätigt. Die zeitliche Abfolge von Wanken und Gieren wurde hierbei im Versuch nicht bewusst verändert. Die aktiven Veränderungen des Wank- und des Gierverhaltens verursachen jedoch ebensolche Veränderungen, die auch subjektiv empfunden werden (kenntlich in den varianten Niveau-Urteilen zur zeitlichen Abfolge von Wanken und Gieren). Die Niveau-Urteile der Evaluationskriterien Gesamteindruck und Harmonie von Wanken zu Gieren zeigen hohe linere Korrelation zueinander (Bestimmtheitsmaß von $R^2 = 0,85$ in der Experten- bzw. $R^2 = 0,84$ in der Normalfahrergruppe). Als harmonisch bezüglich Wanken und Gieren empfundene Fahrverhaltensvarianten gefallen auch summarisch gut.

Die fahrdynamischen Einzelkriterien Wanken und Gieren können bei gleichzeitiger Veränderung beider Kriterien nahezu unabhängig voneinander aufgelöst werden. Es treten nur geringe und unsystematische gegenseitige Beeinflussungen auf. Dies bestätigt die bereits im Vorgängerversuch abgeleitete Erkenntnis, dass Wanken und Gieren auch von Normalfahrern als zwei getrennte fahrphysikalische Phänomene wahrgenommen werden können. Die auftretenden Beeinflussungen der subjektiven Bewertung des Wankverhaltens durch die Gierreaktion des Fahrzeugs und umgekehrt sind auch dadurch erklärbar, dass je nach Gierreaktion des Fahrzeugs unterschiedlich viel "Energie" durch Lenkeingaben vom Fahrer in das Fahrzeug eingebracht wird. Die hieraus bei höherer Gierverstärkung (also direkterer Lenkübersetzung) des Fahrzeugs resultierenden höheren gefahrenen Querbeschleunigungen führen zu im Vergleich stärkeren Wankreaktionen, was sich wiederum als Beeinflussung in der Subjektivbewertung des Niveaus der Wankreaktion niederschlägt.

Bezüglich des alleinigen Wankens des Fahrzeugs können für die erhobenen relevanten Kennwerte Wankwinkelgradient (WWG) und Wankindex (WI) aufgrund der engen resultierenden Korrelationen Zielbereiche guten beziehungsweise befriedigenden Wankverhaltens abgeleitet werden. Aufgrund der im Fahrverhaltenskriterium Wanken sowohl subjektiv-subjektiv als auch subjektiv-objektiv streng linearen Regressionen sind die Bereiche guten beziehungsweise befriedigenden Gefallens der Wankreaktion jeweils nur einseitig hin zum Bereich schlechteren Gefallens abgegrenzt. Das Wanken wird wiederum als Diskomfort-Kriterium (nach [217]) identifiziert.

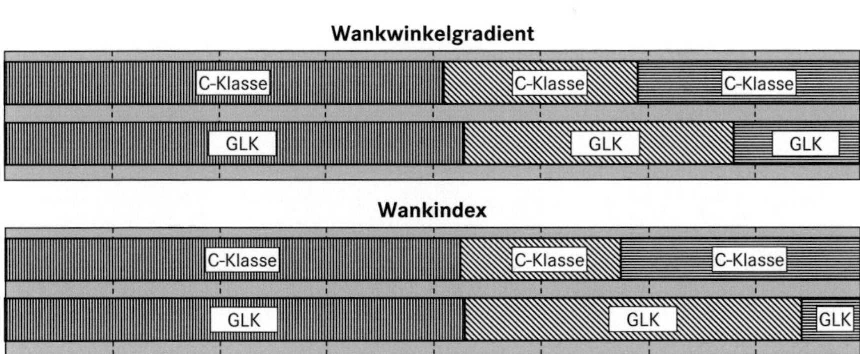

Abb. 4.30.: Zielbereichsableitung Wankwinkelgradient und Wankindex (C-Klasse und GLK)

Wie aus Abbildung 4.30 erkenntlich, liegen die Bereichsübergänge guten (vertikal gestreift) zu befriedigenden (diagonal gestreift) Wankverhaltens für die beiden untersuchten Fahrzeuge auf vergleichbarem Niveau. Die Bereichsübergänge befriedigenden (diagonal gestreift) zu schlechten (horinzontal gestreift) subjektiven Gefallens der Wankreaktion des Fahrzeugs liegen für den GLK im Vergleich zur C-Klasse verschoben hin zu deutlich stärkerem Wankverhalten. Der Grad der Wankreaktion, unterhalb derer der subjektive Wankeindruck als "gut" bezeichnet wird, unterscheidet sich für die beiden Fahrzeuge nur geringfügig. Bei starker Wankreaktion ist die Toleranz der Probanden in der Fahrzeugklasse des GLK jedoch deutlich höher als in der Fahrzeugklasse der C-Klasse. Erst im Vergleich extrem starke Wankreaktionen führen auch im GLK zu "schlechten" subjektiven Bewertungen. Ergänzend muss darauf hingewiesen werden, dass die Bereichsübergänge befriedigenden zu schlechten Gefallens der Wankreaktion in beiden Korrelationsuntersuchungen mittels Extrapolation abgeleitet wurden und demnach nur ohne Anspruch auf Belastbarkeit betrachtet werden können.

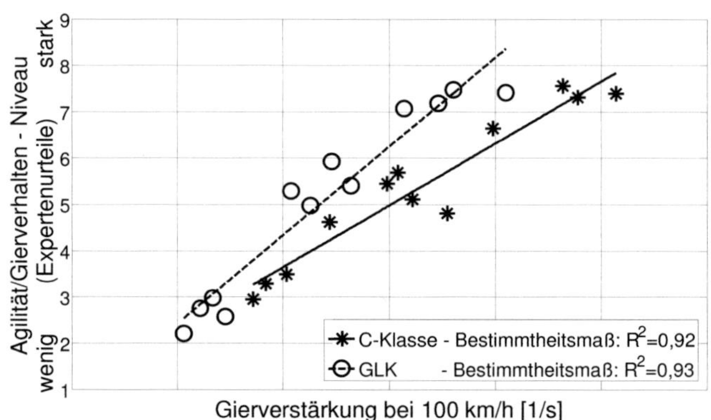

Abb. 4.31.: Agilitätseindruck (Niveau) abhängig von der Fahrzeugklasse

Bezüglich der Gierverstärkung ist vor allem die vergleichende Betrachtung der subjektiven Wahrnehmung des Gierverhaltens im GLK und in der C-Klasse von Interesse. Hierzu werden die in den unterschiedlichen Probandenstudien erhobenen Evaluierungen vergleichend betrachtet. Abbildung 4.31 zeigt die Korrelation der Niveau-Urteile der Agilität in beiden Fahrzeugen über der Gierverstärkung. Es ist zu beobachten, dass objektiv gleiche Änderungen des Gierverhaltens im GLK deutlicher wahrgenommen werden als in der C-Klasse. Hinsichtlich der absoluten Niveaus der Evaluationen ist zu beachten, dass die Niveau-Urteile für beide Fahrzeuge ohne verbale Anker und jeweils in Bezug auf die untersuchte Fahrzeugklasse abgefragt wurden. Ein direkter Vergleich der absoluten Bewertungsniveaus ist daher nicht zulässig.

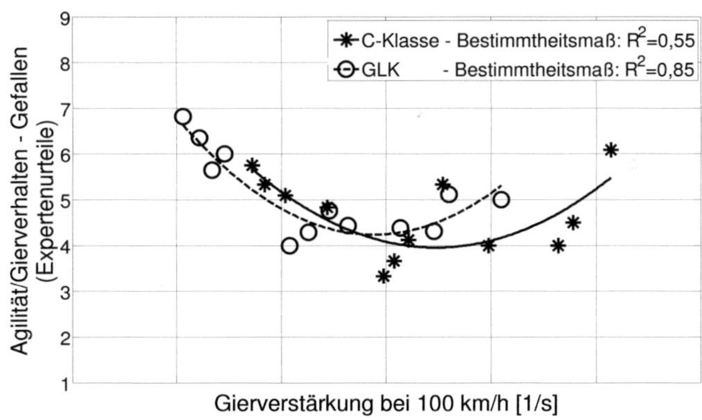

Abb. 4.32.: Agilitätseindruck (Gefallen) abhängig von der Fahrzeugklasse

Die vergleichende Betrachtung der erhobenen Gefallensurteile in Abbildung 4.32 zeigt die unterschiedlichen Erwartungen der Probanden an die jeweilige Fahrzeugklasse auf: Die Probanden präferieren für den GLK eine tendenziell geringere Gierverstärkung als für die C-Klasse. Für beide Fahrzeug resultieren bei deutlich ab- oder zunehmender Gierverstärkung Verschlechterungen der Gefallensurteile. Wie bereits in Kapitel 4.7.5 festgestellt kann die Gierverstärkung das Subjektivurteil zwar deutlich verschlechtern, kann jedoch über ihre gesamte Bandbreite kein "gutes" Gefallen realisieren. Die Gierverstärkung wirkt als eine Art "Hygienefaktor" des Subjektivurteils.

Hinsichtlich der subjektiv empfundenen Sportlichkeit sind ebenfalls interessante Zusammenhänge zu beobachten. Wie intuitiv zu erwarten lässt sich der subjektive Eindruck von Sportlichkeit sowohl durch die alleinige Verringerung der Wankreaktion als auch durch die alleinige Erhöhung der Gierreaktion des Fahrzeugs steigern. Die Ab-

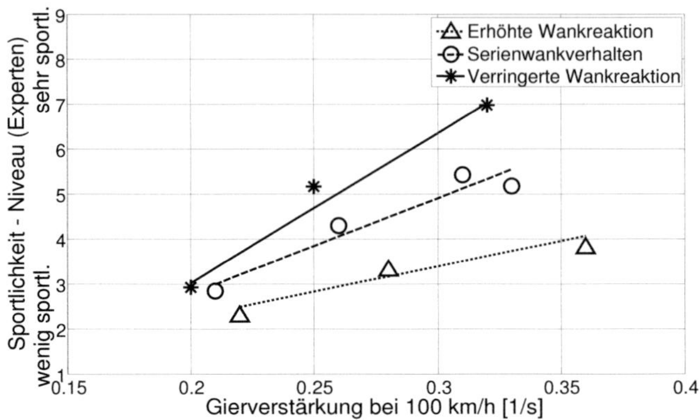

Abb. 4.33.: Sportlichkeitseindruck abhängig von der Gierreaktion bei konstantem Wankverhalten

bildungen 4.33 und 4.34 zeigen die Veränderung des subjektiven Niveau-Eindrucks der Sportlichkeit abhängig vom Wankverhalten des Fahrzeugs bei konstanter Gierreaktion und umgekehrt.

Aus den Abbildungen wird ersichtlich, dass die Verbesserung eines der beiden Kriterien Wanken und Gieren eine erhöhte Sensibilität für das jeweils andere Kriterium nach sich zieht. Konkret resultiert eine Verringerung der Wankreaktion des Fahrzeugs (entspricht einer Steigerung des Niveau-Eindrucks der Sportlichkeit) in einer erhöhten Sensibilität der Fahrer hinsichtlich der Gierreaktion. Eine Erhöhung der Gierreaktion (entspricht ebenfalls einer Steigerung des Niveau-Eindrucks der Sportlichkeit) zieht im Gegenzug eine erhöhte Sensibilität für die Wankreaktion des Fahrzeugs nach sich. Im konkreten Anwendungsfall bedeutet dies, dass beispielsweise der Einsatz eines aktiven Fahrwerkssytems zur Wankstabilisierung den subjektiven Eindruck der Sportlichkeit zwar deutlich erhöhen kann, gleichzeitig jedoch die Sensibilität für das Gierverhalten des Fahrzeugs steigt. Eine gleichzeitige Anpassung (also: Erhöhung) der Gierverstärkung des Fahrzeugs scheint hinsichtlich des Empfindens der Sportlichkeit angeraten.

Die logische Konsequenz der angestellten Betrachtungen ist die Errechnung multipler Regressionen zum Niveau-Empfinden der Sportlichkeit aus der Gierverstärkung bei 100 km/h Fahrgeschwindigkeit (GV_{100}) und dem Wankindex (WI), um den kombinierten

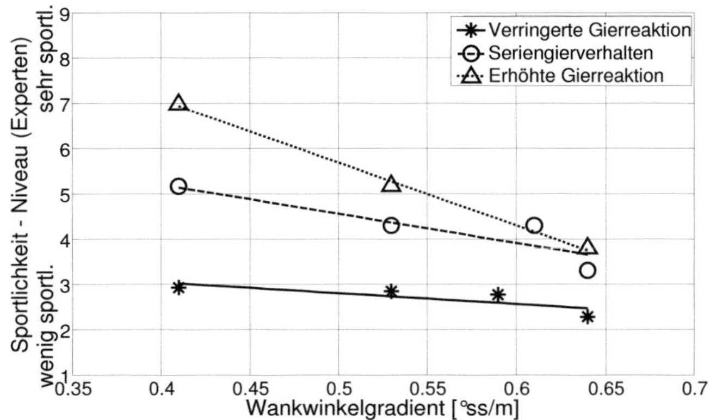

Abb. 4.34.: Sportlichkeitseindruck abhängig von der Wankreaktion bei konstantem Gierverhalten

Einfluss beider Fahrverhaltensgrößen auf den subjektiven Eindruck der Sportlichkeit zu quantifizieren. Es ergeben sich die folgenden Regressionsformeln:

$$Sportlichkeit_{Niveau,Experten} = 21,56 \cdot GV_{100} - 0,78 \cdot WI + 2,71 \qquad [4.12]$$

$$Sportlichkeit_{Niveau,Normalf.} = 16,62 \cdot GV_{100} - 0,82 \cdot WI + 4,30 \qquad [4.13]$$

Die Abbildungsgüte der erhobenen Subjektivurteile mittels der gezeigten Regressionsformeln ist hierbei durchweg von hoher Güte. Die Korrelationen der Originalurteile zum Niveau der Sportlichkeit mit den errechenten Urteilen zum Niveau der Sportlichkeit weisen Bestimmtheitsmaße von $R^2 = 0,87$ (Experten) sowie $R^2 = 0,88$ (Normalfahrer) auf. Die Zulässigkeit der gezeigten multiplen Regressionen wurde mittels des korrigierten Bestimmtheitsmaßes (siehe Kapitel 4.4.1) unter Beweis gestellt.

Bezüglich der Harmonie von Wanken zu Gieren und dem Gesamteindruck der Fahrverhaltensvarianten lassen sich in dieser Studie keine so eindeutigen Zusammenhänge ableiten wie in der Vorgängeruntersuchung. Sowohl die Harmonie von Wanken zu Gieren als auch der Gesamteindruck weisen für vier Versuchsvarianten die mit Abstand besten Subjektivevaluationen auf. Diese vier Varianten liegen (in Übereinstimmung mit den für die Einzelkriterien abgeleiteten Zusammenhängen) im Bereich sehr geringer Wankreaktion und mittlerer bis starker Gierreaktion. Die gute Erfüllung der Einzelkriterien Wanken und Gieren führt in dieser Studie zu ebenfalls guten Bewertungen hinsichtlich der Harmonie von Wanken zu Gieren und dem Gesamteindruck.

4.8. Wechselwirkung von Schwimm- und Eigenlenkverhalten

Schwimm- und Eigenlenkverhalten sind allgemein als wichtige Einflussparameter zur fahrdynamischen Fahrzeugauslegung anerkannt. Sie werden in der objektiven Fahrzeugbeschreibung durch die Kennwerte Schwimmwinkelgradient und Eigenlenkgradient (siehe unten) sowie durch weitere ergänzende Kennwerte repräsentiert. Ihr Einfluss auf das Subjektivurteil und ihr Wechselspiel untereinander wird im Rahmen dieser Arbeit mittels einer Probandenstudie untersucht, deren Motivation, Durchführung und Ergebnisse in den folgenden Teilkapiteln beschreiben werden.

4.8.1. Ausgangssituation und Untersuchungsziel

Eine Reihe von Arbeiten weist auf den Schwimmwinkel beziehungsweise den Schwimmwinkelgradienten als wichtige Einflussgröße auf das Subjektivurteil hin. Hierbei wird jedoch überlicherweise das abgegebene Subjektivurteil in Beziehung zum in der zugehörigen Fahrsituation auftretenden Schwimmwinkel gesetzt. Die erzielten Ergebnisse sind daher stark von der erlebten Fahrsituation des Probanden abhängig. Diese erlebte Fahrsituation kann während der Entwicklung neuer Modelle nur extrem schwer und ungenügend prädiktiert werden. Es muss deshalb der Versuch unternommen werden, das Fahrerempfinden hinsichtlich des Schwimm- und Eigenlenkverhaltens unabhängig von der im Einzelfall auftretenden Fahrsituation mittels allgemeingültiger Kennwerte abzubilden. Im Rahmen der hier durchgeführten Studie soll der Einfluss veränderten Schwimm- und Eigenlenkverhaltens eines Basisfahrzeugs unter Konstanthaltung der sonstigen Fahrzeugeigenschaften (wie beispielsweise der Gierverstärkung) auf das Subjektivurteil untersucht werden.

[161] und [219] nennen den auftretenden Fahrzeugschwimmwinkel als massiv prägende Größe für das subjektive Fahrerurteil. Nach [162] hängt das Empfinden von Stabilität vor allem von der so genannten Querabweichung ab, welche als mit der Fahrgeschwindigkeit gewichteter Schwimmwinkel definiert ist. Weiterhin wird die Ansicht vertreten, dass der Schwimmwinkelgeschwindigkeit mindestens die gleiche, eher noch

eine höhere Bedeutung als dem Schwimmwinkel selbst beizumessen ist. [23] stellt die Hypothese auf, dass die Differenz zwischen Bewegungsrichtung und Blickrichtung ein unangenehmes Gefühl verursacht. Weiter werden in dieser Veröffentlichung bestimmte Bereiche von Schwimmwinkel pro Querbeschleunigung und Schwimmwinkel pro Lenkradwinkel definiert, welche ein zielgenaues Fahrzeug kennzeichnen sollen.

Bezüglich der zu erreichenden Zielbereiche wird in [23] gefordert, für gute subjektive Eindrücke den Schwimmwinkel sowie den Schwimmwinkelgradienten möglichst klein zu halten. [184] kommt zu dem Schluss, dass ein stationärer Schwimmwinkel, vorausgesetzt er wird nicht zu groß, an sich nicht zu einer schlechteren Bewertung des Fahrverhaltens führt. Keine der oben zitierten Quellen nennt Quantifizierungen guter Bereiche des Schwimmwinkels bzw. des Schwimmwinkelgradienten. Bezüglich des Eigenlenkverhaltens eines Fahrzeuges finden sich in der Literatur eine Reihe allgemein gültiger Aussagen hinsichtlich des gewünschten Untersteuerverhaltens eines Fahrzeugs. Das Zusammenspiel von Eigenlenk- und Schwimmverhalten wird in keiner der untersuchten Quellen systematisch betrachtet - diese Thematik soll hier untersucht werden.

4.8.2. Zielgrößen und Einflussfaktoren

Als Haupteinflussgrößen werden im Rahmen der durchgeführten Studie das Eigenlenkverhalten und das Schwimmverhalten des Fahrzeugs betrachtet, deren theoretische fahrdynamische Grundlagen und die sie beschreibenden Kenngrößen im Folgenden diskutiert werden.

Eigenlenkverhalten

Das Unter- bzw. Übersteuerverhalten eines Fahrzeugs wird üblicherweise durch den so genannten Eigenlenkgradienten (EG) in $°s^2/m$ beschrieben. Mögliche und praktizierte Fahrmanöver zur experimentellen Bestimmung des EG im Fahrdynamikversuch sind die stationäre Kreisfahrt auf konstantem Radius, mit konstanter Fahrgeschwindigkeit oder bei konstantem Lenkradwinkel. Den in den nachfolgenden Teilkapiteln beschriebenen Eigenlenkgradienten liegt die stationäre Kreisfahrt auf konstantem Radius als fahrdynamisches Referenzmanöver zugrunde.

Der Eigenlenkgradient ist definiert als die Differenz zwischen dem Verhältnis des Lenkradwinkel-Querbeschleunigungsgradienten zur Gesamtlenkübersetzung und dem

Ackermannwinkel-Querbeschleunigungs-Gradienten. Bis zu einer Querbeschleunigung von circa vier m/s^2 ergibt sich lineares Verhalten, welches für untersteuernd ausgelegte Fahrzeuge eine definierte Lenkwinkelzunahme für jeden Querbeschleunigungsanstieg nach sich zieht [93]. Für den linearen Querbeschleunigungsbereich ist der EG eine Konstante [145].

Abgeleitet aus den Bewegungsgleichungen des linearen Einspurmodells ergibt sich ermittelt aus stationärer Kreisfahrt mit konstantem Radius nach [152]

$$\delta_v - \delta_h = \frac{L}{R} + EG \cdot a_y \qquad [4.14]$$

mit δ_V = mittlerer Radeinschlagwinkel an der Vorderachse, δ_H = mittlerer Radeinschlagwinkel an der Hinterachse, L = Radstand, R = Abstand vom Momentanpol der Gierbewegung zum Fahrzeugschwerpunkt S und R_T = Komponente von R lotrecht auf die Fahrzeuglängsachse

Die Differenz der mittleren Radeinschlagwinkel an Vorder- und Hinterachse $\delta_v - \delta_h$ reduziert sich im für diese Studie relevanten Anwendungsfall reiner Vorderachslenkung auf den mittleren Vorderachslenkwinkel δ_v. Der Term L/R entspricht dem Ackermannwinkel δ_A aufgrund der für kleine Winkel gültigen Annahmen

$$\delta_A \approx atan(\frac{L}{R_T}) \approx atan(\frac{L}{R}) \approx \frac{L}{R} \qquad [4.15]$$

Als Ackermannwinkel wird derjenige Winkel bezeichnet, welcher von den Polstrahlen vom Momentanpol zur Vorder- bzw. zur Hinterachse eingeschlossen wird. Bei Kreisfahrt mit gleichbleibendem Radius ist er näherungsweise konstant und somit bei Umformung nach dem EG in der praktischen Anwendung vernachlässigbar. Der EG ergibt sich aus Gleichung 4.14 als Steigung des mittleren Vorderachsradwinkels über der Querbeschleunigung im linearen Querbeschleunigungsbereich zu

$$EG = \frac{m \cdot (c_h \cdot l_h - c_v \cdot l_v)}{c_v \cdot c_h \cdot L} \qquad [4.16]$$

mit m = Fahrzeugmasse, l_v = Abstand Fahrzeugschwerpunkt S zur Vorderachse in X-Richtung, l_h = Abstand Fahrzeugschwerpunkt S zur Hinterachse in X-Richtung, c_v = Schräglaufsteifigkeit der Vorderachse und c_h = Schräglaufsteifigkeit der Hinterachse

Wie ersichtlich wird, ist das Eigenlenkverhalten gleichermaßen von der Schräglaufsteifigkeit der Vorder- und der Hinterachse abhängig. Während erhöhte Schräglaufsteifigkeiten an der Vorderachse den EG verringern (entspricht schwächer ausgeprägtem Untersteuerverhalten des Fahrzeugs), wird der EG durch erhöhte Schräglaufsteifigkeiten an der Hinterachse vergrößert (entspricht stärker ausgeprägtem Untersteuerverhalten des Fahrzeugs).

Schwimmverhalten

Der Reifen als kraftübertragendes Verbindungsglied zwischen Fahrzeug und Straße kann nur unter einem gewissen Schräglaufwinkel (dem Winkel zwischen der Längsachse des Reifens und seiner Bewegungsrichtung) Querkräfte übertragen, wie sie zur Kurvenfahrt eines Fahrzeugs unabdingbar erforderlich sind. Mit zunehmendem Schräglaufwinkel des Reifens wird die Seitenkraft radlastabhängig bis zu einem Maximalwert im Bereich zwischen fünf und 15° Schräglaufwinkel aufgebaut [24]. Aus einer Vielzahl von Reifen- sowie Achsparametern ergibt sich in Abhängigkeit von der Achslast und der benötigten Achsseitenkraft im Fahrbetrieb ein gewisser Achsschräglaufwinkel. Für das Gesamtfahrzeug resultiert aus den Achsschräglaufwinkeln bei Kurvenfahrt ein Winkel der Fahrzeuglängsachse relativ zur Fahrzeugbewegungsrichtung, der so genannte Schwimmwinkel β. Die Größe und der Verlauf des Fahrzeugschwimmwinkels unter Kurvenfahrt werden üblicherweise unter dem Begriff Fahrzeugschwimmverhalten zusammengefasst.

Im Fahrversuch wird das Schwimmverhalten eines Fahrzeugs vor allem mittels des so genannten Schwimmwinkelgradienten (SG) quantifiziert, welcher der Steigung des Schwimmwinkels an der Hinterachse oder im Schwerpunkt über der Querbeschleunigung im linearen Querbeschleunigungsbereich ermittelt aus stationärer Kreisfahrt entspricht. Da der Schwimmwinkel im Fahrversuch im Allgemeinen nicht direkt an der Hinterachse gemessen werden kann, muss er vom Messort zur Hinterachse transformiert werden, falls der Bahnradius nicht konstant ist. Bei der im Rahmen dieser Studie als objektives fahrdynamisches Manöver eingesetzten Kreisfahrt mit konstantem Radius ist der Gradient des Schwimmwinkels an der Hinterachse mit dem Gradienten des Schwimmwinkels am Messort identisch, so dass eine Transformation des Schwimmwinkels nicht erforderlich ist. Bei Kreisfahrt mit nicht konstantem Radius erfolgt die Transformation des gemessenen Schwimmwinkels vom Messort zur Hinterachse nach

$$\beta_{HA} = \beta_M - \frac{\dot{\psi} \cdot a}{v} \qquad [4.17]$$

mit β_{HA} = Schwimmwinkel an der Hinterachse, β_M = Schwimmwinkel am Messort, $\dot{\psi}$ = Gierwinkelgeschwindigkeit, a = Abstand Messort zu Hinterachse in X-Richtung und v = Fahrgeschwindigkeit

Der SG berechnet sich nach [152] aus den Bewegungsgleichungen des linearen Einspurmodells zu

$$SG = \frac{i_g}{i_{gv}} \cdot \frac{m_h}{c_h} - \frac{i_g}{i_{gh}} \cdot \frac{m_v}{c_v} \qquad [4.18]$$

mit i_g = Gesamtlenkübersetzung, i_{gv} = Lenkübersetzung an der Vorderachse, i_{gh} = Lenkübersetzung an der Hinterachse, m_v = Vorderachslast und m_h = Hinterachslast

Im für diese Studie relevanten Fall eines nur an der Vorderachse gelenkten Fahrzeugs gilt

$$i_g = i_{gv} \ \ und \ \ \frac{1}{i_{gh}} = 0 \qquad [4.19]$$

womit der SG umgekehrt proportional zur Schräglaufsteifigkeit an der Hinterachse wird:

$$SG = \frac{m_h}{c_h} \qquad [4.20]$$

Die angeführten Gleichungen zeigen anschaulich, dass Änderungen an der Kinematik oder Elastokinematik der Vorderachse keinen Einfluss auf den Schwimmwinkelgradienten haben. Der SG kann damit als Maß für die Stabilität der Hinterachse unter Seitenkraft angesehen werden. Er ergibt sich bei Kreisfahrt mit konstantem Radius als Steigung des Schwimmwinkels an der Hinterachse über der Querbeschleunigung im linearen Querbeschleunigungsbereich zu:

$$SG = \frac{\Delta\beta_{HA}}{\Delta a_y} \qquad [4.21]$$

Die in den obigen Quellen teils angeführte Trennung zwischen stationärem und dynamischem Schwimmwinkel scheint bei näherer Betrachtung problematisch, da der Fahrzeugschwimmwinkel sich umgekehrt proportional zur Schräglaufsteifigkeit der Hinterachse ergibt (siehe oben und [173]). Der Hinterachsschwimmwinkel ergibt sich im linearen Bereich bis vier m/s^2 Querbeschleunigung daher in linearer Abhängigkeit zur Seitenkraft der Hinterachse. Eine Aufhebung dieses Zusammenhangs zur Reduktion des dynamischen Hinterachsschwimmwinkels ist nur mittels eines aktiven Hinterachslenksystems möglich. Steht die Möglichkeit der Beeinflussung des dynamischen Schwimmwinkels mittels eines solchen Systems zur Verfügung, liegt es jedoch nahe, auch die stationären Fahrzeugschwimmwinkel entsprechend zu reduzieren, was wiederum die Unterscheidung zwischen dynamischem und stationärem Schwimmwinkel obsolet macht.

Im Rahmen dieser Arbeit dient zur Quantifizierung des Fahrzeugschwimmverhaltens der SG, welcher wie oben ausgeführt der Steigung der linearen Nährung des Schwimmwinkels über der Querbeschleunigung im linearen Querbeschleunigungsbereich bis vier m/ss ermittelt bei stationärer Kreisfahrt entspricht. Da im Versuch die Auswirkungen veränderten Fahrzeugschwimmverhaltens für konventionelle passive Hinterachsen betrachtet werden sollen, wird auf eine Aufgliederung der Betrachtung in stationäre und dynamische Schwimmwinkel im Folgenden verzichtet.

4.8.3. Versuchsplan

Im Rahmen der Funktionalitäten des Tools FVS können Eigenlenk- und Schwimmverhalten mittels zweier aktiver im Fahrzeug installierter Systeme unabhängig voneinander beeinflusst werden. Eine Hinterachs-Spurverstellung (siehe Kapitel 3.4) verändert Schwimm- und Eigenlenkverhalten in Kombination, mittels eines aktiven Lenkrades ist eine singuläre Variation des Eigenlenkverhaltens möglich.

Quasistationäre Beeinflussung von Eigenlenk- und Schwimmverhalten

Mittels der querbeschleunigungsabhängigen und vorzeichenungleichen Beeinflussung der Hinterachsspurwinkel werden sowohl das Schwimm- als auch das Eigenlenkverhalten (repräsentiert durch SG und EG) des Fahrzeugs beeinflusst. Für beide Größen ergeben sich lineare Abhängigkeiten der erzielten Veränderungen zum querbeschleunigungsabhängigen Spurwinkel an der Hinterachse. Exemplarisch ist in Abbildung 4.35

die messwertbasierte Veränderung des SG über der Winkelvorgabe der Hinterachsspurverstellung dargestellt.

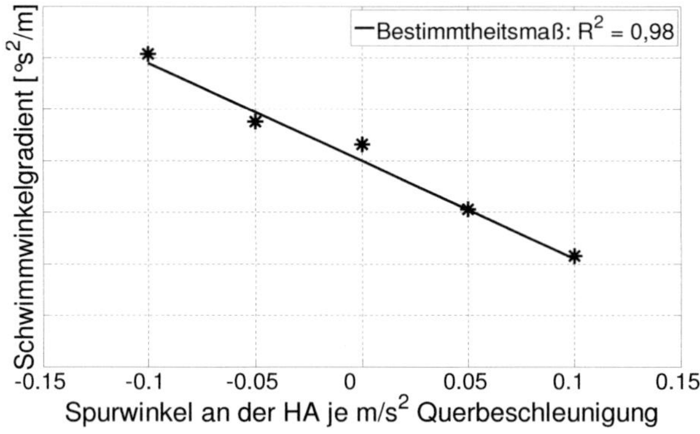

Abb. 4.35.: Resultierender SG abhängig von der Ansteuerung der Hinterachsspurverstellung

An der Vorderachse wird zur EG-Variation mittels eines aktiven Lenkrades für den Fahrer virtuell der mittlere Vorderachsradwinkel verändert, indem über der Querbeschleunigung Zusatzlenkwinkel überlagert werden. Die beschriebene Funktionalität zur Beeinflussung des Eigenlenkverhaltens wurde mittels fahrdynamischer Messungen unter Beweis gestellt, welche in Abbildung 4.36 visualisiert werden.

Mittels des aktiven Lenkrades können neben der EG-Variation auch die durch die Hinterachsspurverstellung hervorgerufenen EG-Veränderungen kompensiert werden, was eine Schwimmverhaltensvariation bei konstantem Eigenlenkverhalten erlaubt.

Gierverstärkungsanpassung bei Veränderung des Eigenlenkverhaltens

Um eine zielführende Beurteilung des veränderten Eigenlenkverhaltens durch die Probanden zu ermöglichen, wird die Gierverstärkung der Versuchsvarianten mit verändertem EG mittels virtuell veränderter Lenkübersetzungen in den Zielbetriebspunkten (vier m/s^2 Querbeschleunigung bei 80 bzw. 120 km/h je nach Streckenprofil) derjenigen des Basisfahrzeugs angeglichen. Die hierfür erforderlichen Zusatzlenkwinkel werden den-

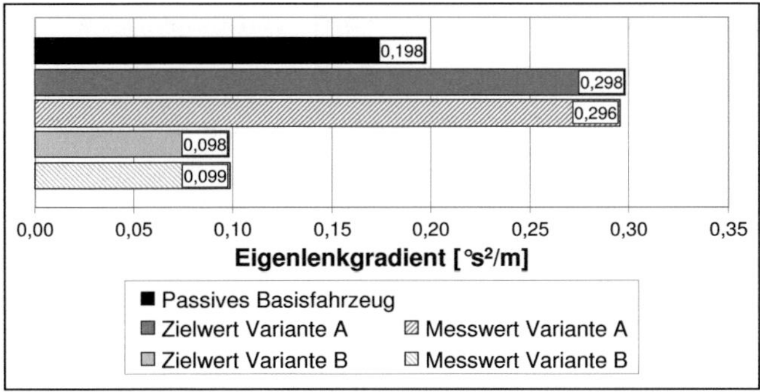

Abb. 4.36.: EG-Variation und -kompensation mittels aktivem Lenkrad

jenigen der EG-Veränderungen überlagert. In Abbildung 4.37 dargestellt ist die Abhängigkeit der erforderlichen Gesamtlenkübersetzung I_G vom Eigenlenkgradienten für die Zielbetriebspunkte 80 km/h beziehungsweise 120 km/h und vier m/s² quasistationäre Querbeschleunigung zur Kompensation der veränderten Gierverstärkung. Die dargestellten Kurvenverläufe sind die Ergebnisse fahrdynamischer Messungen des Manövers Gierverstärkung im jeweils relevanten Fahrgeschwindigkeitsbereich.

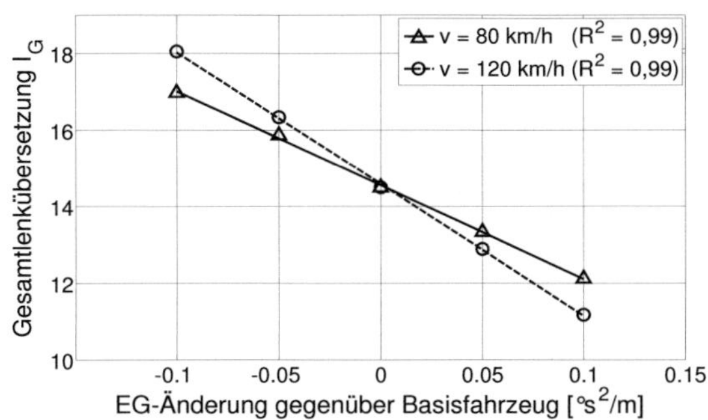

Abb. 4.37.: Konstanthaltung der Gierverstärkung bei EG-Variation durch Anpassung der Gesamtlenkübersetzung

Dynamische Beeinflussung von Eigenlenk- und Schwimmverhalten

Zur Beeinflussung des Eigenlenk- und Schwimmverhaltens ist die gezielte Aufprägung von Hinterachsspurwinkeln und überlagerten Vorderachs-Lenkwinkeln erforderlich. Die Phasenrichtigkeit der gestellten jeweiligen Winkel relativ zum Fahrerhandwinkel ist für die Probandenurteile von zentraler Bedeutung, um Urteilsbeeinflussungen durch phasenunrichtige Überlagerung von Zusatzwinkeln zu vermeiden. Das den Regelungen der aktiven Systeme zugrunde liegende Querbeschleunigungssignal basiert auf einem erweiterten nichtlinearen Einspurmodell, welches Karosserieträgheiten sowie die Nichtlinearität der Reifenseitenkraftkennlinien berücksichtigt (siehe [50]) und so auf das jeweilige Fahrzeug angepasst sowohl hoch- als auch niederdynamisch sowie sowohl im linearen als auch im nichtlinearen Bereich realitätsgetreue Querbeschleunigungswerte ermitteln kann.

Die hinsichtlich Phasenrichtigkeit in der Regelung zu berücksichtigenden Zusammenhänge werden nachfolgend am Beispiel der Hinterachsspurverstellung erläutert: Der Differenz der Zeitverzüge von berechneter Querbeschleunigung und Schwimmwinkel an der Hinterachse steht die Totzeit des Systems zur Spurverstellung von circa 0,1 Sekunde gegenüber. Da die Differenz der Zeitverzüge von Querbeschleunigung und Schwimmwinkel an der Hinterachse abhängig von Fahrgeschwindigkeit und Lenkfrequenz kleiner als die systemimmanente Totzeit werden kann, ist eine Prädiktion der anliegenden Querbeschleunigung zur phasenrichtigen Spurwinkelstellung erforderlich. Das Querbeschleunigungssignal wird deshalb fahrgeschwindigkeitsabhängig mittels seiner aktuell anliegenden Steigung um die gewünschte Zeitdifferenz in die Zukunft verschoben, um die aufgrund der Totzeit des Systems notwendige Vorlaufzeit zu gewinnen. Ein auf der zweiten Ableitung des Querbeschleunigungssignals basierender Korrekturfaktor gewährleistet korrektes Systemverhalten auch bei höherfrequenter Anregung. Das beschriebene Vorgehen veranschaulicht qualitativ Abbildung 4.38.

Ausgehend vom aktuellen Querbeschleunigungswert (1) wird mit gleich bleibender Steigung $\frac{da_y}{dt}$ rechnerisch um den relevanten Zeitbetrag zu Punkt (2) hin prädiktiert. Der ermittelte Querbeschleunigungswert wird um die Zeitspanne Δt zurück zum aktuellen Zeitpunkt verschoben (3) und resultiert in einer Veränderung der aktuell anliegenden Querbeschleunigung um Δa_y.

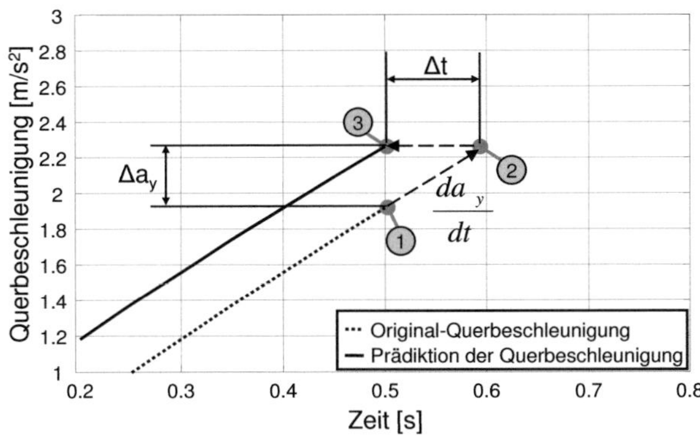

Abb. 4.38.: Qualitatives Vorgehen bei Prädiktion des Querbeschleunigungssignals

Die resultierende zeitliche Abfolge der relevanten Signale zueinander ist normiert in Abbildung 4.39 dargestellt. Wie im Diagramm ersichtlich wird, kommt ein Regelalgorithmus basierend auf der ermittelten Querbeschleunigung aufgrund der systemimmanenten Totzeit zu spät in zeitlicher Relation zum Hinterachsschwimmwinkel, welcher bezüglich des Zeitverhaltens den Zielwert des dynamischen Verhaltens repräsentiert. Das zugrundeliegende Querbeschleunigungssignal wird deshalb um die Zeitdifferenz zwischen Hinterachsschwimmwinkelsignal und der (noch falschen) Ist-Stellzeit des Systems prädiktiert, um basierend hierauf unter Berücksichtigung der systemimmanenten Totzeit in Phase mit dem Hinterachsschwimmwinkel Zusatzradwinkel aufprägen zu können. Ein vergleichbares Vorgehen kommt für das aktive Lenkrad an der Vorderachse zum Einsatz, um die Phasenrichtigkeit der überlagerten Zusatzlenkwinkel zur EG-Beeinflussung zu gewährleisten.

4.8.4. Versuchsdurchführung

Wie bereits mehrfach beschrieben teilt sich die Durchführung der Versuche auf in die objektive Vermessung und die subjektive Evaluation der Versuchsvarianten, welche im Folgenden konsekutiv beschrieben werden.

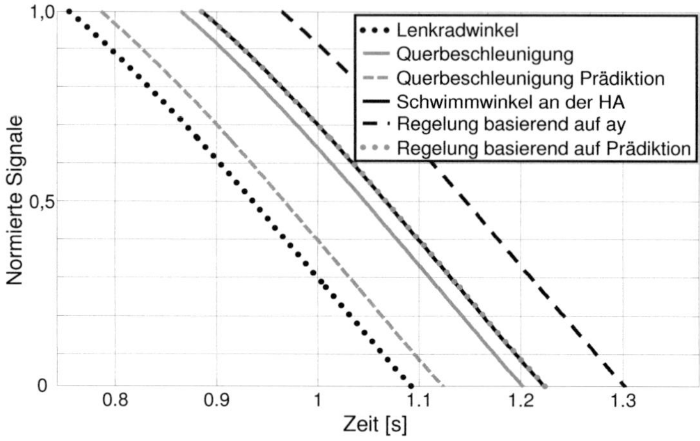

Abb. 4.39.: Regelung in Phase mit dem Schwimmwinkel an der Hinterachse basierend auf Prädiktion der Querbeschleunigung

Objektive Vermessung der Versuchsvarianten

Die in der Probandenevaluierung eingesetzten Versuchsvarianten setzen sich zusammen aus Varianten veränderten Schwimmverhaltens sowie Varianten veränderten Schwimm- und veränderten Eigenlenkverhaltens. Zur Beschreibung der Varianten stehen die oben eingeführten objektiven Kennwerte Eigenlenkgradient (EG) und Schwimmwinkelgradient (SG) zur Verfügung. Alle im Folgenden dargestellten EG- und SG-Werte basieren auf Messdaten des fahrdynamischen Manövers der stationären Kreisfahrt mit konstantem Radius von 40 Metern.

Die Summe der in Abbildung 4.40 visualisierten Varianten entspricht (ausgehend vom mit V01 gekennzeichneten passiven Basisfahrzeug) der Summe der potenziell mittels der oben beschriebenen aktiven Systeme darstellbaren Varianten, wobei Zwischenvarianten der gezeigten ebenfalls möglich sind. Die im Diagram mittels Kreissymbol markierten Varianten symbolisieren die im Hauptversuch von den Probanden evaluierten Varianten, die beiden mittels Dreiecksymbol gekennzeichneten Varianten entsprechen den beiden im Zusatzversuch Ansprechverhalten (siehe unten) beurteilten Varianten. Die weiteren mit Kreuzen versehenen Varianten stellen mögliche, jedoch im Probandenver-

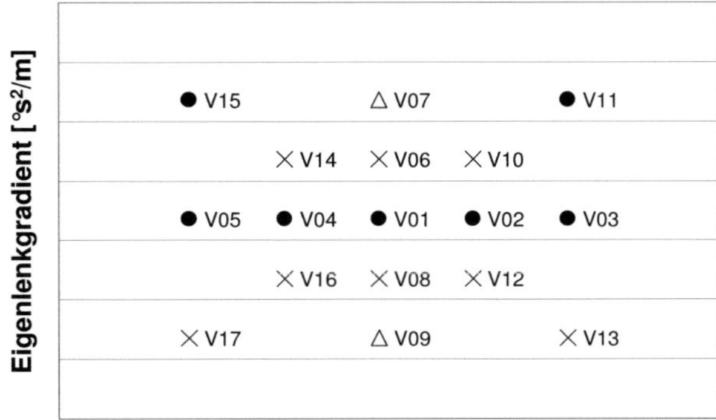

Abb. 4.40.: Darstellung der objektiven Versuchsvarianten hinsichtlich EG und SG

such nicht eingesetzte Fahrverhaltensvarianten hinsichtlich Eigenlenk- und Schwimmverhalten dar.

Subjektive Beurteilung der Versuchsvarianten

Die erläuterten Versuchsvarianten werden von insgesamt 22 Probanden subjektiv beurteilt, wovon 14 Teilnehmer der Expertenfahrergruppe zugeordnet werden und acht der Normalfahrergruppe. Wie bereits in anderen durchgeführten Studien sind eine den eigentlichen Beurteilungen vorgeschaltete Gewöhnungsphase an das Fahrzeug sowie eine Fahrt in passiver Systemkonfiguration Teil des Versuchsablaufs. Ebenfalls kommen permutierte Variantenreihenfolgen individuell je Proband zur Vermeidung von Gedächtniseffekten zum Einsatz.

Als Beurteilungsstrecken werden ein Landstraßenprofil (Beschreibung siehe Kapitel 4.6, Probandenstudie Fahrerempfinden beim Wankvorgang) und ein Autobahnprofil (Beschreibung siehe Kapitel 4.7, Probandenstudie Verhältnis von Wank- zu Gierreaktion) auf einem für den öffentlichen Straßenverkehr nicht zugänglichen Versuchsgelände verwendet. Für beide Streckenprofile wird den Testpersonen kundennahes Fahren als Fahranweisung vorgegeben. Während auf dem Landstraßenprofil durch die Nachverfolgung des Straßenprofils die Fahraufgabe definiert ist, wird auf dem Autobahnprofil keine definierte Fahrvorgabe gestellt, die Höchstgeschwindigkeit aus sicherheitstechnischen Reglementierungen des Versuchsfahrzeugs jedoch auf 120 km/h begrenzt.

Die Struktur des auch hier in Niveau- und Gefallensskala unterteilten Fragebogens zeigt Tabelle 4.12, der vollständige Fragebogen inklusive der verbalen Erläuterungen der Kriterien und der Ankerungen der Skalen findet sich im Anhang dieser Arbeit.

Kriterium	Verbale Beschreibung	Beurteilung des Kriteriums bzgl.	
		Ni-veau	Ge-fallen
Ansprechverhalten	Wie spontan reagiert d. Fahrzeug auf Lenkvorgaben bzw. wie groß ist d. Zeitverzug zw. Lenkwinkeleingabe und Fahrzeugreaktion?	X	X
Agilität/Gierverhalten	Wie stark dreht das Fahrzeug bei einer Lenkvorgabe ein?	X	X
Eigenlenkverhalten	Empfinden Sie das Fahrzeug als eher über- oder untersteuernd?	X	X
Stabilitätseindruck	Wie ist ihr Stabilitätseindruck des Fahrzeugs bei kundennaher Fahrt?	X	X
Gesamteindruck	Wie gut gefällt Ihnen persönlich die aktuelle Einstellung?	O	X

Tab. 4.12.: Schema des Subjektivevaluationsbogens zum Eigenlenk- und Schwimmverhalten

Das subjektive Kriterium Agilität/Gierverhalten wird für die Bewertungsfahrt auf dem Autobahnprofil nicht abgefragt. Zur subjektiven Beurteilung des Gierverhaltens muss den Probanden die Möglichkeit eingeräumt werden, niederfrequent bis quasistatisch die Verstärkung der Gierreaktion hin zum Lenkwinkel zu beurteilen, was auf dem Autobahnprofil nicht geleistet werden kann. Der Begriff des Stabilitätseindrucks anstelle von „Stabilität" verdeutlicht, dass kundenrelevantes Fahren nicht im fahrdynamischen Grenzbereich als Fahraufgabe für beide Versuchsteile vorgegeben wird.

4.8.5. Auswertung der Ergebnisse

Zur Auswertung der erhobenen Daten stehen die fahrdynamischen Kennwerte EG und SG aller zum Einsatz gekommenen Versuchsvarianten, die anhand der beschriebenen Urteilsskalen erhobenen Probandeneindrücke und eine Reihe während der Versuche aufgezeichneter Fahrzustandsgrößen zur Verfügung. Die Auswertung der Versuchsergebnisse gliedert sich in

- die Ermittlung von redundanten Fragebogenkriterien und die Untersuchung von Gefallenstendenzen im Rahmen von Subjektiv-Subjektiv-Korrelationen,

- die Korrelation der subjektiven Probandenurteile mit den objektiven Kennwerten sowohl zur Identifikation das Fahrerurteil prägender Größen als auch - soweit möglich - zur Identifikation gute Probandenurteile generierender Zielbereiche für die beiden untersuchten Streckenprofile,

- die Zielbereichsableitung hinsichtlich Fahrzeugschwimmverhalten für beide Straßenprofile und alle Urteilskriterien,

- die Auswertung des durchgeführten Zusatzversuchs im Themenkomplex Ansprechverhalten sowie

- die detaillierte Analyse des Fahrerverhaltens auf den untersuchten Streckenprofilen.

Subjektiv-Subjektiv-Korrelationen

Eindeutige Gefallenstendenzen (hohe lineare Korrelationen zwischen Niveau- und Gefallensurteilen über alle Versuchsvarianten) können für die Expertenfahrergruppe hinsichtlich der Kriterien Stabilitätseindruck und Eigenlenkverhalten abgeleitet werden. Untersteuerndes und stabileres Fahrverhalten werden durchweg als besser eingestuft. Am Beispiel des Kriteriums Stabilitätseindruck (siehe Abbildungen 4.41 und 4.42) wird ersichtlich, dass von den Probanden bei identischer Variantenzusammensetzung auf dem

Autobahnprofil die deutlich höheren Urteilsspreizungen realisiert werden. Die Fahrer sind hier hinsichtlich Eigenlenkverhalten, Stabilitätseindruck und Gesamteindruck sensibler als auf dem Landstraßenprofil.

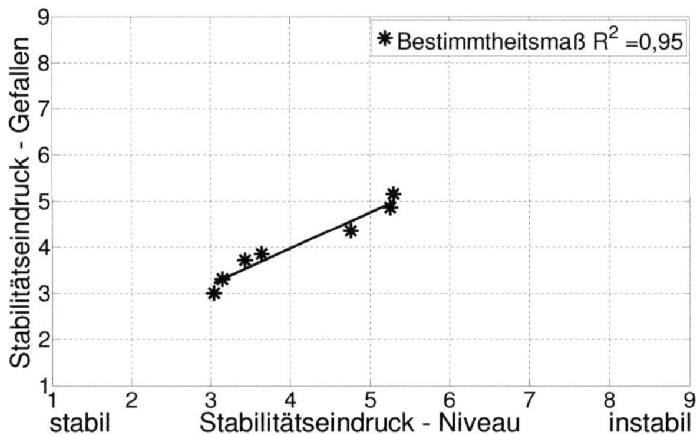

Abb. 4.41.: Gefallenstendenz zum Evaluierungskriterium Stabilitätseindruck (Expertenfahrer, Landstraßenprofil)

Im Versuch wird bezüglich keines der drei oben genannten Kriterien ein Sättigungsbereich erreicht; es wird durchweg untersteuernderes und stabileres Fahrverhalten als besser hinsichtlich Gefallens eingestuft.

Die Korrelation der Niveau- zu den Gefallensurteilen der Expertenfahrergruppe im Kriterium Agilität/Gierverhalten in Abbildung 4.43 veranschaulicht das Gelingen der Kompensation veränderter Gierverstärkungen bei Variation des Eigenlenkverhaltens zurück zum Seriengierverhalten mittels virtuell veränderter Lenkübersetzungen. Die weder bezüglich Niveau noch bezüglich Gefallen existenten relevanten Urteilsspreizungen zeigen, dass von den Probanden im Mittel keine Veränderung des Gierverhaltens der Versuchsvarianten festgestellt werden kann.

Im Kriterium Ansprechverhalten kann auf dem Autobahnprofil keine eindeutige Gefallenstendenz identifiziert werden, auf dem Landstraßenprofil keine relevanten Urteilsspreizungen. Die engen Zusammenhänge der als für weitere Korrelationsuntersuchungen

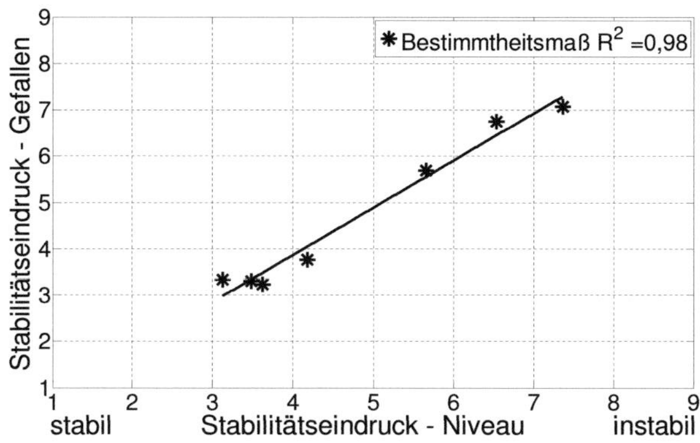

Abb. 4.42.: Gefallenstendenz zum Evaluierungskriterium Stabilitätseindruck (Expertenfahrer, Autbahnprofil)

nutzbar identifizierten Subjektivkriterien Eigenlenkverhalten, Stabilitätseindruck und Gesamteindruck zueinander verdeutlichen die zugehörigen Bestimmtheitsmaße R^2 der Subjektiv-Subjektiv-Korrelationen für die Expertenfahrergruppe auf beiden Streckenprofilen in Tabelle 4.13.

Die Normalfahrergruppe weist durchweg niedrigere mittlere Urteilsspreizungen bei gleichzeitig höheren Streuungen auf. Die einzigen hinsichtlich Gefallenstendenz und Urteilsspreizung sinnvoll für die nachfolgend angestellten Subjektiv-Objektiv-Korrelationen verwendbaren Evaluierungskriterien sind der Stabilitätseindruck und der Gesamteindruck abgegeben auf dem Autobahnprofil.

Subjektiv-Objektiv-Korrelationen auf dem Landstraßenprofil

Aus Gründen des Umfangs wird die Ausführung der Korrelationsergebnisse in diesem und dem nachfolgenden Teilkapitel auf die Darstellung der Korrelationsergebnisse der Expertenfahrergruppe beschränkt. Auch die Zielbereichsableitung erfolgt exemplarisch anhand der Evaluierungsergebnisse der Expertenfahrergruppe.

Zur Betrachtung des Einflusses veränderten Fahrzeugschwimmverhaltens auf die subjektiven Probandenurteile werden nachfolgend in einem ersten Schritt die fünf Versuchvarianten lediglich veränderten Schwimmverhaltens mit den Niveauurteilen der oben

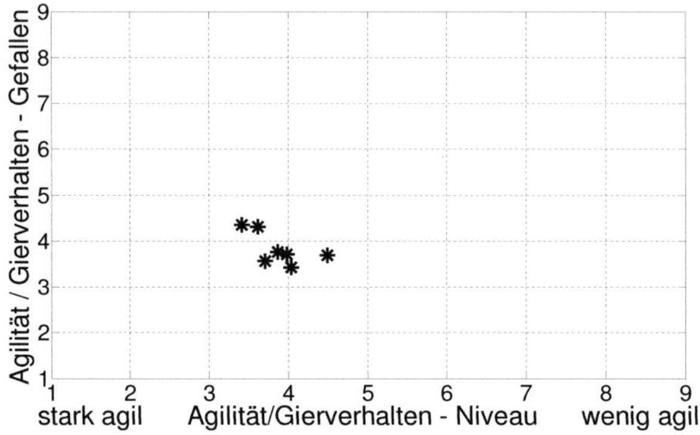

Abb. 4.43.: Gefallenstendenz zum Evaluierungskriterium Agilität / Gierverhalten (Expertenfahrer, Landstraßenprofil)

als sinnvoll verwendbar identifizierten Subjektivkriterien korreliert. Die entsprechenden Korrelationen weisen Bestimmtheitsmaße im Bereich von 0,74 bis 0,91 auf und können damit als hohe beziehungsweise sehr hohe Korrelationen eingestuft werden. Aufgrund der nun einerseits für diese Kriterien nachgewiesenen eindeutigen Gefallenstendenzen (mit Ausnahme des Kriteriums Gesamteindruck, hier wurden keine Niveauurteile erhoben) und der andererseits signifikanten Korrelationen der Niveauurteile zum Schwimmwinkelgradienten können für diese drei Kriterien mittels der Korrelation der Gefallensurteile zu den Schwimmwinkelgradienten der Versuchsvarianten Zielbereiche guten und ausreichenden Gefallens abgeleitet werden. In Abbildung 4.44 ist exemplarisch das Kriterium Stabilitätseindruck dargestellt.

Wie zu erkennen ist, existiert auf dem Landstraßenprofil eine relativ hohe Toleranz der Experten hinsichtlich Fahrzeugschwimmwinkel. Der hellgraue Skalenbereich (Notenwert 3,5 und besser) wird nur knapp erreicht, der dunkelgraue Skalenbereich (Notenwert 6,5 und schlechter) wird nicht tangiert. Dies stellt sich für die weiteren, hier aus Umfangsgründen nicht dargestellten, Kriterien vergleichbar dar.

Abschließend für die Korrelationsergebnisse des Landstraßenprofils wird der Einfluss veränderten Eigenlenkverhaltens auf die Beurteilung des Schwimmverhaltens durch die Expertenfahrergruppe betrachtet. Hierzu werden die zwei Versuchsvarianten veränderten Eigenlenkverhaltens in Relation zu den fünf Versuchsvarianten unveränderten Ei-

Landstraßenprofil			
R^2	Eigenlenkverhalten	Stabilitätseindruck	Gesamteindruck
Eigenlenkverhalten	- - -	0,95	0,78
Stabilitätseindruck	- - -	- - -	0,90
Gesamteindruck	- - -	- - -	- - -

Autobahnprofil			
R^2	Eigenlenkverhalten	Stabilitätseindruck	Gesamteindruck
Eigenlenkverhalten	- - -	0,85	0,92
Stabilitätseindruck	- - -	- - -	0,96
Gesamteindruck	- - -	- - -	- - -

Tab. 4.13.: Bestimmtheitsmaße R^2 subjektiv - subjektiv bzgl. Niveau (Expertenfahrer)

genlenkverhaltens gesetzt und die Steigungen der sich ergebenden Regressionsgeraden vergleichend betrachtet.

Die Niveauurteile des Urteilskriteriums Stabilitätseindruck in Abbildung 4.45 verdeutlichen anhand der beiden nahezu parallel verlaufenden Regressionsgeraden exemplarisch die nahezu vollkommene Unabhängigkeit der Beurteilung des Schwimmverhaltens vom Eigenlenkverhalten auf dem Landstraßenprofil. Die abgeleiteten Zielbereiche guten beziehungsweise befriedigenden Fahrzeugverhaltens hinsichtlich Schwimmverhalten können somit als unabhängig vom Eigenlenkverhalten bezeichnet werden.

Subjektiv-Objektiv-Korrelationen auf dem Autobahnprofil

Wie bereits für das Landstraßenprofil ausgeführt ist im ersten Schritt zwingend die Korrelation der subjektiven Niveauurteile der relevanten Urteilskriterien hin zum Schwimmwinkelgradienten durchzuführen. Hierzu kommen dieselben fünf Versuchsvarianten unveränderten Eigenlenkverhaltens zum Einsatz, welche bereits auf dem Landstraßenprofil untersucht wurden. Für die relevanten Subjektivkriterien resultieren Bestimmtheitsmaße der Größenordnungen 0,57 bis 0,87 welche als mittlere bis hohe Zusammenhänge eingestuft werden können. Die resultierenden Korrelationen weisen leicht geringere Güten als jene des Versuchsteils Landstraßenprofil auf, was in der aufgrund der freien Fahrsituation der Probanden auf dem Autobahnprofil vorliegenden Annäherung an die dy-

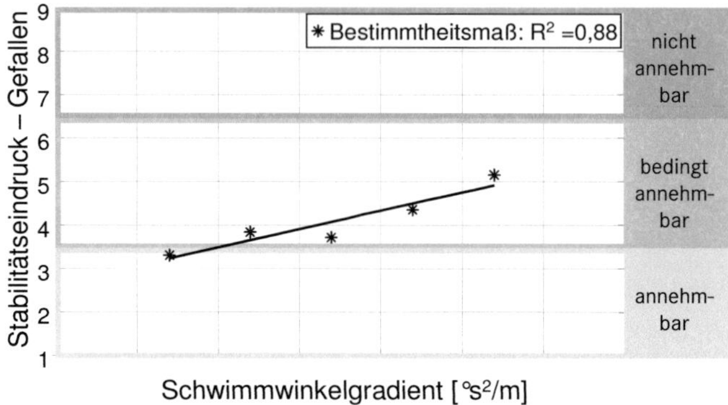

Abb. 4.44.: Zielbereichsableitung des SG hinsichtlich Stabilitätseindruck (Expertenfahrer, Landstraßenprofil)

namischen Systemgrenzen der eingesetzten Hinterachs-Spurverstellung begründet sein kann.

Analog zur Vorgehensweise im voranstehenden Teilkapitel können aufgrund der einerseits existenten signifikanten Gefallenstendenzen der betrachteten Kriterien und der andererseits vorhandenen hohen Korrelationen der Niveauurteile hin zum SG mittels der Korrelation der zugehörigen Gefallensurteile zum SG Zielbereiche guten Fahrzeugschwimmverhaltens abgeleitet werden. Der in Abbildung 4.46 wiederum exemplarisch für das Kriterium Stabilitätseindruck dargestellte Korrelationsplot zeigt einerseits die beschriebene leicht schlechtere Annäherung der mittleren Probandenurteile mittels linearer Regression im Bereich geringerer Schwimmwinkelgradienten und andererseits die im Vergleich zum oben beschriebenen Versuchsteil Landstraßenprofil deutlich höhere Steigung der errechneten Regressionsgeraden.

Die höheren Urteilsspreizungen dieses Versuchsteils verdeutlichen einerseits die gesteigerte Sensibilität der Probanden hinsichtlich Schwimmwinkel auf dem Autobahnprofil im Vergleich zum Landstraßenprofil und erlauben andererseits die Ableitung beider relevanten Bereichsgrenzen („annehmbar" zu „bedingt annehmbar" sowie „bedingt annehmbar" zu „nicht annehmbar").

Wie oben wird abschließend der Einfluss des Eigenlenkverhaltens auf die Beurteilung des Schwimmverhaltens untersucht, siehe hierzu Abbildung 4.47. Wieder werden

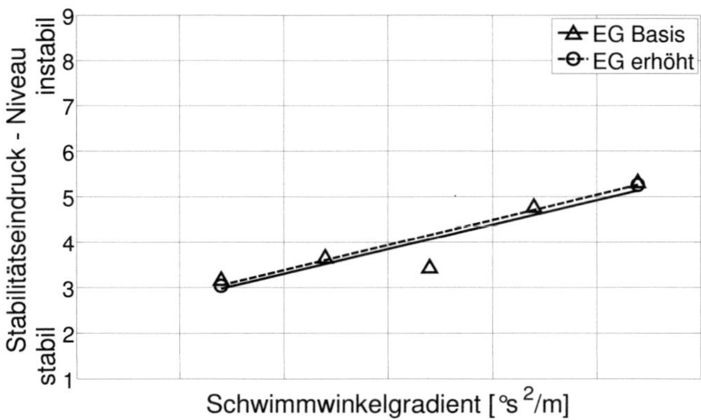

Abb. 4.45.: Einfluss des EG auf die Beurteilung des SG (Expertenfahrer, Landstraßenprofil)

die beiden Versuchsvarianten auch veränderten Eigenlenkverhaltens in Relation zu den fünf Versuchsvarianten lediglich geänderten Schwimmverhaltens gesetzt. Anhand der Regressionsgeraden in Abbildung 4.47 lässt sich der geringfügig niedrigere Einfluss des Schwimmwinkelgradienten auf das Subjektivurteil bei erhöhtem Eigenlenkgradienten im Vergleich zum Basis-EG erkennen. Der festgestellte Einfluss ist jedoch als gering zu quantifizieren und bewegt sich an der Auflösungsschwelle einer solchen Probandenstudie.

Zielbereichsableitung hinsichtlich Fahrzeugschwimmverhalten

Die in den voranstehenden Teilkapiteln durchgeführte Identifikation sinnvoll zur Korrelation verwertbarer subjektiver Urteilskriterien sowie die Ableitung von Zielbereichen des Fahrzeugschwimmverhaltens beantworten die Frage nach guter bzw. zufriedenstellender Erfüllung eines jeden Einzelkriteriums abhängig vom gefahrenen Straßenprofil. Aufgrund des Anspruchs der Allgemeingültigkeit der durchgeführten Untersuchung für konventionelle passive Fahrwerke im Limousinenbereich müssen die resultierenden Zielbereiche der Einzelkriterien vergleichend einander gegenübergestellt werden. Hierfür werden nur die zuverlässigeren Expertenurteile zugrunde gelegt.

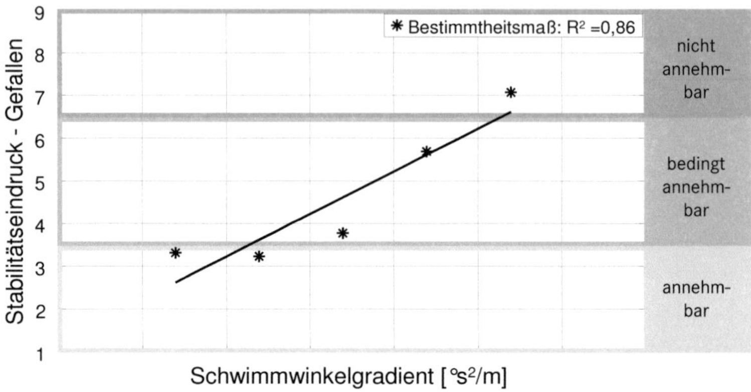

Abb. 4.46.: Zielbereichsableitung des SG hinsichtlich Stabilitätseindruck (Expertenfahrer, Autobahnprofil)

Wie in Abbildung 4.48 zu erkennen ist, bestehen unterschiedliche Sensibilitäten des Probandenkollektivs hinsichtlich der relevanten Urteilskriterien auf den untersuchten Streckenprofilen. Während die Bereichsübergänge von „annehmbar" (diagonal gestreift markiert) zu „bedingt annehmbar" (ausgefüllt markiert) für die Mehrzahl der untersuchten Kriterien vergleichbare Größenordnungen aufweisen, werden die Bereichsübergänge von „bedingt annehmbar" zu „nicht annehmbar" (horizontal gestreift markiert) nur auf dem Autobahnprofil und auch hier nicht im Kriterium Eigenlenkverhalten erreicht. Die Sensibilität des Probandenkollektivs ist hinsichtlich des Stabilitätseindrucks allgemein höher als hinsichtlich des Eigenlenkverhaltens. Für die Auslegung konventioneller passiver Fahrwerke hinsichtlich ihrer Hinterachsschräglaufsteifigkeiten (diese verhalten sich umgekehrt proportional zum SG, siehe Kapitel 4.8.2) sind die in Abbildung 4.48 mittels senkrechter gestrichelter Linien gekennzeichneten Minima der jeweiligen Bereichsübergänge relevant, um allen Einzelkriterien in ausreichender Güte zu genügen.

Korrelationsergebnisse Zusatzversuch „Ansprechverhalten"

Die Auslegung des Eigenlenkverhaltens und des Lenkwinkelbedarfs eines Fahrzeugmodells wird üblicherweise in gegenseitiger Abhängigkeit voneinander durchgeführt.

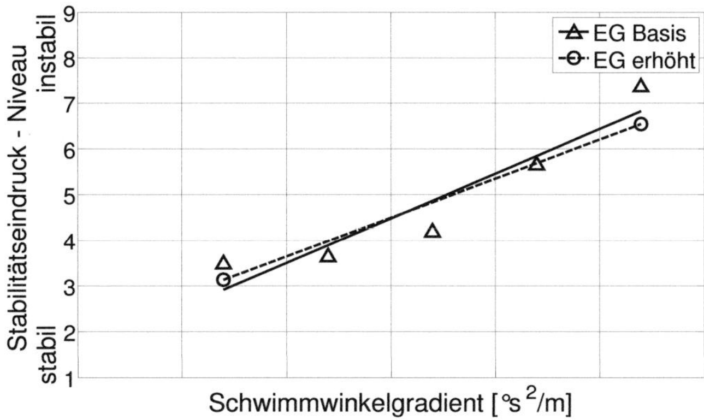

Abb. 4.47.: Einfluss des EG auf die Beurteilung des SG (Expertenfahrer, Autobahnprofil)

Während das Untersteuerverhaltens des Fahrzeugs (repräsentiert durch den EG) sich vorwiegend aus Achs- und Reifeneigenschaften ergibt, wird das Niveau der Gierverstärkung und damit der erforderliche Lenkwinkelbedarf bei Kurvenfahrt vorrangig mittels der Gesamtlenkübersetzung I_G festgelegt. Unterschiedliche EG- und I_G-Kombinationen können schlussendlich in gleicher Gierverstärkung des Fahrzeugs resultieren. Während eine Veränderung der Lenkübersetzung bei schnellem Anlenken des Fahrzeugs direkt aus der Mitte heraus wirksam ist, sind die Effekte veränderten Eigenlenkverhalten erst mit dem Aufbau der Querbeschleunigung, also leicht zeitverzögert, zu beobachten.

Mittels des durchgeführten Zusatzversuchs Ansprechverhalten wird anhand dreier Versuchsvarianten der Einfluss des Eigenlenkverhaltens auf die Beurteilung des Ansprechverhaltens untersucht. Die drei involvierten Varianten weisen unterschiedliche Eigenlenkgradienten auf, ihre jeweiligen Gierverstärkungen bei 120 km/h Fahrgeschwindigkeit (entspricht der Beurteilungssituation auf dem Autobahnprofil) sind aufgrund angepasster Gesamtlenkübersetzungen I_G jedoch identisch. Die Beurteilungssituation stimmt mit jener des Hauptversuchs im Versuchsteil Autobahnprofil überein, beurteilt wird von den Probanden jedoch lediglich das oben eingeführte Fragebogenkriterium Ansprechverhalten hinsichtlich Niveau und Gefallen.

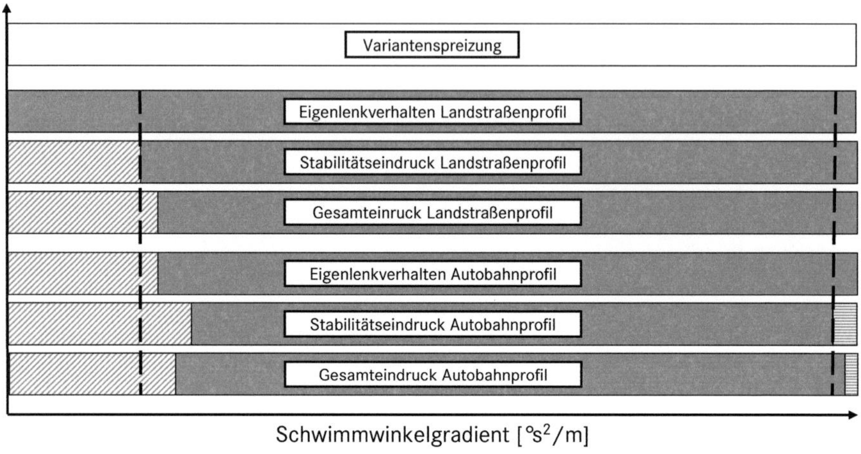

Variantenspreizung

Eigenlenkverhalten Landstraßenprofil

Stabilitätseindruck Landstraßenprofil

Gesamteinruck Landstraßenprofil

Eigenlenkverhalten Autobahnprofil

Stabilitätseindruck Autobahnprofil

Gesamteindruck Autobahnprofil

Schwimmwinkelgradient [°s^2/m]

Abb. 4.48.: Gegenüberstellung der Zielbereiche der subjektiven Einzelkriterien (Expertenfahrer)

Die exemplarisch in Abbildung 4.49 visualisierten Ergebnisse der Expertenfahrergruppe zeigen keine signifikanten Zusammenhänge in der Beurteilung des Ansprechverhaltens bei verändertem Eigenlenkverhalten. Die These der Abhängigkeit des Eindrucks der Spontaneität der Fahrzeugreaktion vom Eigenlenkverhalten kann anhand der vorliegenden Ergebnisse für keine der beiden Fahrergruppen bestätigt werden.

Analyse des Fahrerverhaltens auf beiden Streckenprofilen

Wie bereits in zuvor beschriebenen Studien wurden auch in dieser Untersuchung eine Reihe von Fahrzustandsgrößen während der Variantenbeurteilung durch die Probanden aufgezeichnet und aus diesen eine Reihe von Kennwerten generiert, welche in Relation zu den abgegebenen Subjektivurteilen und den objektiven Kennwerten der jeweiligen Varianten gesetzt werden können. Im Hauptfokus dieses Teilkapitels steht die Frage, inwieweit eine Veränderung des Fahrzeugschwimmverhaltens eine Veränderung des Fahrerverhaltens nach sich zieht beziehungsweise inwieweit vergrößerte Schwimmwinkelgradienten, welche wie oben beschrieben schlechtere Subjektivurteile bewirken, sich auch in verändertem Fahrerverhalten widerspiegeln.

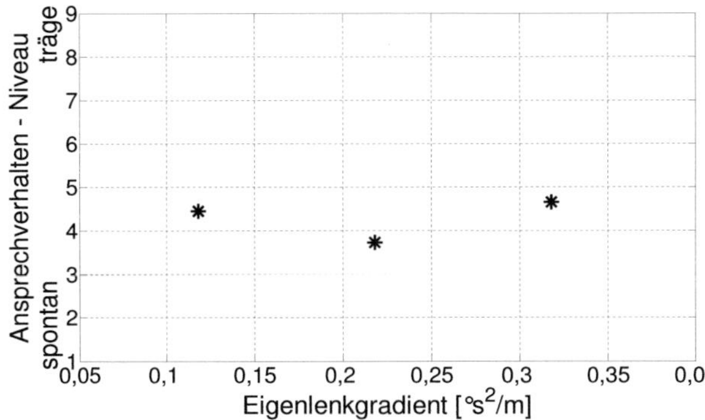

Abb. 4.49.: Korrelationsplot Ansprechverhalten (Niveau) zum Eigenlenkgradienten (Expertenfahrer)

Die eindeutigsten Ergebnisse in diesem Themenkomplex weisen die Betrachtungen der erzielten Querbeschleunigungen der jeweiligen Probandengruppen auf. So kann festgestellt werden, dass extrem hohe Querbeschleunigungen größer gleich sieben m/s^2 von den Expertenfahrern bei zunehmendem SG gemieden werden (siehe Abbildung 4.50). Der Grund hierfür ist vermutlich im subjektiv unsichereren und instabileren Fahrgefühl zu suchen, welches die Probanden vom Aufsuchen extrem hoher Querbeschleunigungsbereiche abhält.

Die Darstellung der prozentualen Zeitanteile von Querbeschleunigungen größer gleich sieben m/s^2 der Expertenfahrergruppe auf dem Landstraßenprofil über dem SG in Abbildung 4.50 veranschaulicht den beschriebenen Zusammenhang. Die Normalfahrergruppe erreicht solch hohe Querbeschleunigungen im Gegensatz zur Expertenfahrergruppe üblicherweise nicht, so dass eine vergleichende Betrachtung unterbleiben muss. Ebenfalls interessant ist die Betrachtung der prozentualen Verteilung der gefahrenen Querbeschleunigungen beider Fahrergruppen über dem SG, in Abbildung 4.51 exemplarisch dargestellt für das Landstraßenprofil.

Wie ersichtlich wird, verbringen Normalfahrer absolut höhere Zeitanteile mit nennenswerter Querbeschleunigung von a_y größer gleich ein m/s^2 als Expertenfahrer. Schon der bis circa vier m/s^2 reichende lineare Querbeschleunigungsbereich wird jedoch von den Normalfahrern deutlich seltener verlassen als von den Expertenfahrern, sehr ho-

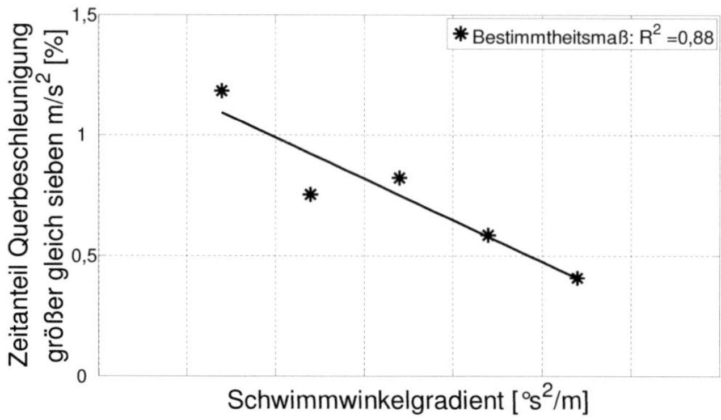

Abb. 4.50.: Mittlerer prozentualer Zeitanteil der Expertenfahrer mit Querbeschleunigungsbeträgen größer gleich sieben m/s² abhängig vom SG

he Querbeschleunigungen größer gleich sieben m/s² werden von den Normalfahrern so gut wie nicht erreicht. Es lässt sich festhalten, dass Expertenfahrer bei vorgegebenem Streckenprofil den offensichtlich runderen Fahrstil aufweisen und somit weniger Zeit unter nennenswerter Querbeschleunigung realisieren. Die Normalfahrer verbringen absolut mehr Zeit unter nennenswerter Querbeschleunigung, erzielen jedoch die deutlich niedrigeren Beträge und Maxima der gefahrenen Querbeschleunigungen. Interessant sind in diesem Zusammenhang die maximal erzielten Querbeschleunigungen der Normalfahrergruppe auf den beiden Streckenprofilen, welche näherungsweise unabhängig vom Schwimmverhalten des Fahrzeugs sind, wie die Histogramme der Abbildungen 4.52 und 4.53 illustrieren, welche nur die fünf Versuchsvarianten lediglich veränderten Schwimmverhaltens beinhalten.

Die durchschnittlichen maximalen Querbeschleunigungen der Normalfahrergruppe bewegen sich auf dem Landstraßenprofil knapp unter sechs, auf dem Autobahnprofil zwischen fünf und 5,5 m/s² Querbeschleunigung. Die hier ermittelten Werte liegen somit zwischen den Ergebnissen der beiden in Kapitel 2.1.2 zitierten Studien zwar außerhalb des bis circa vier m/s² Querbeschleunigung reichenden und in [6] 1995 als Grenze der von Normalfahrern erreichten Querbeschleunigungen genannten linearen Bereichs, andererseits aber deutlich unterhalb der in [178] 2008 genannten Werte von bis zu 7,5 m/s² Querbeschleunigung als von Normalfahrern erzielte Spitzenwerte.

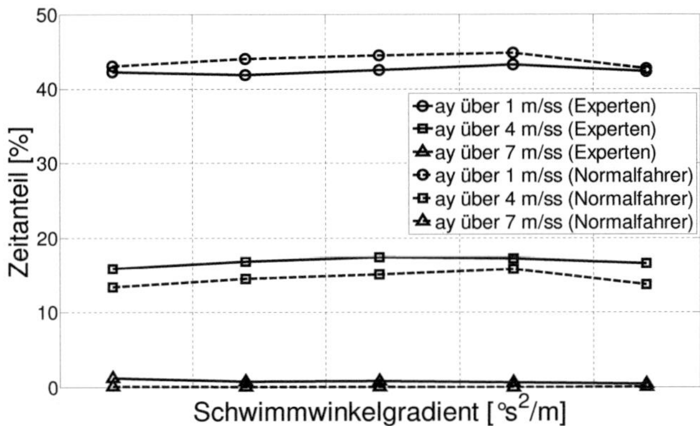

Abb. 4.51.: Zeitliche Verteilung der erzielten Querbeschleunigungen je Fahrergruppe und SG-Einstellung (Landstraßenprofil)

Anhand der obigen Diagramme kann die in [178] vermutete stetige Zunahme der von Normalfahrern im normalen Fahrbetrieb realisierten Querbeschleunigungen aufgrund der stetigen Fortschritte der Automobilindustrie in den Bereichen Fahrwerk, Lenkung und Fahrdynamik sowie der weiter voranschreitenden Verbreitung aktiver Fahrwerksysteme auch in niederpreisigere Fahrzeugsegmente nur eingeschränkt bestätigt werden. Die Bedeutung des fahrdynamischen Fahrzeugverhaltens auch im „üblichen" Fahrbetrieb lässt sich anhand der ermittelten und sich deutlich außerhalb des linearen Bereichs befindlichen maximalen Querbeschleunigungen der Normalfahrergruppe aber anschaulich erfassen.

4.8.6. Interpretation

In den voranstehenden Teilkapiteln wurde eine Reihe von Ergebnissen im Themenkomplex Wechselwirkung von Schwimm- und Eigenlenkverhalten abgeleitet. Diese werden im Folgenden komprimiert zusammengefasst, um einen Überblick über die erzielten Ergebnisse und die hieraus resultierenden Konsequenzen zu geben.

- Die Kriterien Eigenlenkverhalten und Stabilitätseindruck weisen eindeutige Gefallenstendenzen zu untersteuernderem und stabilerem Fahrverhalten hin auf. Während die Gefallenstendenz zu stabilerem Fahrverhalten so erwartet wurde, über-

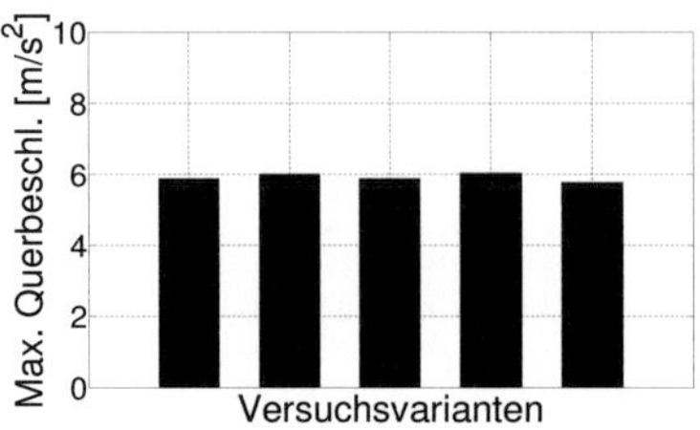
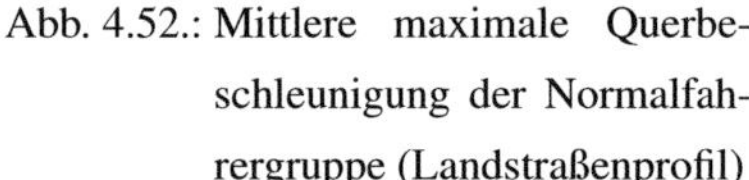

Abb. 4.52.: Mittlere maximale Querbeschleunigung der Normalfahrergruppe (Landstraßenprofil)

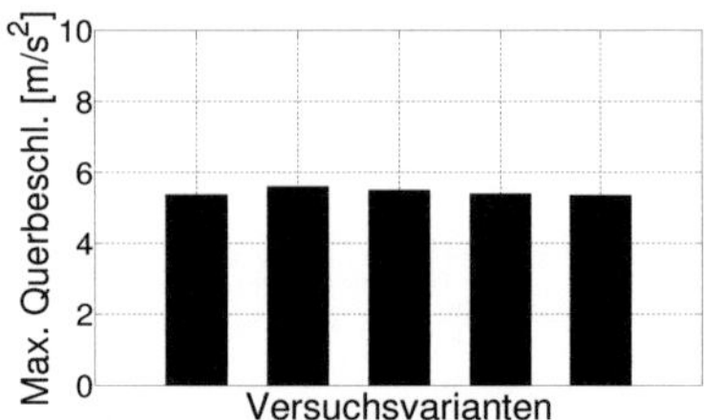

Abb. 4.53.: Mittlere maximale Querbeschleunigung der Normalfahrergruppe (Autobahnprofil)

rascht die eindeutige Tendenz hin zu untersteuernderem Fahrverhalten, welche im Rahmen der Versuchsspreizung keinen Sättigungsbereich aufweist. Die Kriterien Eigenlenkverhalten, Stabilitätseindruck und Gesamteindruck weisen ebenfalls hohe Korrelationen zueinander auf. Untersteuernderes und stabileres Fahrverhalten wird durchweg als besser hinsichtlich des Gesamteindrucks beurteilt.

- Die Sensibilität der Probanden bezüglich der abgefragten Kriterien ist auf dem Autobahnprofil höher als auf dem Landstraßenprofil. Dies resultiert in höheren Urteilsspreizungen annähernd aller abgefragten subjektiven Kriterien.

- Wie aufgrund der oben beschriebenen Kompensation der Gierverstärkung auf Serienniveau zu erwarten, zeigen sich keine relevanten Urteilsspreizungen im Kriterium Agilität/Gierverhalten.

- Varianten verringerter SG weisen im Mittel des Probandenkollektivs durchweg bessere Beurteilungen hinsichtlich der relevanten Kriterien auf. Es kann keine signifikante Abhängigkeit der Beurteilung des Schwimmverhaltens vom Eigenlenkverhalten festgestellt werden.

- Die These, dass sich mittels der Variation des Eigenlenkverhaltens unter Konstanthaltung der Gierverstärkung durch Anpassung der jeweiligen Gesamtlenkübersetzung I_G der Eindruck des Ansprechverhaltens verändert, wurde mittels eines Zusatzversuch analysiert und kann für keine der beiden Fahrergruppen bestätigt werden.

- Das Fahrerverhalten wird deutlich messbar vom Schwimmverhalten des Fahrzeugs beeinflusst. Zunehmende SG-Werte resultieren in der Meidung extrem hoher Querbeschleunigungen durch die Expertenfahrergruppe, während diese extrem hohen Querbeschleunigungsbereiche von der Normalfahrergruppe nicht erreicht werden. Die Normalfahrer verbringen prozentual höhere Zeitanteile unter nennenswerter, betragsmäßig jedoch geringerer Querbeschleunigung als die Expertenfahrer.

4.9. Spannungsfeld Sportlichkeit versus Komfort

Seit geraumer Zeit ist es das Bestreben der Automobilindustrie, Fahrzeuge fahrwerkseitig so abzustimmen, dass sie den an sie gestellten Anforderungen hinsichtlich Fahrdynamik genügen, ohne hierbei den Fahrkomfort zu sehr zu beeinträchtigen oder vice versa. Der sich ergebende Zielkonflikt einander entgegenstehender Anforderungen hinsichtlich Fahrdynamik und Fahrkomfort ist so alt wie die Vorgehensweise der gezielten Abstimmung von Fahrwerken selbst und kann auch durch die rapide voranschreitende Verbreitung aktiver Fahrwerksysteme auch in preiswertere Fahrzeugklassen hinein lediglich verringert, niemals gänzlich aufgelöst werden.

Mittels zweier konsekutiver Probandenstudien wird im Rahmen dieser Arbeit das Fahrerempfinden im Spannungsfeld Fahrdynamik versus Fahrkomfort untersucht. Ziel ist hierbei in erster Linie die Untersuchung von Empfindungszusammenhängen zwischen Einzelkriterien des Fahrerempfindens sowie die Abbildung ebenjenes Fahrerempfindens mittels objektiver Kennwerte und Kenngrößen. Nur sekundär steht die Auflösung des oben beschriebenen Zielkonflikts im Fokus der Untersuchungen. Mittels der durchgeführten Studien soll ein Beitrag geleistet werden, für das Fahrerempfinden zentrale Kenngrößen der Aufbaubewegungen zu identifizieren, um Auslegung und objektive Überprüfung von Fahrzeugständen besser am subjektiven Fahrerempfinden orientieren zu können.

4.9.1. Ausgangssituation und Untersuchungsziel

Die Auslegung von Fahrwerken neuer Fahrzeuggenerationen folgt den Positionierungsvorgaben durch den jeweiligen Hersteller im Spannungsfeld Fahrdynamik-Fahrkomfort. Verschiedenste subjektive Eindruckskriterien wie „Sportlichkeit", „Komfort" oder „Angebundenheit an die Straße" sowie die Beschreibung der resultierenden Aufbaubewegungen in Richtung von oder mittels Drehung um die drei Koordinatenachsen werden in diesem Kontext benützt und zur Definition von Positionierungszielen verwendet. Die Abgrenzung des beschriebenen Themenkomplexes zwischen Fahrdynamik und Fahrkomfort gestaltet sich schwierig, insbesondere wenn die Betrachtung um spezielle Komfort-Kriterien wie Stuckern oder Abtasten erweitert werden soll, welche den Fahrereindruck elementar mit prägen.

Die Zusammenhänge der oben angeführten Kriterien untereinander sind bisher nur teilweise verstanden und mittels wissenschaftlichen Untersuchungen abgesichert. In [34] wurde im Rahmen einer Expertenstudie im Blindversuch anhand von Straßensimulationen am Prüfstand ermittelt, dass die Kriterien „Sportlichkeit" und „Angebundenheit Aufbau" sehr hohe Korrelationen zueinander aufweisen. „Fahrkomfort" und „Angebundenheit" wurden hingegen mit hoher Korrelation reziprok bewertet.

Im Rahmen der vorliegenden Arbeit wird der Versuch unternommen, zur Objektivierung der Subjektiveindrücke im komplexen Zusammenspiel von Komfort und Sportlichkeit bei Fahrt auf anregungsreicher Landstraße beizutragen. Die Empfindungszusammenhänge zwischen den genannten Kriterien im realen Fahrbetrieb werden in den hier beschriebenen Probandenstudien mittels des Tools FVS untersucht. Hierbei erfolgt eine Konzentration auf das Fahrerempfinden hinsichtlich der allgemein und übergeordnet verwendeten Termini Angebundenheit an die Straße, Komfort und Sportlichkeit, sowie das Empfinden der Aufbaubewegungen um und entlang der Koordinatenachsen.

Der Schwingungskomfort wird unterteilt in die Anregungsarten Fahrbahnanregung (so genannter Ride-Komfort), Reifenungleichförmigkeitsanregungen und Powertrainanregungen [117]. Zur detaillierten Analyse der Ursachen und Auswirkungen der unterschiedlichen Anregungsarten wird beispielhaft auf [11], [19], [110] und [116] verwiesen.

4.9.2. Zielgrößen und Einflussfaktoren

Anders als in den weiteren durchgeführten Korrelationsuntersuchungen kann im Rahmen dieser Studie nicht auf fahrdynamische Manöver und Kenngrößen als objektive Datenbasis zurückgegriffen werden. Die eingesetzten Versuchsvarianten werden zur Beschreibung des objektiven Fahrzeugverhaltens mittels eines servohydraulischen Vier-Stempel-Prüfstandes unterschiedlichen Tests unterzogen. Hierbei können sowohl synthetische sinusförmige Anregungen als auch die Nachsimulation digitalisierter Straßenprofile als vertikale Anregungen über die Kontaktfläche des Reifenlatsches ins Fahrwerk eingebracht werden.

Die aus den beschriebenen Anregungen resultierenden Aufbaubewegungen des geprüften Fahrzeugs bzw. der dargestellten Versuchsvariante werden mittels an der Karosserie angebrachten Beschleunigungsaufnehmern erfasst. Aus den aufgezeichneten Zeitschrieben können offline Kennwerte wie Eigenfrequenzen oder Dämpfungsmaße der unterschiedlichen Fahrzeugbewegungen abgeleitet werden. Weiterhin können per Fourier-Transformation über den jeweiligen Anregungsfrequenzen die resultierenden Beschleunigungen aufgetragen und ausgewertet werden. Die Fourier-Transformation ist eine Integraltransformation, welche eine Funktion im Zeitbereich durch eine Funktion der Frequenz abbildet.

4.9.3. Versuchsplan

Als Zielgrößen der objektiven Variantenbeschreibung stehen vor allem Eigenfrequenzen und Dämpfungsmaße der Aufbaubewegungen um und entlang der Koordinatenachsen zur Verfügung. Es liegt deshalb nahe, die Versuchsvarianten der hier beschriebenen Studie mittels der virtuellen Variation von Steifigkeiten und Dämpfungen zu realisieren.

In beiden im Rahmen dieser Studie durchgeführten Versuchsreihen setzt sich der Pool zum Einsatz kommender Varianten zusammen aus solchen veränderter Steifigkeiten, solchen veränderter Dämpfungen und aus Kombinationsvarianten veränderter Steifigkeiten und veränderter Dämpfungen. Während zur Durchführung der ersten Versuchsreihe bei der Variantendefinition der Fokus auf die virtuelle Veränderung der Bauteile und deren Einfluss auf das Subjektivurteil gelegt wird, fokussiert die Variantenauslegung der zweiten Versuchsreihe einzelne objektive Kennwerte und versucht, hinsichtlich dieser Kennwerte hinreichend große Spreizungen und gleichmäßige Verteilungen der Versuchsvarianten zu realisieren.

4.9.4. Versuchsdurchführung

Wie auch in den bereits zuvor beschriebenen Probandenstudien gliedert sich die Durchführung der Versuche in zwei voneinander losgelöste Versuchsteile, die objektive Vermessung und die subjektive Beurteilung der Versuchsvarianten. Die resultierenden Datensätze werden in der nachfolgenden Auswertung der Versuchsergebnisse mittels statistischer Methoden miteinander verknüpft.

Objektive Vermessung der Versuchsvarianten

Basierend auf den oben beschriebenen Tests mittels des servohydraulischen Fahrzeugprüfstandes werden für jede der dargestellten Versuchsvarianten die nachfolgend aufgelisteten Kenngrößen ermittelt:

- Für synthetische, sinusförmige Anregungen die Eigenfrequenzverläufe der Aufbaubewegungen über der Anregungsamplitude und die Dämpfungsmaßverläufe der Aufbaubewegungen über der Anregungsamplitude sowie

- Für das Nachfahren digitalisierter Straßenprofile mit definierter Geschwindigkeit die Amplitudenverläufe der Hub-, Nickwinkel- und Wankwinkelbeschleunigungen über der Anregungsfrequenz und der Amplitudenverlauf der Vertikalbeschleunigung an der Fahrersitzkonsole über der Anregungsfrequenz

Subjektive Beurteilung der Versuchsvarianten

Die Subjektivbeurteilung der Versuchsvarianten erfolgt auf festgelegten Ausschnitten eines anregungsreichen Landstraßenprofils auf einem nicht für den öffentlichen Straßenverkehr zugänglichen Versuchsgelände. Per Vorgabe der Zielgeschwindigkeit kann bei reiner Bahnfolgeregelung durch den Fahrer die Intensität der Straßenanregung auf konstantem Niveau gehalten werden.

Die Probandenurteile werden wie in den oben dokumentierten Untersuchungen mittels eines zweigeteilten Fragebogens erfasst, welcher die Bewertung von Niveau und Gefallen je Kriterium losgelöst voneinander erfasst. Basierend auf der ersten durchgeführten Versuchsreihe wurde der Fragebogenumfang der Folgeuntersuchung um redundante und nicht aussagekräftige Kriterien reduziert, wie die Tabellen 4.14 und 4.15 illustrieren:

4.9.5. Auswertung der Ergebnisse

Die Diskussion der Ergebnisse wird zum besseren Verständnis in die Teilkomplexe Korrelationsuntersuchungen subjektiv - subjektiv, Fahrerempfinden hinsichtlich Aufbaube-

	Eindruck Gesamtfahrzeug			Aufbaubewegungen			
	Angebundenheit an die Straße	Komfort	Sportlichkeit	Hubbewegung	Wankbewegung	Nickbewegung	Nachschwingen des Aufbaus
Niveau-Frage	X	X	X	X	X	X	X
Gefallens-Frage	X	X	X	X	X	X	X

Tab. 4.14.: Evaluationsbogen der ersten Studie im Themenfeld

wegungen, Abbildung des Fahrereindrucks mittels objektiver Kenngrößen und Wiederholungsgüte der Subjektivbeurteilungen unterteilt, welche aus Umfangsgründen in unterschiedlichen Detaillierungsgraden diskutiert werden.

Korrelationsuntersuchungen subjektiv - subjektiv

Im Rahmen der statistischen Auswertung wird festgestellt, dass die zwei allgemein als wichtig anerkannten Kriterien Angebundenheit an die Straße und Sportlichkeit im Mittel der erhobenen Expertenurteile keine eindeutigen Gefallenstendenzen aufweisen. Für das abgeprüfte Streckenprofil einer Fahrt auf anregungsreicher Landstraße bestehen für beide Kriterien voneinander abweichende Gefallenstendenzen der einzelnen Experten, wie die Tabellen 4.16 und 4.17 illustrieren. Die Betrachtung des Korrelationskoeffizienten r anstelle des Bestimmtheitsmaßes R^2 erlaubt die Berücksichtigung der Tendenzen der Einzelkorrelationen anhand der Vorzeichen der Korrelationskoeffizienten.

Wie ersichtlich wird, stimmen die Gefallenstendenzen der im Probandenkollektiv enthaltenen Expertenfahrer weder hinsichtlich des Betrags noch hinsichtlich des Vorzeichens (und damit bezüglich Zusammenhangsrichtung der korrelierten Daten) überein. Ein zunehmendes Empfinden von Sportlichkeit wird beispielsweise von unterschiedlichen Experten positiv, negativ oder neutral beurteilt. Dieser Mangel an einheitlicher Gefallenstendenz verhindert die nachfolgende Korrelation der Subjektivurteile mit ob-

	Eindruck Gesamtfahrzeug		Aufbaubewegungen		
	Sportlich-keit	Komfort	Wank-bewegung	Hub-/Nick-bewegung	Gesamt-bewertung Aufbau-bewegungen
Niveau-Frage	X	X	X	X	X
Gefallens-Frage	X	X	X	X	X

Tab. 4.15.: Evaluationsbogen der zweiten Studie im Themenfeld

Prob.	A	B	C	D	E	F	G	H	I	J	K
Lin. Korr.-Koeff.	0,73	-0,69	-0,75	-0,33	-0,25	-0,88	0,00	0,06	-0,47	-0,79	-0,36

Tab. 4.16.: Korrelationskoeffizienten von Niveau zu Gefallen der Einzelprobanden hinsichtlich Sportlichkeit (Expertenfahrer)

jektiven Kennwerten. Im Gegensatz hierzu existieren für das Urteilskriterium Komfort in beiden Studienteilen und für beide Fahrergruppen eindeutige Gefallenstendenzen, in Abbildung 4.54 am Beispiel der Expertenfahrergruppe veranschaulicht.

In der Normalfahrergruppe fällt die höhere Spreizung der Sportlichkeits-Urteile im Vergleich zu den Komfort-Urteilen auf. Die Sportlichkeit ist damit für die Normalfahrer das sensiblere der beiden Subjektivkriterien, wie die Steigung der Regressionsgeraden in Abbildung 4.55 illustriert.

Die Auswertung multipler Regressionsrechnung der Komfort- und der Sportlichkeits-Urteile hin zum Gesamteindruck zeigt überraschenderweise gegenläufige Ergebnisse. Die Berechnung des Gesamteindrucksurteils mittels linearer Regression resultiert für die Expertenfahrergruppe in der Formel:

$$Gesamteindruck_{ber} = -(Komfort) \cdot 0,78 - (Sportlichkeit) \cdot 0,47 + 10,74 \quad [4.22]$$

Proband	A	B	C	D	E	F	G
Linearer Korrelations- koeffizient	-0,51	-0,94	-0,97	0,10	-0,28	-0,48	-0,18
Proband	H	I	J	K	L	M	N
Linearer Korrelations- koeffizient	0,84	-0,77	-0,94	0,33	-0,11	-0,92	0,69

Tab. 4.17.: Korrelationskoeffizienten von Niveau zu Gefallen der Einzelprobanden hinsichtlich Angebundenheit an die Straße (Expertenfahrer)

Anhand der Vorfaktoren lässt sich leicht feststellen, dass der Einfluss des Komfort-Eindrucks auf den Gesamteindruck deutlich höher ist als derjenige des Sportlichkeits-Eindrucks. Während das Sportlichkeits-Urteil also hinsichtlich der Einzelkriterien stärker gespreizt wird als das Komfort-Urteil (explizite Beurteilung), ist für den Gesamteindruck implizit der Komfort wichtiger als die Sportlichkeit. Der in Formel 4.22 gezeigte Zusammenhang gilt jedoch nur für die Expertenfahrergruppe, da die Zulässigkeit der multiplen Korrelation von Sportlichkeit und Komfort hin zum Gesamteindruck in der Normalfahrergruppe aufgrund einer zu hohen resultierenden Irrtumswahrscheinlichkeit nicht gegeben ist.

Fahrerempfinden hinsichtlich Aufbaubewegungen

In der ersten der beiden in diesem Themenkomplex durchgeführten Versuchsreihen konnte festgestellt werden, dass die hinsichtlich fahrbahnerregtem Nickens abgegebenen Probandenurteile nicht variant sind, siehe Abbildung 4.56. Das Nicken kann auf dem gefahrenen Streckenprofil einer anregungsreichen Landstraße selbst von der Expertengruppe im Mittel nicht zuverlässig aufgelöst werden.

Für die zweite Versuchsreihe wird die subjektive Bewertung des fahrbahnerregten Nickens daher mit jener des fahrbahnerregten Hubens zu einem kombinierten Urteilskriterium zusammengefasst. In der zweiten Studie wird bezüglich des Empfindens der Aufbaubewegungen gefragt nach dem Empfinden der fahrbahnerregten Wankbewegung, der

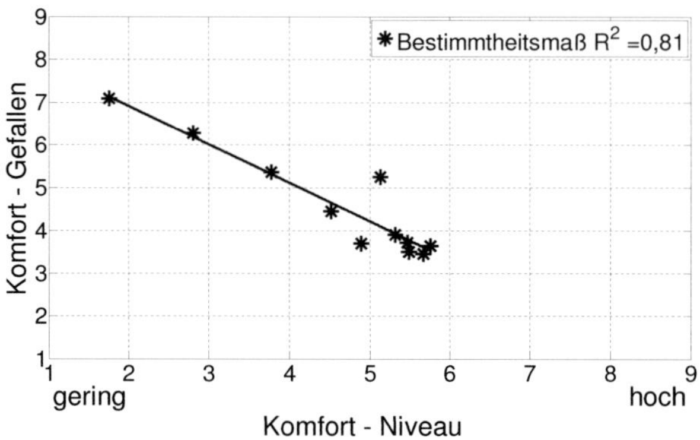

Abb. 4.54.: Gefallenstendenz hinsichtlich des Komforteindrucks (Expertenfahrer)

fahrbahnerregten Hub-/Nickbewegung und der Gesamtbewertung der fahrbahnerregten Aufbaubewegungen.

Die Anwendung multipler Regressionsrechnung mit den Niveau-Urteilen der fahrbahnerregten Wankbewegung und der fahrbahnerregten Hub-/Nickbewegung als Prädiktoren und den Probandenurteilen hinsichtlich Gesamtbewertung der fahrbahnerregten Aufbaubewegung als Prädikanden ergibt hohe Korrelationskoeffizienten in der Nachbildung der Originalurteile, in Abbildung 4.57 exemplarisch visualisiert für die Expertenfahrergruppe.

Den berechneten Ergebnisvektoren liegen für die jeweiligen Fahrergruppen die folgenden linearen Regressionsformeln zugrunde:

Expertenfahrergruppe:

$$Aufbaubew_{ges,Niv} = 0,16 \cdot Wanken_{Niv} + 0,76 \cdot Huben/Nicken_{Niv} + 0,50 \qquad [4.23]$$

Normalfahrergruppe:

$$Aufbaubew_{ges,Niv} = 0,43 \cdot Wanken_{Niv} + 0,58 \cdot Huben/Nicken_{Niv} + 0,01 \qquad [4.24]$$

Wie bereits in Kapitel 4.5.5 durchgeführt lässt sich anhand der Beträge der Vorfaktoren die Bedeutung des jeweiligen Einflusskriteriums für den Ergebnisvektor der Re-

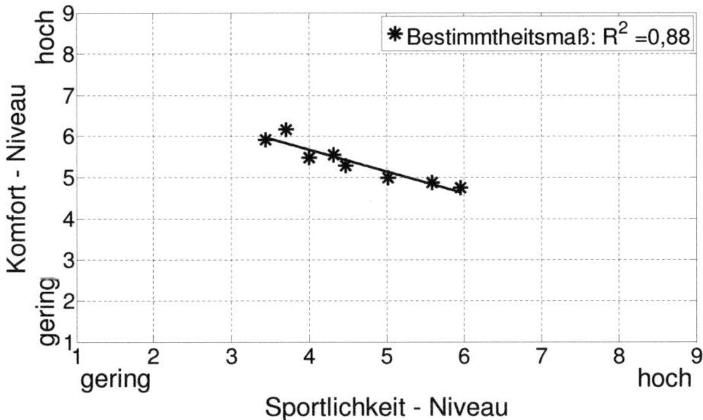

Abb. 4.55.: Korrelationsplot Komfort zu Sportlichkeit (jeweils Niveau-Urteil, Normalfahrer)

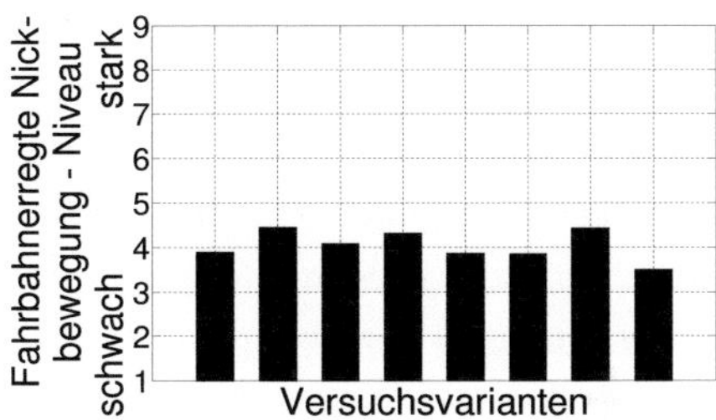

Abb. 4.56.: Durchschnittliches Niveau-Urteil zur fahrbahnerregten Nickbewegung (Expertenfahrer)

gressionsrechnung erkennen. Für beide Fahrergruppen sind höhere Einflüsse der Hub-/Nickbewegung im Vergleich zur Wankbewegung auf die Gesamtbewertung der fahrbahnerregten Aufbaubewegung zu verzeichnen. Während der Quotient der Vorfaktoren in der Normalfahrergruppe mit 0,74 nahe eins liegt, sinkt er in der Expertenfahrergruppe auf 0,21 ab, was einem deutlich höheren Einfluss der Hub-/Nickbewegung im Vergleich zur Wankbewegung auf das Gesamturteil entspricht. Aufgrund der geringen Bedeutung der alleinigen Nickbewegung (siehe oben) lässt sich zusammenfassend feststellen, dass der Einfluss der Hubbewegung auf den Gesamteindruck der fahrbahnerregten Aufbaubewegungen bei annähernd querbeschleunigungsfreier Fahrt auf anregungsreicher Landstraße in Relation deutlich höher ist als derjenige der Wankbewegung.

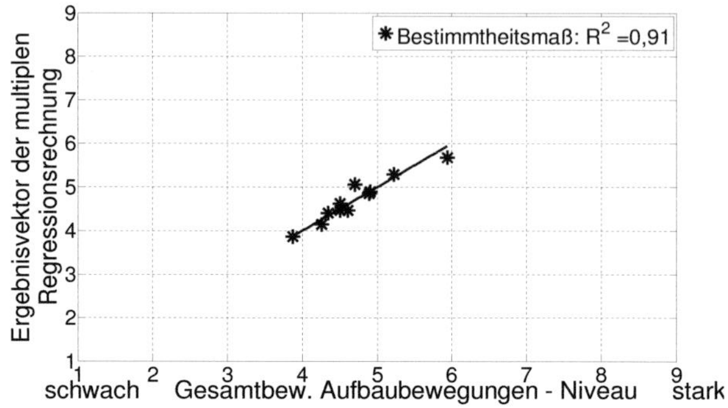

Abb. 4.57.: Nachbildung der Urteile hinsichtlich Gesamtbewertung Aufbaubewegungen mittels Niveau-Urteilen fahrbahnerregter Hub-/Nick- und Wankbewegung (Expertenfahrer)

Abbildung des Fahrereindrucks mittels objektiver Kenngrößen

Bereits oben wurde gezeigt, dass hinsichtlich der Kriterien Sportlichkeit und Angebundenheit an die Straße keine allgemein gültigen Gefallenstendenzen existieren, was die Ableitung von Zielbereichen objektiver Kennwerte bezüglich dieser Kriterien nicht zulässt. Die Abbildung des Fahrereindrucks mittels objektiver Kenngrößen reduziert sich hinsichtlich des Gesamtfahrzeugverhaltens auf Korrelationen objektiver Kennwerte hin zu den Gefallensurteilen des Kriteriums Komfort. Weiterhin wird die Abbildung des Fahrereindrucks hinsichtlich der Aufbaubewegungen mittels objektiver Kenngrößen in diesem Teilkapitel diskutiert.

Die Gefallensurteile der Expertenfahrergruppe bezüglich des Komforts werden zur Untersuchung von Zusammenhängen mit den ermittelten Dämpfungsmaßen und Eigenfrequenzen korreliert. Während die Korrelationskoeffizienten beider Fahrergruppen zu den Dämpfungsmaßen gering sind, zeigen sich interessante Abhängigkeiten der Gefallensurteile bezüglich Komfort zu den ermittelten Eigenfrequenzen, was in Abbildung 4.58 am Beispiel der Expertenfahrergruppe und den durchschnittlichen Eigenfrequenzen bei wechselseitiger Anregung gezeigt werden soll. Das Diagramm zeigt die deutliche Ausbildung zweier Gruppen hinsichtlich des Komforteindrucks der Expertenfahrergruppe. Der gestreift markierte Bereich repräsentiert im Diagramm die Versuchsvarianten auch veränderter Steifigkeit, der gekreuzt markierte Bereich die Versuchsvarianten ohne Veränderung der Feder- bzw. Drehstabsteifigkeit, also diejenigen Varianten rein veränderter Fahrzeugdämpfung. Während die Varianten auch veränderter Steifigkeit eindeutige Gefallenstendenzen bezüglich des Komforteindrucks hin zu niedrigeren Eigenfrequenzen aufweisen, ist die Tendenz der Varianten ohne veränderte Steifigkeiten gegenläufig mit Tendenz zur Ausbildung eines Optimums. Erfolgt die Variantendarstellung ausschließlich mittels Veränderung der Fahrzeugdämpfung, so bewirkt eine Verringerung der Eigenfrequenz eine Verschlechterung des Subjektivurteils hin zu schlechterem Gefallen des Komforteindrucks. Die Varianten verringerter Eigenfrequenzen wirken im Subjektivurteil nicht komfortabler, sondern unterdämpft.

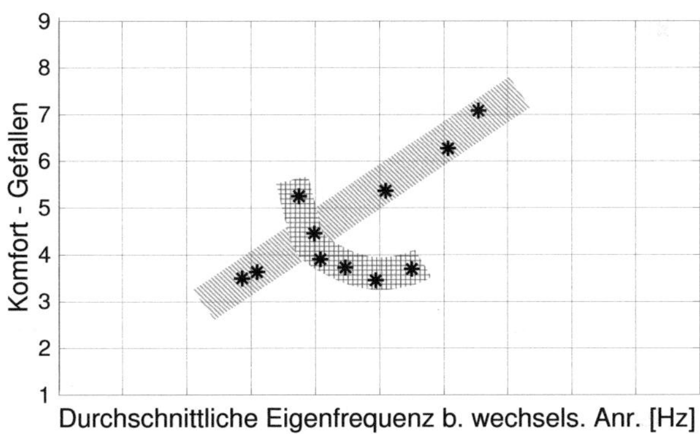

Abb. 4.58.: Gruppenbildung der Subjektivurteile hinsichtlich Komfort (Niveau) über der Wankeigenfrequenz (Expertenfahrer)

Weiter werden die Fahrerurteile der fahrbahnerregten Wank- und Hub-/Nickbewegung auf ihre Korrelationen zu den Frequenzen der maximalen Aufbaubeschleunigungen in den jeweiligen Bewegungsrichtungen hin untersucht. Es resultieren überraschend geringe Zusammenhänge. Diese werden in Abbildung 4.59 exemplarisch an der Korrelation der Niveau-Urteile zur fahrbahnerregten Wankbewegung der Expertenfahrergruppe mit der Frequenz der maximalen Aufbau-Wankbeschleunigungen gezeigt. Neben den Frequenzen der maximalen Aufbaubeschleunigungen können die maximalen Beschleunigungsamplituden der Varianten bei immer gleicher Anregung in Relation zu den Subjektivurteilen gesetzt werden. Hier können hinsichtlich Wanken keine signifikanten Korrelationen festgestellt werden, hinsichtlich der Hubreaktion des Aufbaus ergibt sich eine mit einem Bestimmtheitsmaß von $R^2 = 0{,}53$ als mittlere Korrelation einzustufende Abhängigkeit.

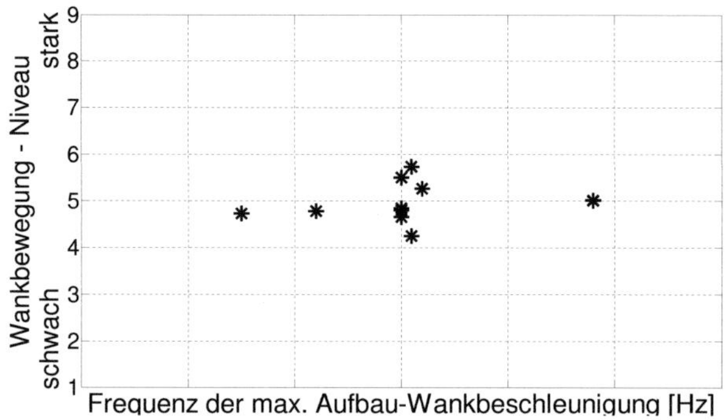

Abb. 4.59.: Abhängigkeit des Subjektivurteils Wankbewegung (Niveau) zur Frequenz der maximalen Aufbau-Wankbeschleunigung (Expertenfahrer)

Summarisch bestehen überraschend geringe Zusammenhänge der jeweiligen Probandenurteile zu den maximalen Aufbaubeschleunigungen in Hub- und Wankrichtung. Diese können theoretisch in den nicht exakt gleichen Streckenprofilen objektiver Vermessung und subjektiver Bewertung begründet sein. Es kann festgehalten werden, dass die Vorhersage des Fahrerempfindens (sowohl von Experten- als auch von Normalfahrern) mittels der maximalen Aufbaubeschleunigungen und/oder ihrer zugehörigen Eigenfrequenzen besonders bei nicht identischen Streckenprofilen objektiver Prüfung und subjektiver Beurteilung nicht mit annehmbar geringer Irrtumswahrscheinlichkeit möglich ist.

Wiederholungsgüte der Subjektivbeurteilungen

Der Versuchsumfang der zweiten der beiden vorgestellten Probandenstudien erlaubt aufgrund der Umfangsreduktion des Fragebogens sowie der Verkürzung der Beurteilungsstrecke die Integration einer doppelt beurteilten Versuchsvariante zur Betrachtung der Wiederholungsgüte der Subjektivbeurteilungen in den Umfang der Versuchsvarianten. Tabelle 4.18 erläutert am Beispiel der Expertenfahrergruppe die hinsichtlich der einzelnen Urteilskriterien festgestellten mittleren Abweichungen in Notenpunkten zwischen Erst- und Wiederholungsbeurteilung, die zugehörigen Richtungen der Bewertungsdrifts sowie die realisierten Urteilsspreizungen im jeweiligen Kriterium.

	Mittlere Abweichung von Erst- zu Wiederholungsbewertung									
	Wank- bewegung		Hub-/Nick- bewegung		Gesamt- bewertung Aufbau- bewegungen		Sport- lichkeit/ Fahrbahn- kontakt		Kom- fort	
	Ni- veau	Ge- fallen	Ni- veau	Ge- fallen	Ni- veau	Ge- fallen	Ni- veau	Ge- fallen	Ni- veau	Ge- fallen
Note	-0,36	-0,50	1,36	0,40	0,64	0,20	1,18	-0,10	0,14	0,10
Tendenz	minus	minus	plus	plus	plus	plus	plus	minus	plus	plus
Spreiz.	4,58	4,18	4,67	4,55	4,50	4,27	5,00	4,27	5,67	4,86

Tab. 4.18.: Wiederholzuverlässigkeit der Evaluation der Einzelkriterien (Expertenfahrer)

Wie ersichtlich wird, kann keine für alle Einzelkriterien gültige Richtung des Bewertungsdrifts abgeleitet werden. In Summe resultiert für die Expertenfahrergruppe eine mittlere Abweichung von Erst- zu Wiederholungsbewertung von 0,50 Notenpunkten, für die Normalfahrergruppe von 0,59 Notenpunkten. In Relation hierzu sind die mittleren Urteilsspreizungen von 4,74 Notenpunkten in der Expertenfahrergruppe und von 4,57 Notenpunkten in der Normalfahrergruppe zu setzen. Die Expertenfahrergruppe realisiert demzufolge eine leicht höhere Wiederholzuverlässigkeit bei gleichzeitig leicht größerer Urteilsspreizung. Dies bestätigt die bereits in Kapitel 4.2.2 anhand verschiedener Quellen aufgestellte Vermutung, dass Probandenevaluierungen durch Expertenfahrer im Allgemeinen zuverlässiger erfolgen können als durch Normalfahrer. Der Einschätzung in [92] folgend kann aber auch festgestellt werden, dass die Einschätzungen des Fahrverhaltens durchaus auch durch Normalfahrer reliabel erfolgen können.

4.9.6. Interpretation

Im Rahmen der voranstehenden Teilkapitel wurde eine Reihe von Korrelationsergebnissen und Regressionsrechnungen im Spannungsfeld Komfort versus Sportlichkeit gezeigt. Von Relevanz für die Berücksichtigung des späteren Fahrerempfindens im Entwicklungsprozess ist vor allem die implizit hohe Bedeutung des Komfort-Eindrucks für den Gesamteindruck vom beurteilten Fahrzeug bei Fahrt auf anregungsreicher Landstraße in Relation zum Sportlichkeits-Eindruck. Während beide Fahrergruppen in der expliziten Befragung die höheren Spreizungen im Kriterium Sportlichkeit realisieren, ist der Komforteindruck des Fahrzeuges implizit von zentraler Bedeutung, um guten Gesamteindruck des Fahrzeugs zu generieren.

In der Korrelation der Gefallensurteile hinsichtlich Komforts zu den objektiven Kennwerten zeigt sich die Ausbildung zweier Gruppen von Versuchsvarianten. Die gegenläufigen Tendenzen von Varianten veränderter Steifigkeiten und Varianten veränderter Dämpfungen sind ein offensichtlicher Beweis für die Wichtigkeit der Ausgewogenheit von Steifigkeit und Dämpfung im Fahrwerk. Die ebenfalls abgefragten Kriterien Angebundenheit und Sportlichkeit zeigen schließlich über die erhobene Expertenstichprobe keine einheitlichen Gefallenstendenzen. Die Beurteilung von Fahrzeugen oder sogar die Betrachtung von objektiven Kenngrößen anhand dieser beiden subjektiven Kriterien sollte deshalb nur mit äußerster Vorsicht erfolgen.

Die Abbildung des Fahrereindrucks hinsichtlich der unterschiedlichen Aufbaubewegungen mittels objektiver Kenngrößen gelingt nur sehr unzureichend. Während das Nicken von den teilnehmenden Probanden nicht variant beurteilt wird, lassen sich die Niveau-Urteile hinsichtlich des Wankens und des Hubens nur mittels niedriger Korrelationskoeffizienten (und damit wenig enger Zusammenhänge) durch objektive Kennwerte abbilden. Zu den Frequenzen der maximalen Aufbaubeschleunigungen zeigen sich keine signifikanten Abhängigkeiten, zu den maximalen Beschleunigungsamplituden selbst lediglich geringe Tendenzen. Der Eindruck des Hubens wurde mittels multipler Regression als in Relation zum Eindruck der Wankbewegung bedeutender für den Gesamteindruck identifiziert. Basierend auf den ermittelten Korrelationen kann nur die summarische Betrachtung der auf Hydropulsprüfständen erhobenen Aufbaubeschleunigungsamplituden und -eigenfrequenzen zur Abbildung des Fahrereindrucks empfohlen werden. Die auszugsweise Zuordnung von einzelnen Kennwerten zu subjektiven Eindruckskriterien scheint nicht zielführend.

Zu berücksichtigen ist abschließend das allen Ergebnissen zugrunde liegende Versuchsdesign. Aufgrund der Streckenauswahl liegt der Schwerpunkt der durchgeführten Untersuchungen auf dem Empfinden fahrbahnerregter Aufbaubewegungen bei näherungsweise querbeschleunigungsfreier Fahrt auf anregungsreicher Landstraße. Im realen Fahrbetrieb wird vor allem der Fahrereindruck von Sportlichkeit von einer Vielzahl weiterer Fahrwerks- und Lenkungsparameter geprägt, deren Einflüsse erst unter quer- bzw. längsbeschleunigungsbehafteter Fahrt an Relevanz gewinnen.

5. Virtuelle Darstellung aktiver und adaptiver Fahrwerksysteme

Zur Optimierung der fahrdynamischen Fahrzeugeigenschaften und zur Abgrenzung gegenüber anderen Herstellern arbeiten die führenden Automobilhersteller permanent an der Einführung neuer Systeme und Technologien. Dies betrifft auch und vor allem den Bereich Fahrwerk/Fahrdynamik.

Die Untersuchung der Potenziale eines neuartigen Systems im Fahrwerksbereich kann simulationsgebunden am Rechner oder anhand von realen Versuchsträgern erfolgen. Während die Simulation ressourcenschonend und nach dem Aufbau der notwendigen Modelle in vergleichsweise kurzen Zeiträumen Bewertungen erbringen kann, erlaubt der Aufbau von Versuchsfahrzeugen eine realitätsnahe Bewertung der Systeme im Fahrbetrieb. Beide Vorgehensweisen weisen jedoch unumgängliche Nachteile auf. So können Simulationen niemals den subjektiven Fahreindruck komplett ersetzen. In Kombination mit Fahrsimulatoren können sie dem realen Fahrerlebnis sehr nahe kommen, es jedoch nicht komplett substituieren. Die Limitationen und Einschränkungen von Fahrsimulatoren gegenüber realen Versuchsfahrzeugen wurden bereits in Kapitel 2.2.2 beleuchtet. Der Einsatz und Aufbau realer Versuchsträger hingegen erfordert hohen materiellen Aufwand, da die benötigten Bauteile zum Aufbau von Aggregateträgerfahrzeugen als Einzelstücke angefertigt werden müssen.

Das Tool FVS kann mit Hilfe der installierten Systeme teilweise die Vorteile beider Ansätze miteinander verbinden. Mit Hilfe des Tools können im realen Fahrbetrieb neuartige Fahrwerksysteme im Wortsinn „erfahren" werden, welche mittels geeigneter Softwarealgorithmen dargestellt werden. Weiterhin können die Auswirkungen bereits realisierter Systeme mit bekannten Systemeigenschaften auf andere Fahrzeuge und Fahrzeugklassen übertragen werden. Funktionalitäten, welche später von realen Bauteilen übernommen werden sollen, können mit Hilfe der Linearaktuatorik virtuell dargestellt werden. Der hierfür notwendige Aufwand ist begrenzt, da jeweils nur das darzustellende aktive System isoliert modelliert werden muss. Eine Darstellung des gesamten Fahrzeugs im Modell ist nicht erforderlich. Durch den modularen Aufbau des Tools können außerdem schnell und einfach verschiedene aktive Elemente integriert und dargestellt werden. Die zum Betrieb des Tools verwendete Software Matlab/Simulink ist weit verbreitet und wird konzern- und branchenübergreifend zur Modellierung dynamischer Systeme eingesetzt.

Im Rahmen dieser Arbeit wurden ausgewählte aktive Fahrwerksysteme modelliert und mit Hilfe des Tools dargestellt. Sie werden im Folgenden näher beschrieben. Die vorgestellten realisierten Systeme repräsentieren jedoch nicht das Maximum an potenziellen Einsatzmöglichkeiten des Tools. Die Darstellung weiterer aktiver Systeme ist möglich und wurde in dieser Arbeit lediglich aus Umfangsgründen nicht realisiert.

5.1. Wankstabilisierung und virtuelle Verschiebung der Wankachse

Wankstabilisierungssysteme gehören zu den weit verbreiteten aktiven Fahrwerksystemen. Im Serieneinsatz kommen üblicherweise reine Steuerungen zum Einsatz, welche das Wankmoment abhängig von Fahrgeschwindigkeit und Querbeschleunigung abstützen. Im Rahmen von [50] wurden mittels des Tools FVS eine Steuerung zur Wankstabilisierung, eine Regelung zur Wankstabilisierung und die Möglichkeit der virtuellen Verschiebung der Wankachse realisiert. Diese werden nachfolgend kurz skizziert. Eine ausführliche Beschreibung der vorgestellten Systeme sowie ein Überblick über Geschichte, Funktionsweisen, Steueralgorithmen und derzeitige Verbreitung von Wankstabilisierungssystemen im Markt werden in der genannten Quelle gegeben.

5.1.1. Steuerung zur Wankstabilisierung

Beim Einsatz einer Steuerung zur Wankstabilisierung können Abstützkennlinien abhängig von Fahrgeschwindigkeit und Querbeschleunigung definiert werden. Dieses Vorgehen entspricht der üblichen Funktionsweise derzeit in Serie verfügbarer Wankstabilisierungssysteme. Abbildung 5.1 zeigt beispielhaft den mittels stationärer Kreisfahrt ermittelten Verlauf des Wankwinkels über der Querbeschleunigung beim Einsatz einer Steuerung zur Wankstabilisierung. Die durchgezogen dargestellte Linie symbolisiert qualitativ den Wankwinkelverlauf des passiven Basisfahrzeugs. Die der Messung zugrundeliegende Abstützkennlinie weist einen linearen Anstieg bis zu einem Querbeschleunigungsbetrag von circa vier m/s^2 auf. Bei weiter ansteigender Querbeschleunigung sinkt der Betrag der Abstützkennlinie wieder ab, um bei circa 6,5 m/s^2 den Betrag der Abstützkraft des Basisfahrzeugs zu unterschreiten. Oberhalb dieses Punktes ist das wirksame Abstützmoment geringer als dasjenige des Basisfahrzeugs, der resultierende Wankwinkel steigt über denjenigen des Basisfahrzeugs hinaus an.

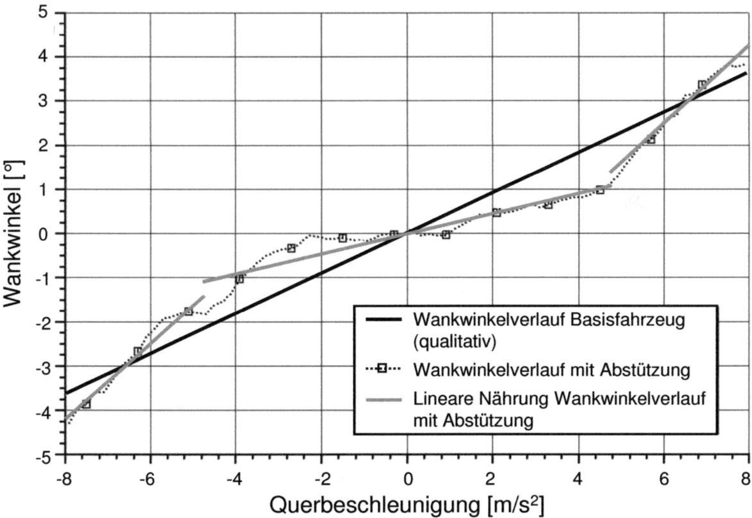

Abb. 5.1.: Wankwinkelverlauf über der Querbeschleunigung unter Einsatz einer Steuerung zur Wankstabilisierung (nach [50])

Die mit der Darstellung einer Steuerung zur Wankstabilisierung verknüpfte Realisierung eines unter querbeschleunigungsfreier Fahrt virtuell offenen Stabilisators zeigt nachweislich die erwartete Verbesserung des Komforteindrucks durch reduzierte Aufbaubeschleunigungsamplituden in Vertikalrichtung bei Fahrt über eine definierte Schlechtwegstrecke. Hintergrund dieses Phänomens ist die auch querbeschleunigungsfrei wirksame Kopplung der Räder einer Achse mittels der Drehstäbe. Diese Kopplung leitet bei einseitiger Radbewegung aufgrund Fahrbahnanregung Kräfte in die Karosserie ein, welche Aufbaubewegungen nach sich ziehen und den Fahrkomfort verschlechtern.

5.1.2. Regelung zur Wankstabilisierung

Die Realisierung einer Regelung zur Wankstabilisierung verfolgt den Ansatz, den Fahrzeugwankwinkel innerhalb der Kraftgrenzen des aktiven Systems auf einen Zielwert hin einzuregeln. Diese Vorgehensweise eröffnet die Möglichkeit, dem Fahrer die Annäherung an den fahrdynamischen Grenzbereich oder das Auftreten einer sonstigen Gefahrensituation durch sich schnell aufbauenden Wankwinkel zu signalisieren.

Unabdingbare Grundlage einer Regelung zur Wankstabilisierung ist das Vorhandensein eines zuverlässigen Wankwinkelsignals in der Steuerungssoftware, welches auf verschiedene Arten generiert werden kann. Denkbar sind unter anderem die modellbasierte Schätzung des Wankwinkels anhand aktueller Fahrzustandsgrößen und die Ermittlung des Fahrzeugwankwinkels aus den Radfederwegen.

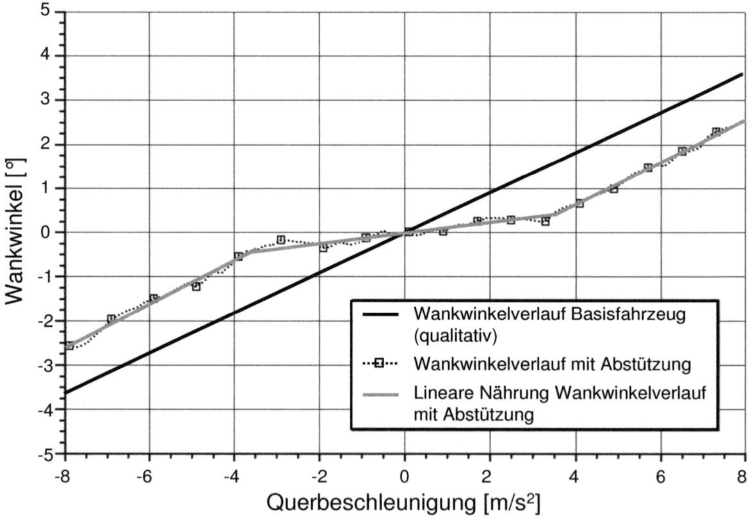

Abb. 5.2.: Wankwinkelverlauf über der Querbeschleunigung unter Einsatz einer Regelung zur Wankstabilisierung (nach [50])

Abbildung 5.2 zeigt die vollständige Horizontierung des Fahrzeugs bis zum Erreichen der Kraftgrenze des Systems bei einem Querbeschleunigungsbetrag von circa vier m/s^2 mittels der realisierten Regelung zur Wankstabilisierung. Oberhalb dieser Kraftgrenze entspricht der resultierende Wankwinkelgradient demjenigen des qualitativ mittels schwarz durchgezogener Linie dargestellten Basisfahrzeugs. Der gezeigte Verlauf ist Ergebnis einer stationären Kreisfahrt unter Verwendung eines aus den Radfederwegen ermittelten Wankwinkelsignals. Aufgrund der Nichtberücksichtigung der Reifenkompressionen im Modell weicht der berechnete Wankwinkel jedoch linear über der Querbeschleunigung vom realen Wankwinkel ab. Der resultierende Wankwinkelgradient von circa $0{,}12\,°s^2/m$ im Bereich der vorgegebenen Horizontierung des Fahrzeugs ist in dieser Abweichung begründet.

Für den Serieneinsatz einer solchen Regelung zur Wankstabilisierung wäre das Vorhandensein eines zuverlässigen Wankwinkelsignals unumgänglich. Der Einsatz eines horizontierten Wankwinkelsensors gestaltet sich aufgrund der im realen Straßenverkehr nahezu permanent vorhandenen Fahrbahnquerneigung problematisch. Neben den oben beschriebenen Abweichungen aufgrund der Reifenkompressionen verursacht auch das Überfahren von Bodenunebenheiten Fehler bei der Berechnung des Wankwinkels aus den Radfederwegen. Einseitige Radfederungsvorgänge führen zur Berechnung real nicht existenter Wankwinkel, was Schwingungsprobleme des Systems induziert.

5.1.3. Virtuelle Verschiebung der Wankachse

Neben der Beeinflussung des resultierenden Wankwinkels mittels Steuerung oder Regelung zur Wankstabilisierung kann durch Einsatz des Tools eine virtuelle vertikale Verschiebung der Wankachse hinsichtlich ihrer Auswirkungen auf Fahrzeugwankwinkel und Radaufstandskräfte realisiert werden. Diese ist jedoch gewissen Limitierungen unterworfen. So muss mit der virtuellen Verschiebung der Wankachse eine virtuelle Anpassung der Aufbaufedersteifigkeit einhergehen, um den zugrundeliegenden Bewegungsgleichungen sowohl hinsichtlich der auftretenden Wankwinkel als auch der individuellen Radlasten zu genügen. Eine detaillierte Beschreibung und Herleitung dieser Zusammenhänge findet sich in [50].

5.2. Aktiver Anfahr- und Bremsnickausgleich

Aus dem im vorigen Teilkapitel vorgestellten Algorithmus einer Steuerung zur Wank-stabilisierung lässt sich mit geringem Aufwand ein Algorithmus zur Darstellung eines aktiven Anfahr- und Bremsnickausgleichs ableiten. In Analogie zum im vorigen Teilka-pitel vorgestellten System können mittels eines Kennfelds abhängig von der Längsbe-schleunigung definierte Abstützkräfte generiert werden, welche das Nickverhalten des Fahrzeugs verändern. Auch die Einbindung weiterer Parameter wie beispielsweise die aktuelle Fahrgeschwindigkeit in die Ansteuerlogik ist denkbar. Mittels des entwickelten Algorithmus können die Einflüsse veränderter Achskinematiken auf das Fahrzeugnick-verhalten ebenso wie die Wirkungsweise aktiver Systeme zur Reduktion des Anfahr- und Bremsnickwinkels am realen Fahrzeug aufgezeigt werden.

Exemplarisch werden mit passivem System und fünf ausgewählten Varianten akti-ven Anfahr- und Bremsnickausgleichs Messungen der Nickwinkelverlaufskurven über der Längsbeschleunigung durchgeführt. Abbildung 5.3 veranschaulicht die Verläufe der hierbei verwendeten Abstützkraftkennlinien über der Längsbeschleunigung. In Abbil-dung 5.4 werden die aus den gezeigten Abstützkraftverläufen resultierenden Nickwin-kelverlaufskurven bezüglich Anfahren und Bremsen über der Längsbeschleunigung auf-getragen.

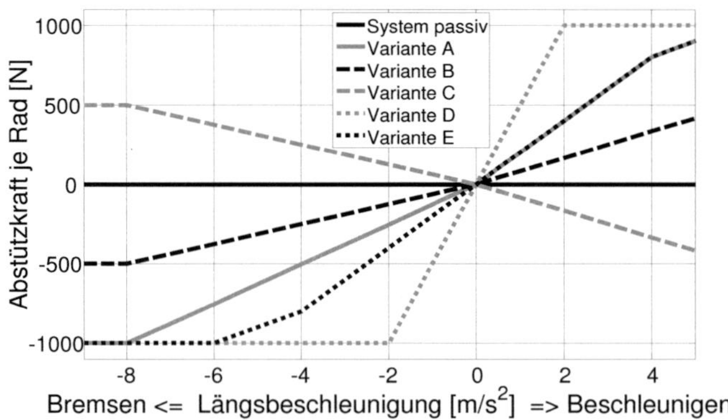

Abb. 5.3.: Abstützkraftverlauf ausgewählter Varianten aktiven Anfahr- und Bremsnickausgleichs

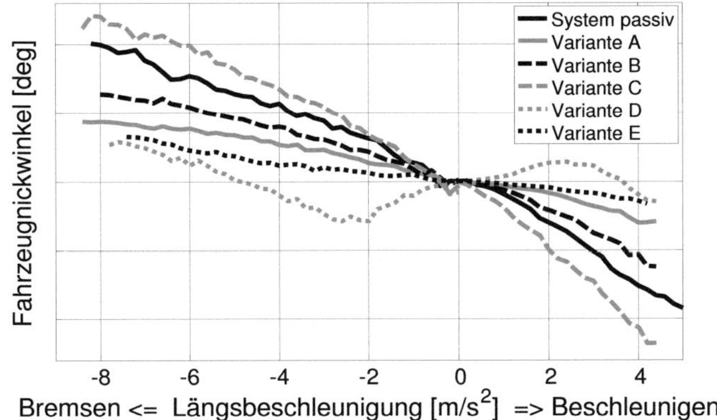

Abb. 5.4.: Nickwinkelverlaufskurven ausgewählter Varianten aktiven Anfahr- und Bremsnickausgleichs

Gegenüber dem Nickverhalten des Serienfahrzeugs („System passiv") lässt sich mittels unterschiedlich starker längsbeschleunigungsabhängiger Abstützung der auftretende Fahrzeugnickwinkel schrittweise reduzieren, siehe Varianten A und B. Auch eine Vergrößerung des auftretenden Nickwinkels lässt sich mittels Vorzeichenumkehr der Abstützkraft realisieren (siehe Variante C). Mittels nichtlinearer Abstützkennlinien kann ebenfalls der Verlauf des Nickwinkels über der Längsbeschleunigung beeinflusst (Variante E) und der Fahrzeugnickwinkel sogar überkompensiert werden (Variante D).

5.3. Beeinflussung des Reibungszustandes im Fahrwerk

Die Einflüsse erhöhter oder verringerter Reibkräfte im Fahrwerk auf Fahrdynamik und Fahrkomfort sind Gegenstand einer Vielzahl von Veröffentlichungen (siehe beispielsweise [103] und [118]). Die Coulombsche Reibung hat gerade bei kleinen Fahrbahnunebenheiten einen bedeutenden Einfluss auf den Fahrkomfort. Eine Vielzahl von Fahrwerksbauteilen weist gewisse immanente Reibkräfte auf, welche in Form von Haft- und/ oder Gleitreibung vorliegen können. Diese Effekte können bis zu einem gewissen Grad mittels gezielter Kraftstellung der eingesetzten Linearaktuatorik nachgebildet werden.

Zur Nachbildung von Reibkräften mittels der Aktuatorik ist die Sensierung des aktuell vorherrschenden Bewegungs- und damit Reibzustandes elementar. Hieraus ergibt sich, dass ohne hohen Aufwand (beispielsweise das Einbringen von Kraftmessdosen an unterschiedlichen Stellen in das Fahrwerk) eine Sensierung und damit Nachbildung des Zustandes der Haftreibung nicht möglich ist. Haftreibung ist durch das Verharren der in der Reibpaarung miteinander verbundenen Bauteile in ihrer aktuellen Position gekennzeichnet. Das Nichtvorhandensein von Relativbewegung schließt eine Sensierung dieses Reibzustandes aufgrund von Bewegungen des Rades relativ zur Karosserie aus.

Potenziell möglich hingegen ist die Sensierung und Nachbildung von Gleitreibungszuständen im Fahrwerk, so beispielsweise erhöhte oder verringerte Stoßdämpferreibungen. Hierzu ist die bewegungsrichtungsabhängige Darstellung einer virtuellen konstanten Reibkraft notwendig. Eine solche Kraft kann beispielsweise mittels einer tanh-Funktion dargestellt werden, welche mit definierter Steigung um den Nullpunkt des Geschwindigkeitssignals einen solchen Kraftverlauf näherungsweise nachbilden kann. Auch komplexere Darstellungsformen von Gleitreibung sind möglich. Die Mittensteigung der Funktion muss hierbei möglichst groß gewählt werden, um realitätsnah die Wirkmechanismen von Gleitreibungsphänomenen nachbilden zu können. Sie ist in ihrer Höhe durch sich ergebende Schwingungsproblematiken beschränkt, welche bei sehr hohen Steigungswerten aufgrund der Systemsteifigkeiten physikalisch unvermeidbar sind.

Die virtuelle Erhöhung der vorherrschenden Gleitreibung ist dabei innerhalb der Kraftgrenzen der eingesetzten Aktuatorik nahezu beliebig möglich. Bei virtueller Verringerung der systemimmanenten Gleitreibkraft ist das realitätsnah darstellbare Reibniveau durch die Unterschreitung der im Basisfahrzeug vorhandenen Reibkraft begrenzt. Die virtuelle Verringerung der Gleitreibkraft mittels der Aktuatorik um einen höheren Betrag als denjenigen der tatsächlich vorherrschenden Reibkraft führt zu anfachendem Verhalten des Systems.

5.4. Virtuelle Unterdrückung des konstanten hydraulischen Durchflusses im Stoßdämpfer

Einen interessanten Ansatz zur gezielten Beeinflussung der Dämpferkraft bietet die fahrsituationsabhängige temporäre Unterdrückung des konstanten hydraulischen Durchflusses im Stoßdämpfer. Die Auswirkungen eines solchen adaptiven Fahrwerkssystems auf den subjektiven Fahreindruck wurden im Rahmen dieser Arbeit mittels einer Subjektiv-Objektiv-Korrelationsuntersuchung im Detail betrachtet, deren Grundlagen, Durchführung und Ergebnisse in den nachfolgenden Teilkapiteln erläutert werden. Der Aufbau der Teilkapitelstruktur orientiert sich hierbei an der bereits in Kapitel 4 zur Dokumentation von Korrelationsuntersuchungen eingesetzten.

5.4.1. Ausgangssituation und Untersuchungsziel

Die Kraft-Geschwindigkeits-Kennlinie eines hydraulischen Stoßdämpfers setzt sich üblicherweise aus mehreren Bereichen zusammen, welche durch Knickpunkte voneinander abgegrenzt sind. Während bei betragsmäßig niedrigen Dämpfergeschwindigkeiten die Kraftwirkung des konstanten hydraulischen Durchflusses (Verhalten ähnlich einer hydraulischen Drossel und abhängig von der mechanischen Ausgestaltung des Durchflusses) die Charakteristik des Stoßdämpfers dominiert, wird ab einer definierten Relativgeschwindigkeit die Vorspannkraft der Dämpferbeplattung überschritten und der Durchfluss durch die Beplattung ermöglicht. Die Dämpferkennlinie knickt aufgrund des nun veränderten hydraulischen Widerstandes ab. Mittels der Ausgestaltung des konstanten Durchflusses und der Beplattung sowie der Vorspannkraft der Beplattung lassen sich bereits bei konventionellen passiven Stoßdämpfern eine Vielzahl von Beeinflussungen der Dämpfercharakteristik realisieren.

Semi-aktive und aktive Dämpfersysteme bieten darüber hinaus die Möglichkeit der Umschaltung zwischen unterschiedlichen Dämpfungskennlinien abhängig vom Fahrerwunsch sowie der fahrsituationsgerechten Anpassung der Dämpfleistung (zur Definition und Erläuterung dieser Systeme siehe Kapitel 2.4.2). Die Darstellung solcher Funktionalitäten ist jedoch unabdingbar mit höherer mechanischer Komplexität und damit höheren Systemkosten im Vergleich zum passiven Stoßdämpfer verbunden.

Derzeit am Markt verfügbar sind unter anderem Dämpfungssysteme mit anhand von Schaltventilen umschaltbaren Dämpfercharakteristika (abhängig vom Komplexitätsgrad weisen sie unterschiedlich viele Schaltventile und dem folgend unterschiedliche viele potenzielle Dämpferkennlinien auf) sowie Systeme mit kontinuierlicher Verstellung der Dämpfleistung mittels Proportionalventilen. Komplexere Systeme steuern beispielsweise das Durchfluss-Verhältnis zwischen Hauptkolben und Bypass mittels eines Proportional-Wege-Ventils, besitzen eine weggesteuerte Vorsteuerung oder realisieren die Vorsteuerung mittels eines kraftgesteuerten Druckbegrenzungsventils im Bypass. Die Komplexität der hier kurz angerissenen Systeme ist hoch, für detaillierte Erläuterungen sei an dieser Stelle auf die Veröffentlichungen der jeweiligen Systemhersteller verwiesen.

Im Vergleich zu den unterschiedlichen oben genannten aktiven und semi-aktiven Dämpfungssystemen weist das hier untersuchte System eine bei weitem geringere Komplexität auf. Im Rahmen der durchgeführten Korrelationsuntersuchung soll ermittelt werden, ob bereits die im Vergleich deutlich geringere Komplexität eines Systems zur ausschließlichen temporären Unterdrückung des konstanten hydraulischen Durchflusses im Stoßdämpfer das Subjektivurteil hinsichtlich Fahrdynamik deutlich verbessern kann ohne den Komforteindruck nachteilig zu verschlechtern.

5.4.2. Zielgrößen und Einflussfaktoren

Die Unterdrückung des konstanten hydraulischen Durchflusses (auch Voröffnung genannt) verschiebt den Knickpunkt der Dämpferkennlinie hin zu Geschwindigkeiten nahe dem Nullpunkt. Die auf den Knick (die Überwindung der Vorspannkraft der Dämpferbeplattung) nachfolgende Steigung der Dämpferkennlinie erhöht sich weiter idealisiert geringfügig, da sie nur noch auf der Durchströmung der Beplattung ohne Berücksichtigung des konstanten hydraulischen Durchflusses basiert.

Die dargestellten Phänomene lassen sich näherungsweise mittels der in dieser Arbeit eingesetzten Linearaktuatorik (siehe Kapitel 3.2) nachbilden. Zur Vermeidung von Schwingungszuständen des Systems müssen die Mittensteigungen der verwendeten Kennlinien geringfügig verschliffen werden. Es ergibt sich für jede konventionelle Stoßdämpferkennlinie eine korrespondierende Kennlinie virtuell unterdrückten konstanten Durchflusses. Abbildung 5.5 zeigt schematisch die zu erwartenden Veränderungen der Dämpfercharakteristik.

In der Theorie sind durch das temporäre fahrsituationsabhängige Verschließen der Voröffnung im Stoßdämpfer die Verschlechterung des Fahrkomforts einerseits und die Verbesserung des dynamischen Bewegungsverhaltens der Fahrzeugkarosserie hinsichtlich Wank- und Nickbewegungen andererseits zu erwarten. Die Auswirkungen dieser Zusammenhänge auf den subjektiven Fahreindruck im Blindversuch werden in der beschriebenen Korrelationsuntersuchung beleuchtet.

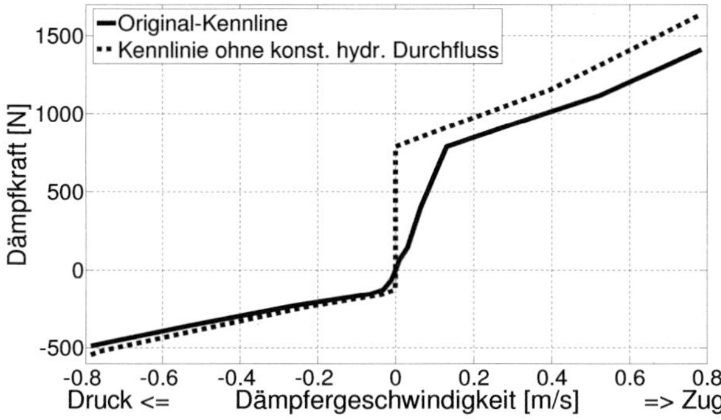

Abb. 5.5.: Schematische Darstellung der Stoßdämpfercharakteristik bei Unterdrückung des konstanten hydraulischen Durchflusses

Ein im Rahmen der vorliegenden Arbeit entwickelter Algorithmus unterscheidet anhand der Verläufe von Gier- und Längsbeschleunigung sowie der Fahrgeschwindigkeit zwischen „normaler" und dynamischer Fahrsituation und realisiert die Umschaltung auf die je nach Fahrzustand passende Dämpferkennlinie offenen oder geschlossenen konstanten hydraulischen Durchflusses. Mittels des Algorithmus kann demzufolge theoretisch ein Stabilisieren der Fahrzeugkarosserie in dynamischer Fahrsituation realisiert werden, ohne bei gleichmäßiger Fahrt Komforteinbußen hinnehmen zu müssen.

5.4.3. Versuchsplan

Wie erläutert ergibt sich durch das virtuelle Verschließen der Voröffnung jeweils eine korrespondierende Dämpferkennlinie unterdrückten Durchflusses zu jeder konventionellen Dämpferkennlinie mit konstantem hydraulischen Durchfluss. Für die Durchführung der hier beschriebenen Probandenstudie wurden insgesamt drei solcher Paarungen von Dämpferkennlinien definiert:

- Seriendämpfung der als Trägerfahrzeug eingesetzten C-Klasse sowie hierzu korrespondierende Kennline virtuell geschlossener Voröffnung ('mittlere" Abstützung)

- erhöhte Federvorspannung der Dämpferbeplattung und damit späteres Abknicken der Dämpferkennlinie sowie hierzu korrespondierende Kennlinie virtuell geschlossener Voröffnung ("starke" Abstützung)

- verringerte Federvorspannung der Dämpferbeplattung und damit früheres Abknicken der Dämpferkennlinie sowie hierzu korrespondierende Kennlinie virtuell geschlossener Voröffnung ("geringe" Abstützung)

Weiterhin steht als Referenz das passive Fahrzeug mit konventioneller Dämpfercharakteristik zur Beurteilung zur Verfügung. Im Rahmen der Komfort-Beurteilung (siehe unten) wird außerdem als Ausfallszenario des beschriebenen Systems eine Variante permanent unterdrückten konstanten hydraulischen Durchflusses beurteilt, welche aufgrund des durch die Umschaltlogik induzierten virtuellen Öffnens der Voröffnung bei gleichmäßiger Fahrt üblicherweise nicht vorkommt.

5.4.4. Versuchsdurchführung

Wie bereits oben erläutert bilden die objektive Vermessung der Versuchsvarianten und die subjektive Beurteilung ebenjener Varianten die Hauptbestandteile der vorgestellten Studie, welche separat voneinander durchgeführt werden.

Objektive Vermessung der Versuchsvarianten

Fahrdynamisch lässt sich die erhöhte dynamische Abstützung der Karosserie hinsichtlich des Wankens mittels des in Kapitel 4.6 eingeführten Wankindex quantifizieren. Der klassischerweise zur Quantifizierung des Wankverhaltens eingesetzte Wankwinkelgradient kann die Variantenunterschiede in diesem Fall nicht auflösen, da er aus der stationären Kreisfahrt und damit aus quasistationärer Fahrsituation gewonnen wird. Im stationären Fahrzustand jedoch sind die oben dargestellten Versuchsvarianten wirkungslos, da sie einerseits dämpfer- und damit radgeschwindigkeitsabhängig wirken und andererseits die hinterlegte Umschaltlogik im stationären Zustand virtuell den konstanten hydraulischen Durchfluss öffnet. Abbildung 5.6 zeigt die verringerten Wankindizes der Versuchsvarianten in Relation zum Basisfahrzeug. Während die Variante geringer Abstützung gegenüber dem Basisfahrzeug vom Wankindex noch kaum differenziert wird, ergeben sich deutliche Unterschiede der Varianten mittlerer und hoher Abstützung.

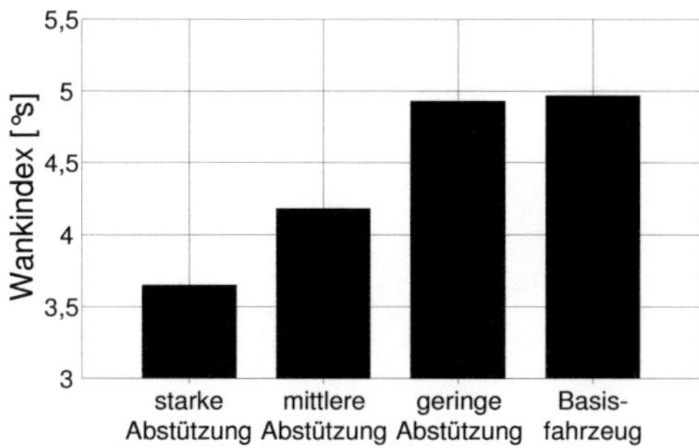

Abb. 5.6.: Wankindizes der aktiven Versuchsvarianten sowie des Basisfahrzeugs

Das dynamische Nickverhalten lässt sich anhand der maximalen Nickbeschleunigung nach Fahrzeugstillstand aus gleichmäßiger Verzögerung abbilden. Aufgetragen in Abbildung 5.7 ist ebenjene maximale Nickbeschleunigung nach Fahrzeugstillstand über der konstanten Ausgangslängsverzögerung vor dem Stillstand. Deutlich zu sehen ist die Verringerung der maximalen Nickbeschleunigungen der aktiven Versuchsvarianten gegenüber dem Basisfahrzeug. Eine Differenzierung der Varianten untereinander gestaltet sich, auch aufgrund der großen Streuungen, schwierig. Aus der Kombination von Wankindex und der Bewertung des dynamischen Nickverhaltens lässt sich summarisch festhalten, dass die fahrdynamisch hauptrelevanten Aufbaubewegungen hinsichtlich Wankens und Nickens durch den Einsatz der aktiven Varianten deutlich reduziert werden können.

Weiterhin wurden die oben eingeführten Versuchsvarianten auf einem Hydropulsprüfstand und auf einer definierten Komfort-Strecke hinsichtlich der resultierenden Aufbaueigenfrequenzen, Aufbaudämpfungsgrade und Aufbaubeschleunigungsverläufe über der Anregungsfrequenz untersucht. Es sind hierbei deutlich erhöhte Eigenfrequenzen und verringerte Dämpfungsgrade der Varianten mit virtuell unterdrücktem konstanten hydraulischen Durchfluss zu beobachten. Die Abstützkraft des unterdrückten Durchflusses verringert die bei konstanter Anregung resultierenden Aufbaubewegungen und hiermit einhergehend das wirksame Geschwindigkeitsband des Stoßdämpfers. Im Resultat herrscht verringerte Dämpfleistung bei gleichzeitig unveränderten Steifigkeiten vor, was zu den erwähnten erhöhten Eigenfrequenzen und verringerten Dämpfungsmaßen führt.

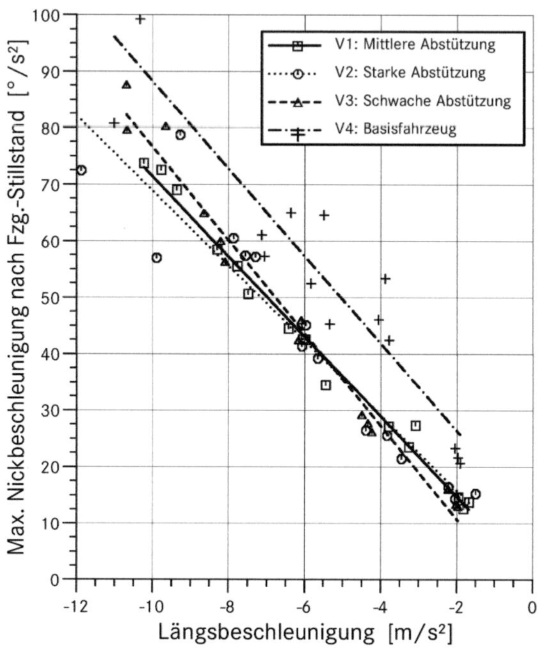

Abb. 5.7.: Maximale Nickbeschleunigungen nach Fahrzeugstillstand aus gleichmässiger Verzögerung

Zur objektiven Beschreibung des Fahrkomforts werden üblicherweise auf definierten Streckenprofilen aufgezeichnete Spektren translatorischer und rotatorischer Beschleunigungen im Frequenzbereich analysiert. Die hierzu eingesetzte Messtechnik und Auswertemethodik wird ebenso wie die Interpretation der erhobenen Daten beispielsweise in [116] beschrieben. Aufgrund des Schwerpunkts dieser Arbeit auf der Analyse des fahrdynamischen Fahrzeugverhaltens kommt der detaillierten Analyse des Komfortverhaltens eine eher untergeordnete Bedeutung zu. Zur Dokumentation der im Rahmen dieses Teilkapitels beschriebenen Probandenstudie werden im Folgenden exemplarisch Beschleunigungsamplituden in Vertikalrichtung an der Fahrersitzkonsole im Frequenzbereich betrachtet.

Hinsichtlich der vertikalen Aufbaubeschleunigungen an der Fahrersitzkonsole zeigen die Varianten ohne konstanten hydraulischen Durchfluss deutlich höhere Beschleunigungsamplituden im niederfrequenten Anregungsbereich. Im mittel- und hochfrequenten Bereich hingegen sind keine signifikanten Beeinflussungen des Schwingungsverhaltens durch die aktiven Versuchsvarianten im Vergleich zum Basisfahrzeug zu beobachten. Abbildung 5.8 veranschaulicht die beschriebenen Phänomene anhand der über der Anregungsfrequenz aufgetragenen Hubbeschleunigungsamplituden an der Fahrersitzkonsole in Vertikalrichtung.

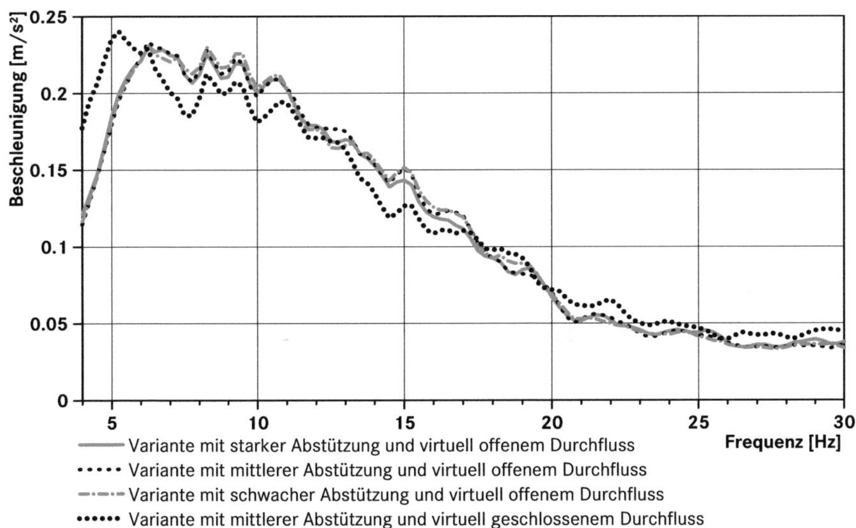

Abb. 5.8.: Vertikalbeschleunigungsamplituden der Versuchsvarianten dargestellt über der Anregungsfrequenz

Subjektive Beurteilung der Versuchsvarianten

Zur subjektiven Evaluation der dargestellten Versuchsvarianten kommen drei Beurteilungssituationen zum Einsatz:

- Kundennahe einfache und doppelte Spurwechsel mit geringen Querbeschleunigungen und Lenkfrequenzen bei 100 km/h Fahrgeschwindigkeit

- Test- oder notsituationsrelevante dynamische einfache und doppelte Spurwechsel mit höheren Querbeschleunigungen, Lenkfrequenzen und Lenkgeschwindigkeiten bei ebenfalls 100 km/h Fahrgeschwindigkeit

- Komfort-Beurteilungen auf einer definierten Schlechtwegstrecke mit 70 km/h Fahrgeschwindigkeit

Mittels der ersten Beurteilungssituation soll die nicht vorhandene Beeinflussung des Fahreindrucks im Normalfahrbereich, also unterhalb der Einschaltschwellen des Umschaltalgorithmus, bewiesen werden. Subjektiv beurteilt werden deshalb in diesem Versuchsteil das Basisfahrzeug sowie exemplarisch die Variante mittlerer Abstützung mit aktivierter Umschaltlogik. Im zweiten Versuchsteil werden zur Untersuchung der Beeinflussung des Subjektiveindrucks hinsichtlich Wankens das Basisfahrzeug sowie die drei Varianten geringer, mittlerer und hoher Abstützkraft (jeweils mit aktiviertem Umschaltalgorithmus) evaluiert. Im dritten Versuchsteil zur Komfortbeurteilung schließlich werden von den Probanden das Basisfahrzeug, die Varianten niedriger und hoher Abstützkraft sowie als Ausfallszenario eine Variante permanent unterdrückten konstanten hydraulischen Durchflusses bewertet. Die Variante mittlerer Abstützung wird im dritten Versuchsteil nicht beurteilt, da diese bei gleichmäßiger Fahrt der Variante des Basisfahrzeugs entspricht und somit redundant wäre.

Wie bereits in den voranstehend dokumentierten Subjektiv-Objektiv-Korrelationsuntersuchungen kamen eine dem eigentlichen Versuch vorangestellte Gewöhnungsphase, permutierte Variantenreihenfolgen und die Vorgabe von Ziel-Betriebspunkten für bestmögliche Vergleichbarkeit der subjektiven Beurteilungen zum Einsatz. Mit zwischen 16 und 22 Probanden in der Normalfahrer- respektive in der Expertenfahrergruppe konnte ein vergleichsweise großes Probandenkollektiv realisiert werden. Jeder Proband wurde hierbei hinsichtlich Fahrdynamik und Komfort separat als Experte oder Normalfahrer klassifiziert. Das Schema des zur Subjektivevaluation eingesetzten Fragebogens zeigt Tabelle 5.1, während der komplette Fragebogen sich im Anhang dieser Arbeit findet.

Fahrsituation	Kriterium	Beurteilung des Kriteriums bzgl.	
		Niveau	Gefallen
Kundennahe Spurwechsel	Anwanken	X	X
	Ansprechverhalten	X	X
Test- bzw. not- situationsrelevante Spurwechsel	Anwanken	X	X
	Wankverhalten	X	X
	Ansprechverhalten	X	X
Komfortbeurteilung	Komfort	X	X

Tab. 5.1.: Evaluierungsbogen zur virtuellen Unterdrückung des konstanten hydraulischen Durchflusses im Stoßdämpfer

5.4.5. Auswertung der Ergebnisse

Den oben beschriebenen drei Beurteilungssituationen folgend teilt sich die Auswertung der Versuchsergebnisse auf in die Einflüsse im Normalfahrbetrieb sowie die Einflüsse auf das Empfinden des Wankverhaltens in dynamischer Fahrsituation und des Komfortempfindens.

Einflüsse im Normalfahrbetrieb

Die im ersten Versuchsteil zur Beurteilung durchgeführten kundennahen Spurwechsel bewegen sich im Bereich niedriger Querbeschleunigungen und Lenkfrequenzen. Die Einschaltschwellen des hinterlegten Umschaltalgorithmus werden nicht erreicht. In Übereinstimmung mit der Erwartung aufgrund der theoretischen Variantenauslegung weisen weder die Experten- noch die Normalfahrerurteile in einem der beiden Kriterien (Anwanken und Ansprechverhalten) im Niveau oder im Gefallen im Mittel statistisch signifikante Unterschiede auf. Basis der Unterscheidung zwischen vorliegender oder nicht vorliegender Varianz ist in diesem wie auch in den nachfolgenden Versuchsteilen jeweils das 95-Prozent-Konfidenzintervall.

Summarisch lässt sich aus den Ergebnissen des ersten Versuchsteils ablesen, dass die situatuationsabhängige Unterdrückung des konstanten hydraulischen Durchflusses im

Stoßdämpfer keine statistisch signifikanten Einflüsse auf den Normalfahrbereich aufweist.

Einflüsse auf das Wankverhalten

Im Gegensatz zum ersten werden im zweiten Versuchsteil die Einschaltschwellen des Umschaltalgorithmus bewusst überschritten. Dies geschieht mittels der Durchführung test- oder notsituationsrelevanter Spurwechsel oder Anlenkmanöver, welche höhere Quer- und Gierbeschleunigungen sowie Lenkfrequenzen beinhalten. Aufgrund des Überschreitens der jeweiligen Einschaltschwellen sind statistisch signifikante Unterschiede in der Beurteilung vor allem des Wankverhaltens zu erwarten. Abbildung 5.9 zeigt die Beeinflussung des Subjektivurteils hinsichtlich des Anwankens und des Wankverhaltens durch die drei aktiven Versuchsvarianten im Vergleich zum passiven Basisfahrzeug. Unterschiedliche Buchstaben kennzeichnen anhand eines 95-Prozent-Konfidenzintervalls als statistisch voneinander variant identifizierte Versuchsvarianten.

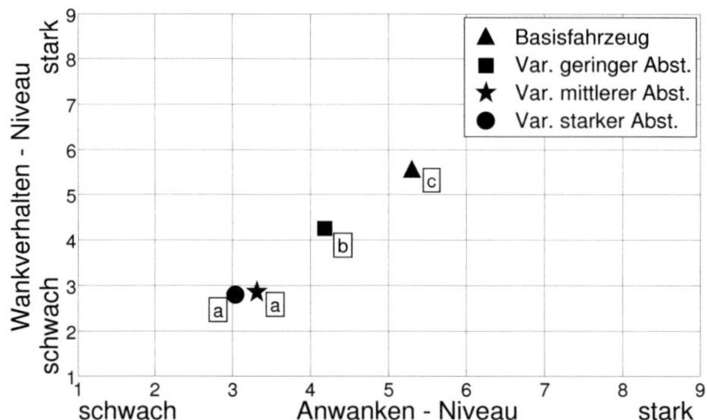

Abb. 5.9.: Veränderung des Expertenurteils bzgl. Anwanken und Wankverhalten durch aktive Varianten gegenüber Basisfahrzeug

Sowohl hinsichtlich des Anwankens als auch bezüglich des Wankverhaltens sind signifikante Verbesserungen des Subjektivurteils der aktiven Varianten im Vergleich zum passiven Basisfahrzeug zu beobachten. Bereits die aktive Variante mit der geringsten Abstützung zeigt deutliche Verbesserungen gegenüber der Basisvariante. Die Varianten mittlerer und starker Abstützung zeigen nochmals deutliche Verbesserungen des Subjektivurteils hinsichtlich beider Kriterien, wobei diese Varianten untereinander keine statistisch signifikant unterschiedlichen Beurteilungen aufweisen.

Die genannten Verbesserungen der Subjektivurteile im Niveau lassen sich fast unverändert auf das Gefallen übertragen. Auch hier zeigen sich signifikante Verbesserungen des Subjektivurteils der aktiven Varianten gegenüber dem Basisfahrzeug. Dies ist in der linearen Abhängigkeit der Niveau- und der Gefallensurteile voneinander begründet, wie sie für die Kriterien Anwanken und Wankverhalten bereits in Kapitl 4.6 gezeigt wurde und auch hier zu beobachten ist. Die gezeigten Verbesserungen im Subjektivurteil treten qualitativ gesprochen in gleicher Größe auch in der Gruppe der Normalfahrer auf.

Obwohl das Ansprechverhalten des Versuchsfahrzeugs nicht aktiv beeinflusst wurde, sind Änderungen im Empfinden der Spontaneität des Ansprechverhaltens über den Versuchsvarianten zu beobachten. Die Varianten verringerten Empfindens des Wankens des Fahrzeugs werden bezüglich Ansprechverhalten im Mittel als spontaner empfunden. Diese Änderungen im Subjektivurteil bzgl. des Ansprechverhaltens ergeben sich entweder lediglich als Rückwirkungen des veränderten Wankverhaltens oder als Folge geringfügig veränderter Radaufstandskräfte beim Anlenken aufgrund der Abstützung der Karosserieträgheit um die Längsachse, welche zu kurzzeitig erhöhten Radaufstandskräften an den kurvenäusseren Rädern führt. Die Auswertung durchgeführter Lenkwinkelsprungmessungen zur objektiven Analyse des Ansprechverhaltens zeigt jedoch keine signifikanten Unterschiede der Varianten zueinander.

Einflüsse auf den Komforteindruck

Nicht existente Beeinflussungen des Normalfahrbetriebs und gleichzeitig signifikante Verbesserungen des Subjektiveindrucks hinsichtlich des Wankens und des Ansprechverhaltens bei dynamischer Fahrsituation wurden voranstehend gezeigt. Abschließend werden mittels des dritten durchgeführten Versuchsteils potenzielle Rückwirkungen auf das Komfortempfinden untersucht. Hierzu wurden vier ausgesuchte Varianten auf einer definierten Schlechtwegstrecke beurteilt, die Resultate dieser Evaluierungen zeigt Abbildung 5.10. Unterschiedliche Buchstaben verweisen im Diagramm wie bereits oben auf statistisch signifikante Unterschiede zwischen den Varianten bezogen auf das 95-Prozent-Konfidenzintervall.

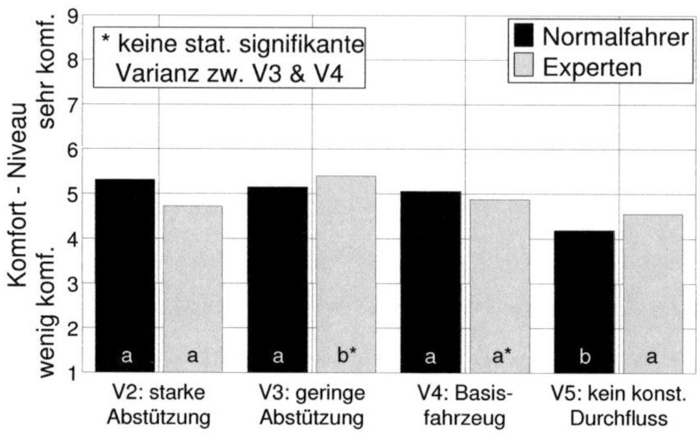

Abb. 5.10.: Evaluierungen beider Probandengruppen zum Komfort-Niveau

Variante 5 ohne konstanten hydraulischen Durchfluss wird von beiden Fahrergruppen erwartungsgemäß am schlechtesten beurteilt. Besonders die Normalfahrer zeigen eine deutliche Differenzierung gegenüber den anderen drei Varianten. Der Abstand zu den Varianten mit konstantem Durchfluss ist jedoch geringer als erwartet. Innerhalb der drei Varianten mit konstantem hydraulischen Durchfluss (Varianten 2 bis 4) zeigt sich für die Expertenfahrergruppe die zu erwartende Variantenreihenfolge. Die resultierenden Urteilsunterschiede sind jedoch gering und teilweise unterhalb der statistischen Signifikanzschwelle im 95-Prozent-Konfidenzintervall. Die Normalfahrergruppe differenziert die Varianten 2 bis 4 zwar deutlich von Variante 5, kann jedoch die feinen Unterschiede innerhalb der Varianten mit konstantem Durchfluss nicht zuverlässig auflösen.

5.4.6. Interpretation

Summarisch lassen sich die folgenden zentralen Aussagen hinsichtlich der fahrsituationsabhängigen Unterdrückung des konstanten hydraulischen Durchflusses im Stoßdämpfer anhand der durchgeführten und voranstehend dokumentierten Subjektiv-Objektiv-Korrelationsuntersuchung ableiten:

- Die fahrdynamischen Vermessungen zeigen deutliche Verringerungen des dynamischen Wank- und Nickverhaltens durch die aktiven Versuchsvarianten.

- Prüfstandsvermessungen am Hydropulsprüfstand sowie Komfortmessung auf definierter Schlechtwegstrecke zeigen deutliche Beeinflussungen der Aufbaubeschleunigungen im nieder- und mittelfrequenten Bereich bei Unterdrückung des konstanten hydraulischen Durchflusses sowie weiterhin erhöhte Eigenfrequenzen bei gleichzeitig verringerten Dämpfungsmaßen. Beide Messungen zeigen keine signifikanten Beeinflussungen des hochfrequenten Schwingungsverhaltens.

- In der Subjektivbeurteilung werden keine statistisch signifikanten Veränderungen der Probandenevaluierungen unterhalb der Einschaltschwelle (im so genannten „Normalfahrbereich") festgestellt. Signifikante Verbesserungen bezüglich Anwankens und Wankverhaltens durch die Unterdrückung des Durchflusses in dynamischer Fahrsituation sind jedoch zu beobachten. Die Versuchsvariante ohne konstanten hydraulischen Durchfluss wird bezüglich des Komforts am schlechtesten bewertet. Die resultierenden Unterschiede zu den anderen drei Varianten sind jedoch geringer als erwartet.

Zusammenfassend lässt sich festhalten, dass die voranstehend beschriebene Probandenstudie zur fahrsituationsabhängigen temporären Unterdrückung des konstanten hydraulischen Durchflusses im Stoßdämpfer das Potenzial eines solchen Systems für fahrdynamische Verbesserungen ohne gleichzeitige Komforteinbußen sowohl hinsichtlich objektiver Vermessung als auch hinsichtlich des subjektiven Fahreindrucks aufzeigt.

6. Integration der entwickelten Werkzeuge zur Darstellung fahrdynamischer Lastenheftkennwerte

Die in Kapitel 3 beschriebene Entwicklung mehrerer Werkzeuge zur gezielten Variation und Analyse des Fahrverhaltens von Kraftfahrzeugen erlaubt in Kombination mit weiteren, bereits existenten Entwicklungswerkzeugen (beispielsweise dem in [217] vorgestellten Lenkmomentensteller) die Realisierung eines Versuchsträgers, welcher die Möglichkeit zur gleichzeitigen und interagierenden Beeinflussung nahezu aller für fahrdynamische Untersuchungen relevanten Einflussparameter bietet. Der Aufbau eines solchen Versuchsträgers sowie die hierzu eingesetzten Werkzeuge und die sich ergebenden Potenziale werden in den nachfolgenden Teilkapiteln beschrieben.

6.1. Konzeptidee

Wie bereits in Kapitel 3 ausgeführt stützt sich die moderne Fahrzeugentwicklung insbesondere im Fahrwerksbereich auf die Interaktion subjektiver Evaluierungen und objektiver Messungen hinsichtlich Ride und Handling. Mittels begleitend durchgeführter Simulationen werden geeignete Startpunkte für subjektive Fahrwerksabstimmmungen definiert sowie Varianten und Derivate abgesichert und Grundsatzentscheidungen beispielsweise über Achskonzepte getroffen. Trotz aller Fortschritte und neuartiger Technologien kommt der subjektiven Beurteilung jedoch noch immer eine zentrale Rolle im Fahrwerksabstimmprozess zu. Die Beurteilung zentraler Abstimmungsstände ebenso wie die Freigabe von Entwicklungs- oder Serienständen erfolgt (begleitend oder sogar alleinig) subjektiv. Wie bereits ausgeführt entstehen durch die hierfür notwendigen Fahrwerksumbauten sowie die unumgängliche Fertigung kleiner Stückzahlen prototypischer Fahrwerksbauteile hohe zeitliche und monetäre Aufwände.

Um eine effiziente Unterstützung der subjektiven Beurteilung hinsichtlich des Gesamtfahrzeugs leisten zu können, ist jedoch zunächst die Entwicklung geeigneter Werkzeuge zur gezielten und interaktiven Variation aller relevanten fahrdynamischen Eigen-

schaften und darauf folgend die Integration all dieser entwickelten Werkzeuge in einem
Versuchsträger zu leisten. Bereits [127] kommt 2001 zu dem Schluss, dass als Alternative zu einem Fahrsimulator mit Bewegungssystem zur Fahrverhaltensynthese ein Fahrzeug verwendet werden könnte, welches mit einer aktiven Vorder- und Hinterachslenkung, einer aktiven Einstellung des Lenkmoments und einer aktiven Aufbaufederung und -dämpfung ausgestattet ist. Hierdurch würde die Möglichkeit geschaffen, in gewissen Grenzen frei definierbare Fahrverhaltensvarianten im realen Versuchsträger auf realen Straßen zu beurteilen. Allerdings wird die Realisierung eines solchen Fahrzeugs in der genannten Quelle noch als sehr anspruchsvolle Aufgabenstellung mit fraglichen Erfolgsaussichten bewertet.

6.2. Zur Systemdarstellung einsetzbare Werkzeuge

Die Summe der im Rahmen dieser Arbeit und in vorangehenden Arbeiten realisierten Werkzeuge der oben beschriebenen Art erlaubt die Darstellung des in [127] beschriebenen Versuchsträgers zur Fahrverhaltensynthese. Einen Überblick über die summarisch zur Verfügung stehenden Entwicklungswerkzeuge und deren Funktionalitäten gibt Tabelle 6.1 (siehe unten).

Wie aus Tabelle 6.1 ersichtlich, können mittels der entwickelten Werkzeuge alle für fahrdynamische Untersuchungen relevanten Einzelkriterien separat oder interagierend beeinflusst und gezielt verändert werden. Während die elektrische Linearaktuatorik virtuell die Eigenschaften aller zentralen Fahrwerksbauteile (z. B. Dämpfung sowie gleich- und wechselseitige Steifigkeiten) variieren kann, erlaubt die realisierte Hinterachs-Spurverstellung die Beeinflussung des Eigenlenk- sowie des Schwimmverhaltens sowie der (in der Relation eher weniger wichtigen) stationären Vorspureinstellung der Hinterachse. Die in Kapitel 3.4 beschriebenen aktiven Lenkräder erlauben eine in gewissen Grenzen freie Definition der Lenkübersetzung sowie des Lenkmomentenverlaufs abhängig von beliebig wählbaren fahrdynamischen Zustandsgrößen. Die Ansteuerung aller beschriebenen Systeme in Abhängigkeit beispielsweise der Fahrgeschwindigkeit oder der Querbeschleunigung ist möglich.

Ebenfalls aus Tabelle 6.1 ersichtlich wird, dass gewisse fahrdynamische Fahrzeugeigenschaften mittels mehrerer der zur Verfügung stehenden Werkzeuge beeinflusst werden können. Das Eigenlenkverhalten kann beispielsweise anhand des seitenkraftabhän-

Werkzeug	Funktionalität: (virtuelle) Variation von ...
elektrische Linearaktuatorik	Stablisatorsteifigkeiten Federsteifigkeiten Dämpfereigenschaften Zuganschlagfedereigenschaften Anschlagpuffereigenschaften
HA-Spurverstellung	Eigenlenkverhalten Schwimmverhalten HA-Vorspureinstellung
Lenkmomentensteller	Lenkmomentenverlauf
aktives Lenkrad	Lenkübersetzung Eigenlenkverhalten

Tab. 6.1.: Verfügbare Entwicklungswerkzeuge zur Darstellung eines Lastenheftfahrzeugs und deren Funktionalitäten

gigen Verhaltens der Vorderachse (aktives Lenkrad) oder der Hinterachse (Hinterachs-Spurverstellung) variiert werden.

6.3. Potenziale

Basierend auf der in [127] vorgestellten Idee eines Fahrzeugs zur Fahrverhaltensynthese ergibt sich durch Integration der im Rahmen dieser und vorangehender Arbeiten entwickelten aktiven Systeme zur gezielten Variation des Fahrverhaltens die Möglichkeit der summarischen und interaktiven Beeinflussung aller zentralen Aspekte des Fahrverhaltens von Kraftfahrzeugen. Dies eröffnet eine Reihe von bisher nicht zur Verfügung stehenden Potenzialen.

Fahrdynamische Lastenheftwerte für Nachfolgemodelle oder Facelifts können anhand des Vorgängermodells im Wortsinn „erfahrbar" gemacht werden. Was derzeit bereits in der Simulation in Kombination mit Fahrsimulatoren zur Bewegungsdarstellung Stand der Technik ist, wird so im realen Fahrzeug auf realer Strecke erfahrbar. Die erfor-

Abb. 6.1.: Fahrdynamisches Lastenheftfahrzeug auf Basis Mercedes GLK

derlichen Rüstzeiten bewegen sich aufgrund der modularen Konzeption der einzelnen Werkzeuge ebenfalls in vertretbarem zeitlichen Rahmen.

7. Zusammenfassung und Ausblick

Die voranstehenden (Teil-)Kapitel beschreiben im Detail die im Rahmen der vorliegenden Arbeit untersuchten Umfänge, die aufgebauten Fahrzeuge und Systeme, die durchgeführten Probandenstudien sowie die erzielten Resultate. Das vorliegende Kapitel gibt abschließend eine Zusammenfassung der geleisteten Arbeiten und zeigt im Rahmen eines Ausblicks die sich basierend auf dieser Arbeit eröffnenden Potenziale auf.

7.1. Zusammenfassung

Kapitel 2 stellt einleitend den Stand der Technik hinsichtlich der für diese Arbeit relevanten Themenkomplexe dar. Eingegangen wird hierbei auf die Einordnung, Geschichte und Bedeutung der Fahrdynamik im Entwicklungsprozess, die für fahrdynamische Untersuchungen zur Verfügung stehenden Untersuchungswerkzeuge, die Geschichte und derzeitige Anwendung von rotatorischen und linearen Elektromotoren sowie die Entwicklung und Verbreitung aktiver Fahrwerksysteme. Weiter werden unterschiedliche Aspekte von Hinterachslenksystemen beleuchtet sowie ein Überblick über bisher veröffentlichte Arbeiten zur Objektivierung des subjektiven Fahrereindrucks gegeben.

Unabdingbare Basis aller im Rahmen dieser Arbeit durchgeführten Untersuchungen und abgeleiteten Erkenntnisse ist der Aufbau verschiedener aktiver Systeme zur gezielten Variation des Fahrverhaltens sowie deren Inbetriebnahme in unterschiedlichen Trägerfahrzeugen. Kapitel 3 beschreibt die Konzeption und Realisierung der verschiedenen Tools, die Erstellung und die Struktur der erforderlichen Steuerungsalgorithmen sowie die Installation, Kalibrierung und Inbetriebnahme der verschiedenen Systeme im jeweiligen Fahrzeug.

Den Hauptschwerpunkt der vorliegenden Arbeit bildet (beschrieben in Kapitel 4) die Durchführung von Subjektiv-Objektiv-Korrelationsuntersuchungen zu unterschiedlichen Einzelaspekten im Themenfeld Fahrverhalten beziehungsweise zum Zusammenspiel unterschiedlicher fahrdynamischer Einzelgrößen. Die realisierten aktiven Systeme bieten hierbei die bisher nicht oder nur eingeschränkt zur Durchführung von Korrelationsuntersuchungen zur Verfügung stehende Möglichkeit, anhand voll fahrtauglicher und dennoch seriennaher Versuchsträger Einzelaspekte des Fahrverhaltens auf Knopfdruck und ohne mechanische Umbauten beeinflussen zu können. Dies erlaubt die Verknüpfung einzelner Aspekte des Fahrverhaltens mit dem Subjektivempfinden des Fahrers, ohne störende Sekundäreffekte bei der Beurteilung in Kauf nehmen zu müssen, wie sie beim Einsatz eines Kollektivs unterschiedlicher Fahrzeuge oder beim mechanischen Umbau eines immer gleichen Trägerfahrzeugs unvermeidbar sind. Die Möglichkeit der Subjektivevaluierung im realen Fahrbetrieb und auf realer Strecke eliminiert weiterhin die auch hochmodernen Fahrsimulatoren immanenten Beschränkungen wie die nur begrenzt mögliche Darstellung von Längs- und Querbeschleunigungen sowie nicht auszuschließendes unterschiedliches Fahrerverhalten im Simulator und im realen Fahrzeug aufgrund der hier real vorhandenen Gefährdungssituation bei Überschreitung der fahrphysikalischen Grenzen.

Die Teilkapitel 4.1 bis 4.4 beschreiben die den durchgeführten Korrelationsuntersuchungen zugrunde liegenden Betrachtungsebenen und Zusammenhänge, die Hintergründe und Details der subjektiven Fahrverhaltensbeurteilung und der objektiven Fahrverhaltensbeschreibung sowie die zur Auswertung der durchgeführten Probandenstudien erforderlichen statistischen Grundlagen und das im Rahmen dieser Arbeit eingesetzte statistische Auswerteschema. Im weiteren Verlauf von Kapitel 4 werden die im Rahmen dieser Arbeit durchgeführten Korrelationsuntersuchungen hinsichtlich Ausgangssituation und Untersuchungsziel, Zielgrößen und Einflussfaktoren, Versuchsplan, Versuchsdurchführung sowie Auswertung und Interpretation der Ergebnisse beschrieben. Dargestellt wird die Durchführung von Probandenstudien in den Themenfeldern Grenzen für Anfahr- und Bremsnicken, Fahrerempfinden beim Wankvorgang, Verhältnis von Wank- zu Gierreaktion, Wechselwirkung von Schwimm- und Eigenlenkverhalten sowie Spannungsfeld Sportlichkeit versus Komfort. Die Durchführung der Subjektivevaluierungen erfolgt stets mittels eines Experten- und eines Normalfahrerkollektivs und beinhaltet die vergleichende Gegenüberstellung der abgeleiteten Zusammenhänge für beide Fahrergruppen. Die Applikation der beschriebenen Tools zur gezielten Variation und Analyse des Fahrverhaltens an ein Trägerfahrzeug einer anderen Fahrzeuggattung und die erneute Durchführung einzelner Korrelationsanalysen mit diesem Trägerfahrzeug erlaubt wo erforderlich die Validierung der ermittelten Zusammenhänge für eine andere Fahrzeugklasse.

Innerhalb jedes der genannten Themenkomplexe erfolgt die Erfassung der Subjektivevaluierungen unter Trennung von Niveau- und Gefallens-Empfinden. Im ersten Korrelationsschritt wird die Ableitung von das Fahrerempfinden beschreibenden objektiven Kenngrößen mittels der Niveau-Urteile der Probanden betrieben. Voraussetzung hierfür ist das Vorliegen valider subjektiver Evaluationskriterien mit eindeutiger Gefallenstendenz über das jeweilige Probandenkollektiv. Anhand der abgegebenen Gefallensurteile können anschließend Zielbereiche guten Fahrzeugverhaltens abgeleitet werden. Die Durchführung multipler Korrelations- und Regressionsrechnungen erlaubt die Untersuchung der Einflüsse mehrerer objektiver Kenngrößen auf ein einzelnes subjektives Urteilskriterium.

Exemplarisch sollen an dieser Stelle einige der aus den Probandenstudien abgeleiteten Erkenntnisse genannt werden. Summarisch auffällig sind die relativ häufig anzutreffenden Zusammenhänge linearer Art. Obwohl auch Regressionen höher Ordnung untersucht wurden, finden sich vor allem hinsichtlich der elementaren fahrdynamischen Karosseriebewegungen Wanken, Nicken und Schwimmen lineare Zusammenhänge sowohl zwischen den einzelnen Evaluationskriterien als auch in den Subjektiv-Objektiv-Korrelationen. Alle drei genannten Kriterien zeigen lineare Gefallenstendenzen hin zu geringeren Ausprägungen des jeweiligen Kriteriums ohne signifikante Ausprägung von Sättigungsbereichen. Besonders das Schwimmen wird im untersuchten Geschwindigkeits- und Fahrsituationsbereich als (auch in der Relation zum Eigenlenkverhalten) prägendes Fahrverhaltenskriterium identifiziert. Weiterhin erwähnenswert an dieser Stelle ist beispielsweise die Gruppenbildung der Subjektivevaluierungen hinsichtlich des Gefallens des Komforteindrucks abhängig von der Variantendefinition über Steifigkeiten und/oder Dämpfungen im Fahrwerk. Viele weitere abgeleitete Erkenntnisse, Zusammenhänge und Zielbereiche finden sich in Unterkapiteln des Hauptkapitels 4.

Ebenfalls möglich und durchgeführt mittels der realisierten Tools wurde die virtuelle Darstellung von aktiven und adaptiven Fahrwerksystemen am voll fahrtauglichen Versuchsträger. Kapitel 5 erläutert die virtuelle Realisierung von Wankstabilisierungssystemen sowie eines aktiven Anfahr- und Bremsnickausgleichs, einer virtuellen Unterdrückung des konstanten hydraulischen Durchflusses im Stoßdämpfer und einer Beeinflussung des Reibungszustandes im Fahrwerk. Die virtuelle Darstellung solcher Systeme lediglich mittels der erforderlichen Softwarealgorithmen erlaubt die Beurteilung der Auswirkungen aktiver Fahrwerksysteme auf das Fahrverhalten ohne die mechanische Realisierung ebenjener Systeme und kann so unter deutlicher Reduktion der Systemkosten zu Konzeptentscheidungen hinsichtlich in Hardware nicht existenter Systeme beitragen. Das Potenzial der fahrsituationsabhängigen temporären Unterdrückung des konstanten hydraulischen Durchflusses im Stoßdämpfer für fahrdynamische Verbesserungen ohne gleichzeitige Komforteinbußen sowohl hinsichtlich objektiver Vermessung als auch hinsichtlich des subjektiven Fahreindrucks wird im Rahmen dieses Kapitels mittels einer Probandenstudie aufgezeigt.

Kapitel 6 schließlich beinhaltet die potenzielle Integration der entwickelten Werkzeuge in einem Versuchsträger zur Darstellung fahrdynamischer Lastenheftwerte. Das so ausgerüstete Fahrzeug enthält die elektrische Linearaktuatorik zur virtuellen Veränderung der Eigenschaften von Federn, Dämpfern und Stabilisatoren, die Hinterachsspurverstellung zur Beeinflussung des Schwimm- und des Eigenlenkverhaltens sowie das aktive Lenkrad zur Variation von Lenkmomenten und Lenkübersetzungen.

7.2. Ausblick

In den voranstehenden Kapiteln wurden die entwickelten Tools zur gezielten Variation und Analyse des Fahrverhaltens von Kraftfahrzeugen und die mit Hilfe dieser Systeme erzielten Ergebnisse im Detail beschrieben. Basierend auf ebenjenen Ergebnissen und den existenten Tools ergeben sich eine Reihe von Chancen und Möglichkeiten, welche mittels Weiterentwicklungen der vorgestellten Systeme und weiterer Anwendungen dieser Werkzeuge erreicht werden können. Sie werden im nachfolgenden Teilkapitel skizziert.

Eine weitere Erhöhung der Darstellungsgüte der virtuellen Variation der Spezifikationen ausgesuchter Fahrwerksbauteile ist prinzipiell möglich. Die exakte Nachbildung der Charakteristika veränderter Stoßdämpfer beispielsweise ist nur mittels Modellierung der dynamischen Stoßdämpfereigenschaften (wie Verlustwinkeln und dynamischen Steifigkeiten) möglich. Ähnliches gilt aufgrund deren immanenter Hysterese und Dämpfungseigenschaften für die Anschlagpuffer. Es bleibt zu betonen, dass der derzeit erzielte Systemstand der Linearaktuatorik zur virtuellen gezielten Variation der Eigenschaften von

Fahrwerksbauteilen - im speziellen hinsichtlich der steifigkeitsbasierten Bauteile Feder, Stabilisator und Zuganschlagfeder - als sehr zufriedenstellend bezeichnet werden kann.

Die Durchführung weiterer Korrelationsanalysen zur detaillierten Untersuchung des subjektiven Fahreindrucks und dessen Wechselwirkungen mit objektiven Messgrößen hinsichtlich ausgewählter fahrdynamischer Fahrzeugeigenschaften ist jederzeit möglich. Einzige Voraussetzungen sind die Darstellung der erforderlichen Versuchsvarianten in der jeweiligen Steuerungssoftware (was aufgrund des modularen Aufbaus der entsprechenden Softwaremodelle problemlos möglich ist) und die Definition eines entsprechenden Versuchsplans. Hardwareseitige Umbauten oder Weiterentwicklungen der einzusetzenden Systeme sind nicht erforderlich. Im Rahmen dieser Arbeit wurden jedoch bereits hinsichtlich aller zentralen Aspekte fahrdynamischen Fahrzeugverhaltens Subjektiv-Objektiv-Korrelationsuntersuchungen durchgeführt. Die Validierung der gefundenen Ergebnisse anhand einer anderen Fahrzeugklasse wurde (wo sinnvoll notwendig) ebenfalls bereits geleistet. Aus heutiger Sicht vielversprechende Untersuchungsgegenstände sind hingegen noch die Untersuchungen der Potenziale neuer oder bereits existenter aktiver Fahrwerksysteme hinsichtlich deren Verbesserungen des fahrdynamischen oder komfortseitigen Subjektiveindrucks, welche hierzu mittels der entwickelten Tools dargestellt werden können.

Ein weiteres potenzielles Anwendungsfeld der beschriebenen Linearaktuatorik ist die Analyse von Fahrwerken am fahrbereiten und am fahrenden Fahrzeug. Neben der gezielten Beeinflussung des Fahrverhaltens und der dynamischen Aufbaubewegungen könnten charakteristische Fahrwerkskenngrößen während der Fahrt ermittelt werden. Die so mögliche Unabhängigkeit von einem stationären Prüfstand (z. B. einer Vierstempeleinrichtung) erlaubt die Ermittlung beispielsweise von Eigenfrequenzen und Dämpfungsgraden der Karosseriebewegung auch während der Fahrt ohne die am Prüfstand unvermeidlichen Verfälschungen aufgrund veränderter Reifeneigenschaften sowie der Limitierung auf in digitaler Form für die Prüfstandssimulation zur Verfügung stehender Straßenprofile. Bereits [186] weist darauf hin, dass eine befriedigende Identifikation von Fahrwerkseigenschaften von einer geeigneten Anregung abhängt. Aufgrund der hier verfolgten vollständigen Parameteridentifikation eines Simulationsmodells und der damit notwendigerweise verbundenen Störung des Fahrzeugs mittels einer bekannten Straßenanregung mussten die Messungen im Rahmen von [186] an einem Prüfstand durchgeführt werden. Die in dieser Arbeit eingesetzte Linearaktuatorik ist im Vergleich zur in

[186] eigesetzten Aktuatorik jedoch durch eine deutlich höhere Stelldynamik gekennzeichnet. Neben der Identifikation charakteristischer Fahrwerkseigenschaften bei definierter Fahrwerksanregung mittels Prüfstandsversuchen oder Straßenmessungen kann daher eine weitere Möglichkeit zur Identifikation charakteristischer Fahrwerkskenngrößen in Betracht gezogen werden: Die Linearaktuatorik kann bis hin zu hohen Frequenzen definierte und programmierbare Anregungen in das fahrende Fahrzeug einbringen. Das Antwortverhalten des Gesamtfahrzeugs auf definierte (beispielsweise sinusförmige) Anregungen über dem Frequenzbereich könnte somit bei unterschiedlichen Fahrgeschwindigkeiten sowie Fahrtstrecken analysiert werden; das Trägerfahrzeug wird zum "mobilen Fahrzeugprüfstand".

Die realisierten Werkzeuge bieten außerdem die Möglichkeit, bereits im frühen Konzeptstadium Grundsatzentscheidungen einfacher und schneller zu treffen und können im Entwicklungsprozess zum schnelleren Auffinden geeigneter Abstimmungsstände hinsichtlich des Fahrverhaltens beitragen. Grundsätzliche Aussagen und erste Abstimmungsstände hinsichtlich Steifigkeiten und Dämpfungen im Fahrwerk sowie hinsichtlich Eigenlenk- und Schwimmverhalten lassen sich für Nachfolgemodelle beziehungsweise für Facelifts anhand der Vorgängerfahrzeuge ableiten. Themen wie beispielsweise die Verteilung der Wankmomentenabstützung zwischen Vorder- und Hinterachse oder die Definition von Aufbaueigenfrequenzen und -dämpfungsgraden bieten sich an, um erste Aussagen mit Hilfe der entwickelten Werkzeuge schnell und mit verhältnismäßig geringem Aufwand treffen zu können. Eine solche Darstellung von Fahrverhaltensvarianten zur Subjektivbeurteilung anhand eines Aggregateträgerfahrzeugs befindet sich derzeit in der Vorbereitung. Weitere Einsätze der entwickelten Werkzeuge zu diesen oder ähnlichen Zwecken sind jederzeit möglich.

Ein weiteres hochinteressantes Thema für zukünftige Untersuchungen und Forschungstätigkeiten verspricht auch das in Kapitel 5 vorgestellte System zur temporären fahrsituationsabhängigen Unterdrückung des konstanten hydraulischen Durchflusses im Dämpfer zu sein. Die Verbesserung des Subjektiveindrucks hinsichtlich des Wankens ohne gleichzeitige Verschlechterung des Komforteindrucks wurde unter Nutzung der Linearaktuatorik mittels einer in Kapitel 5.4 beschriebenen Probandenstudie unter Beweis gestellt. Die Validierung der erzielten Ergebnisse anhand eines real aufgebauten Systems dieser Funktionalität sowie die detaillierte Ermittlung der Potenziale eines solchen Systems unter Berücksichtigung der Systemkosten sind hingegen noch zu leisten.

In die fernere Zukunft blickend könnten die verschiedenen im Rahmen dieser Arbeit und bereits zuvor entwickelten Systeme sogar die Möglichkeit einer (teil-)automatisierten Fahrwerksabstimmung eröffnen. Die Summe der zur Verfügung stehenden Tools erlaubt die gezielte Variation aller zentralen Eigenschaften des Fahrverhaltens von Kraftfahrzeugen. Das Zusammenspiel ebenjener Tools bietet somit die Möglichkeit der Veränderung fahrdynamischer Charakteristika interagierend mit der gezielten Veränderung von Bauteileigenschaften im Fahrwerk. Dieser Prozess könnte (semi-)automatisiert einen Startpunkt für die kombinierte objektive und subjektive Fahrverhaltensabstimmung zur Verfügung stellen, welcher dem späteren Serienstand bereits deutlich näher kommt als dies derzeit und mittels konventioneller Methoden üblicherweise der Fall ist.

A. Evaluierungsbögen der Subjektiv-Objektiv-Korrelationsanalysen

Urteilsskala zur Niveaubeurteilung

Wie hoch beurteilen Sie das aktuelle Nickverhalten des Fahrzeugs?

hoch			mittel			niedrig			Verbale Beschreibung
9	8	7	6	5	4	3	2	1	Note

Urteilsskala zur Gefallensbeurteilung

Wie gut gefällt Ihnen persönlich die aktuelle Einstellung?

nicht annehmbar			bedingt annehmbar			annehmbar			Kriterium
katas-trophal	schlecht	mangel-haft	an der Grenze	aus-reichend	befriedigend	gut	sehr gut	exzellent	Verbale Beschreibung
9	8	7	6	5	4	3	2	1	Note

Abb. A.1.: Evaluierungsbogen Grenzen für Anfahr- und Bremsnicken

Gefallens-Bewertung

		Skala
annehmbar	exzellent	1
annehmbar	sehr gut	2
annehmbar	gut	3
bedingt annehmbar	befriedigend	4
bedingt annehmbar	ausreichend	5
bedingt annehmbar	an der Grenze	6
nicht annehmbar	mangelhaft	7
nicht annehmbar	schlecht	8
nicht annehmbar	katastrophal	9

Niveau-Bewertung (1 ... 9)

Kategorie	Kriterium	Verbale Beschreibung	1	9
Wankverhalten	Stationäres Wanken	Wie stark neigt sich das Fahrzeug bei langgezogener Kurvenfahrt nach außen?	niedrig	hoch
Wankverhalten	Dynamisches Wanken	Wie dynamisch neigt sich das Fahrzeug unter Kurvenfahrt nach außen?	niedrig	hoch
Wankverhalten	Zeitverzug der Wankreaktion	Wie früh oder spät neigt sich das Fahrzeug während des Lenkvorgangs?	früh	spät
Wankverhalten	Nachschwingverhalten	Wie ausgeprägt empfinden Sie ein Nachschwingen der Wankbewegung?	schwach	stark
Wankverhalten	Anwanken	Wie stark ist die Wankreaktion bei Geradeausfahrt und kleinen Lenkradwinkeln um die Mittellage?	niedrig	hoch
Wankverhalten	Gesamteindruck bzgl. Wanken	Wie gut gefällt Ihnen persönlich die aktuelle Einstellung bezüglich dem Wankverhalten des Fahrzeugs?		
Gierverhalten	Ansprechverhalten	Wie spontan reagiert das Fahrzeug auf Lenkvorgaben bzw. wie groß ist der Zeitverzug zwischen Lenkwinkeleingabe und Gierreaktion?	spontan	träge
Gierverhalten	Agilität / Gierverhalten	Wie stark dreht das Fahrzeug bei einer Lenkvorgabe ein?	stark	wenig
Gesamtfahrzeugverhalten	Harmonie Wanken zu Gieren	Wie ist das Verhältnis zwischen Wank- und Gierreaktion des Fahrzeugs?	viel Wanken	viel Gieren
Gesamtfahrzeugverhalten	Angebundenheit an die Strasse	Vermittelt das Fahrzeug einen guten Kontakt zur Strasse?	lose	ange-bunden

Abb. A.2.: Evaluierungsbogen Fahrerempfinden beim Wankvorgang

		Kriterium	Verbale Beschreibung	Niveau-Bewertung					Gefallens-Bewertung								
									annehmbar			bedingt annehmbar			nicht annehmbar		
									exzellent	sehr gut	gut	befriedigend	ausreichend	an der Grenze	mangelhaft	schlecht	katastrophal
					1	…	9		1	2	3	4	5	6	7	8	9
		Harmonie Wanken zu Gieren	Wie empfinden Sie die Harmonie zwischen Wank- und Gierreaktion des Fahrzeugs?														
Wankverhalten		**Wankverhalten**	Wie stark wankt das Fahrzeug?	**schwach**				**stark**									
Wankverhalten	**optionale Fragen**	**Stat. Wanken**	Wie stark neigt sich das Fahrzeug bei langgezogener Kurvenfahrt nach außen?	**schwach**				**stark**									
Wankverhalten	**optionale Fragen**	**Dyn. Wanken**	Wie dynamisch neigt sich das Fahrzeug unter Kurvenfahrt nach außen?	**schwach**				**stark**									
Wankverhalten	**optionale Fragen**	**An-wanken**	Wie stark ist die Wankreaktion bei kleinen Lenkradwinkeln um die Mittellage?	**schwach**				**stark**									
Gier-verhalten		**Ansprech-verhalten**	Wie spontan reagiert das Fahrzeug auf Lenkvorgaben?	**spontan**				**träge**									
Gier-verhalten		**Agilität / Gierverhalten**	Wie stark dreht das Fahrzeug bei einer Lenkvorgabe ein?	**wenig**				**stark**									
		Sportlichkeit / Fahrbahnkontakt	Als wie sportlich empfinden Sie das Fahrzeug?	**wenig sportlich**				**sehr sportlich**									

Abb. A.3.: Evaluierungsbogen Verhältnis von Wank- zu Gierreaktion - erste Studie

Gefallens-Bewertung

nicht annehmbar	katastrophal	9
	schlecht	8
	mangelhaft	7
bedingt annehmbar	an der Grenze	6
	ausreichend	5
	befriedigend	4
annehmbar	gut	3
	sehr gut	2
	exzellent	1

Niveau-Bewertung (1 ... 9)

Kriterium	Verbale Beschreibung	1	...	9
Ansprechverhalten	Wie spontan reagiert das Fahrzeug auf Lenkvorgaben?	spontan		träge
Agilität / Gierverhalten	Wie stark dreht das Fahrzeug bei einer Lenkvorgabe ein?	stark		wenig
Eigenlenkverhalten	Empfinden Sie das Fahrzeug als eher über- oder als eher untersteuernd?	unterst.		überst.
Stabilitätseindruck	Wie ist Ihr Stabilitätseindruck des Fahrzeugs bei kundennaher Fahrt?	stabil		instabil
Gesamteindruck: Wie gut gefällt Ihnen persönlich die aktuelle Einstellung?				

Gesamtfahrzeugverhalten

Abb. A.4.: Evaluierungsbogen Wechselwirkung von Schwimm- und Eigenlenkverhalten

Gefallens-Bewertung

annehmbar			bedingt annehmbar			nicht annehmbar		
exzellent	sehr gut	gut	befriedigend	ausreichend	an der Grenze	mangelhaft	schlecht	katastrophal
1	2	3	4	5	6	7	8	9

Niveau-Bewertung (Skala 1 … 9)

Gruppe	Kriterium	Verbale Beschreibung	Niveau (niedrig)	Niveau (hoch)
Eindruck Gesamtfahrzeug	Angebundenheit an die Strasse	Vermittelt das Fahrzeug einen guten Kontakt zur Strasse?	lose	ange-bunden
	Sportlichkeit	Als wie sportlich empfinden Sie das Fahrzeug?	wenig sportlich	sehr sportlich
	Komfort	Als wie komfortabel empfinden Sie das Fahrzeug?	wenig komfortabel	sehr komfortabel
Aufbaubewegungen	Hubbewegung	Wie ausgeprägt empfinden Sie die fahrbahnerregte Hubbewegung des Aufbaus?	schwach	stark
	Wankbewegung	Wie ausgeprägt empfinden Sie die fahrbahnerregte Wankbewegung des Aufbaus?	schwach	stark
	Nickbewegung	Wie ausgeprägt empfinden Sie die fahrbahnerregte Nickbewegung des Aufbaus?	schwach	stark
	Nachschwingen des Aufbaus	Wie ausgeprägt empfinden Sie ein fahrbahnerregtes Nachschwingen des Aufbaus?	schwach	stark

Gesamteindruck: Wie gut gefällt Ihnen persönlich die aktuelle Einstellung?

Abb. A.5.: Evaluierungsbogen Spannungsfeld Komfort vs. Sportlichkeit - erste Studie

Gefallens-Bewertung

Bewertung	Beschreibung	Note
nicht annehmbar	katastrophal	9
nicht annehmbar	schlecht	8
nicht annehmbar	mangelhaft	7
bedingt annehmbar	an der Grenze	6
bedingt annehmbar	ausreichend	5
bedingt annehmbar	befriedigend	4
annehmbar	gut	3
annehmbar	sehr gut	2
annehmbar	exzellent	1

Niveau-Bewertung (1 ... 9)

Kriterium	Verbale Beschreibung	Niveau-Bewertung		Gruppe
Wankbewegung	Wie ausgeprägt empfinden Sie die fahrbahn-erregte Wankbewegung des Aufbaus?	schwach	stark	Aufbaubewegungen
Hub- / Nickbewegung	Wie ausgeprägt empfinden Sie die fahrbahn-erregten Hub- & Nickbewegungen d. Aufbaus?	schwach	stark	Aufbaubewegungen
Gesamtbewertung Aufbaubewegungen	Wie ausgeprägt empfinden Sie insgesamt die fahrbahnerregten Aufbaubewegungen?	schwach	stark	Aufbaubewegungen
Sportlichkeit / Fahrbahnkontakt	Als wie sportlich empfinden Sie das Fahrzeug?	wenig sportlich	sehr sportlich	Eindruck Gesamtfahrzeug
Komfort	Als wie komfortabel empfinden Sie das Fahrzeug?	wenig komfortabel	sehr komfortabel	Eindruck Gesamtfahrzeug

Abb. A.6.: Evaluierungsbogen Spannungsfeld Komfort vs. Sportlichkeit - zweite Studie

Gefallens-Bewertung

nicht annehmbar	katastrophal	9
	schlecht	8
	mangelhaft	7
bedingt annehmbar	an der Grenze	6
	ausreichend	5
	befriedigend	4
annehmbar	gut	3
	sehr gut	2
	exzellent	1

Niveau-Bewertung (1 ... 9)

Kriterium	Verbale Beschreibung	Niveau-Bewertung (1 ... 9)	
		schwach	stark
Anwanken	Wie stark ist die Wankreaktion bei kleinen Lenkradwinkeln um die Mittellage?	schwach	stark
Ansprechverhalten	Wie spontan reagiert das Fahrzeug auf Lenkvorgaben?	spontan	träge
Anwanken	Wie stark ist die Wankreaktion bei kleinen Lenkradwinkeln um die Mittellage?	schwach	stark
Wankverhalten	Wie stark wankt das Fahrzeug?	schwach	stark
Ansprechverhalten	Wie spontan reagiert das Fahrzeug auf Lenkvorgaben?	spontan	träge
Komfort	Als wie komfortabel empfinden Sie das Fahrzeug?	wenig komfor-tabel	sehr komfor-tabel

Beurteilungssituation "Anwanken": Anwanken, Ansprechverhalten

Beurteilungs-Situation „dynamisches Anlenken": Anwanken, Wankverhalten, Ansprechverhalten

Beurteilungs-Situation "Komfort": Komfort

Abb. A.7.: Evaluierungsbogen zur virtuellen Unterdrückung des Dämpferdurchflusses

Gefallens-Bewertung

nicht annehmbar	katastrophal	9
	schlecht	8
	mangelhaft	7
bedingt annehmbar	an der Grenze	6
	ausreichend	5
	befriedigend	4
annehmbar	gut	3
	sehr gut	2
	exzellent	1

Niveau-Bewertung 1 ... 9

Kriterium	Verbale Beschreibung	Niveau-Bewertung
Harmonie Wanken zu Gieren	Wie gut passen Wanken und Gieren des Fahrzeugs zusammen?	
Zeitliche Abfolge von Wanken und Gieren	Was wird subjektiv früher wahrgenommen?	Wanken ... Gieren
Wankverhalten	Wie stark wankt das Fahrzeug?	schwach ... stark
Agilität / Gierverhalten	Wie stark dreht das Fahrzeug bei einer Lenkvorgabe ein?	wenig ... stark
Sportlichkeit	Als wie sportlich empfinden Sie das Fahrzeug?	wenig sportlich ... sehr sportlich
Gesamteindruck	Wie gut gefällt Ihnen summarisch das Fahrzeug?	

(Gruppen: Wanken und Gieren — Gesamteindruck)

Abb. A.8.: Evaluierungsbogen Verhältnis von Wank- zu Gierreaktion - zweite Studie

B. Grafische Benutzeroberfläche des Tools Fahrverhaltensynthese

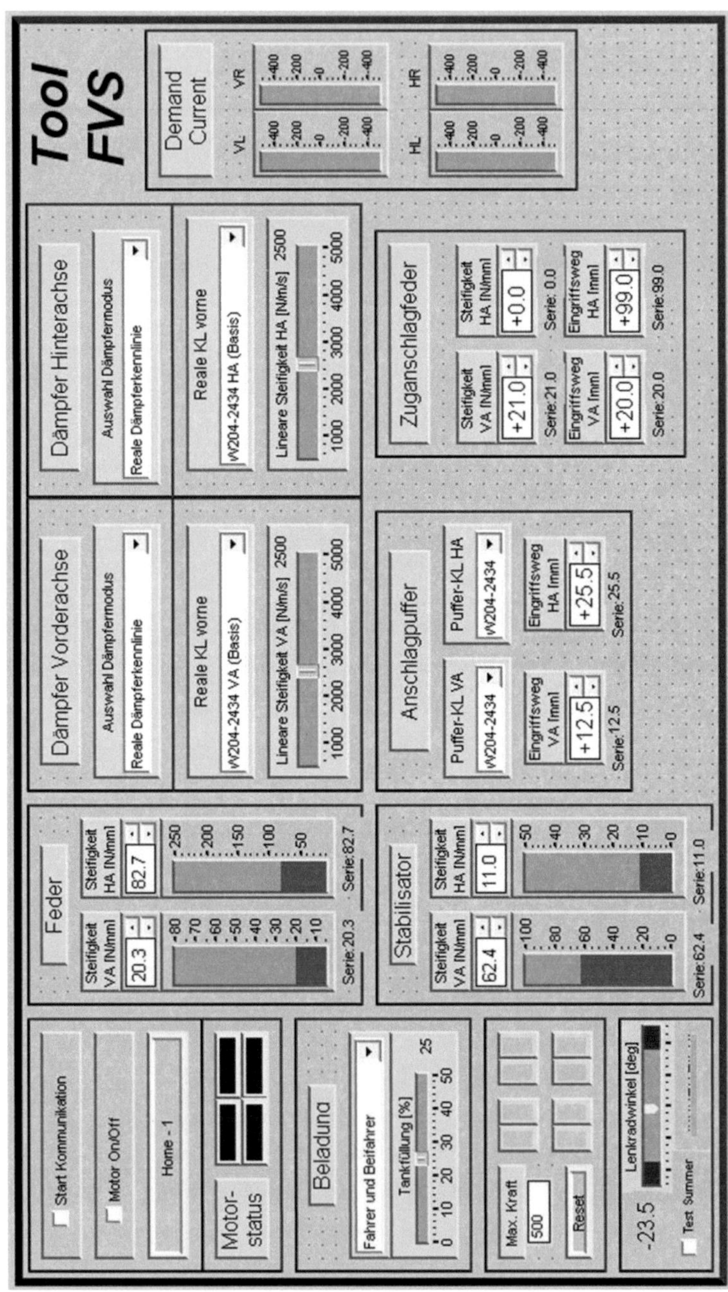

Abb. B.1.: Benutzeroberfläche der Linearaktuatorik ohne versuchsindividuelle Bedienelemente

C. Abkürzungsverzeichnis

Abkürzung	Bedeutung
ABC	Active Body Control
ABS	Antiblockiersystem
bzgl.	bezüglich
bzw.	beziehungsweise
ca.	circa
CAE	Computer Aided Engineering
CAN	Controller Area Network
d. h.	das heisst
DIN	Deutsche Industrienorm
DMS	Dehnmeßstreifen
dyn.	dynamisch
EG	Europäische Gemeinschaft
ECE	Economic Comission for Europe
EHL	Elektrische Hinterachslenkung
EHPS	Electro-Hydraulic Power Steering
EPS	Electric Power Steering
ESP	Electronic Stability Program
etc.	et cetera (deutsch: und die übrigen)
evtl.	eventuell
FaSiKo	Fahrersitzkonsole
FFT	Fast Fourier Transformation
FVS	Fahrverhaltensynthese
Fzg.	Fahrzeug
ggf.	gegebenenfalls

GPS	Global Positioning System
HA	Hinterachse
HHL	Hydraulische Hinterachslenkung
HPS	Hydraulic Power Steering
ISO	International Organization for Standardization
LKW	Lastkraftwagen
max.	maximal
min.	minimal
MKS	Mehrkörpersimulation
MP	Momentanpol
MPH	Miles per Hour
NHTSA	National Highway Traffic Safety Administration
NVH	Noise, Vibration, Harshness
OEM	Original Equipment Manufacturer
o. g.	oben genannt
PCMCIA	Personal Computer Memory Card International Association
PDO	Product Data Object
PML	Parameterlenkung
PKW	Personenkraftwagen
PWM	Pulsweitenmodulation
RCP	Rapid Control Prototyping
rel.	relativ
Rtg.	Richtung
SAE	Society of Automotive Engineers
SFP	servohydraulischer Fahrzeugprüfstand
SP	Schwerpunkt
stat.	stationär
StVZO	Straßenverkehrszulassungszordnung
SUV	Sports Utility Vehicle
VA	Vorderachse
VDA	Verband der Automobilindustrie
vgl.	vergleiche

vs.	versus
WP	Wankpol
z. B.	zum Beispiel
ZLA	Zusatzlenkanlage

D. Formelzeichen und Indizes

Formelzeichen	Einheit	Bedeutung
a	m	Abstand Meßort Schwimmwinkel zur Hinterachse in x-Rtg.
a_i	-	Beschreibungskriterium
a_x	m/s^2	Längsbeschleunigung
a_y	m/s^2	Querbeschleunigung
$b_0 \dots b_n$	-	Regressionskoeffizienten
c	N/mm	Federsteifigkeit
c_h	N/°	Schräglaufsteifigkeit an der Hinterachse
c_v	N/°	Schräglaufsteifigkeit an der Vorderachse
D	-	Lehrsches Dämpfungsmaß
EG	°ss/m	Eigenlenkgradient
f	Hz	(Lenk-) Frequenz
f_0	Hz	(Aufbau-) Eigenfrequenz
F_{Feder}	N	Federkraft
F_{krit}	-	kritischer Wert der F-Verteilung
F_{Motor}	N	Motorkraft
$F_{S,h}$	N	Seitenkraft an der Hinterachse
$F_{S,v}$	N	Seitenkraft an der Vorderachse
$F(x)$	-	hypothetische Funktion
$\overline{F}(x)$	-	Näherungsfunktion
g	m/s^2	Erdbeschleunigung
GV	1/s	Gierverstärkung
GV_{100}	1/s	Gierverstärkung bei 100 km/h Fahrgeschwindigkeit
h_1	m	Vorfaktor zur Einheitenkorrektur beim Wankindex
h_k	m	Abstand Rollachse zu Kopfhöhe
h_{SP}	m	Schwerpunktshöhe

h_{WP}	m	Wankpolhöhe
$i_{FederzuRad}$	-	Übersetzungsverhältnis von Feder zu Rad
i_g	-	Gesamtlenkübersetzung
i_{gh}	-	Gesamtlenkübersetzung an der Hinterachse
i_{gv}	-	Gesamtlenkübersetzung an der Vorderachse
$i_{MotorzuRad}$	-	Übersetzungsverhältnis von Motor zu Rad
$i_{RadzuFeder}$	-	Übersetzungsverhältnis von Rad zu Feder
$i_{RadzuMotor}$	-	Übersetzungsverhältnis von Rad zu Motor
J_Z	kgm^2	Gierträgheitsmoment
k	-	Anzahl der Versuchsvarianten
L	m	Radstand
l_h	m	Abstand zwischen Schwerpunkt und Hinterachse in x-Rtg.
l_v	m	Abstand zwischen Schwerpunkt und Vorderachse in x-Rtg.
m_1	s	Vorfaktor zur Einheitenkorrektur beim Wankindex
m_2	-	Vorfaktor zur Einheitenkorrektur beim Wankindex
m_3	1/s	Vorfaktor zur Einheitenkorrektur beim Wankindex
m_g	kg	Fahrzeugmasse
m_h	kg	Fahrzeugmasse an der Hinterachse
M_H	Nm	Handmoment, Lenkradmoment
m_v	kg	Fahrzeugmasse an der Vorderachse
n	-	Stichprobenumfang, Anzahl der Probanden
n_B	-	Anzahl der Beobachtungen
n_P	-	Anzahl der unabhängigen Variablen
p	-	Irrtumswahrscheinlichkeit
r	-	Korrelationskoeffizient
R	m	Abstand v. Momentanpol d. Gierbewegung z. Fzg.-Schwerp.
R^2	-	Bestimmtheitsmaß, Determinationskoeffizient
R^2_{korr}	-	korrigiertes Bestimmtheitsmaß
R_{xz}	-	Korrelationskoeffizient zwischen Variablen x und z
R_T	m	Komponente von R lotrecht auf die Fzg-Längsachse
R_{yx}	-	Korrelationskoeffizient zwischen Variablen y und x
R_{yxz}	-	Korrelationskoeffizient zwischen Variablen y, x und z

R_{yz}	-	Korrelationskoeffizient zwischen Variablen y und z
s	-	Standardabweichung
s^2	-	Varianz
S	-	Fahrzeugschwerpunkt
s_{Feder}	m	Weg der Feder
SG	°ss/m	Schwimmwinkelgradient
s_{Motor}	m	Weg des Motors
SU	-	Subjektivurteil
SU_{ber}	-	berechnetes Subjektivurteil
t	-	Prüfgröße der Statistik
Δt	s	Zeitspanne
v	m/s	Fahrgeschwindigkeit
WI	°/s	Wankindex
WWG	°s²/m	Wankwinkelgradient
x	-	Fahrzeuglängsachse
$\bar{x}$	-	Mittelwert aller Ausprägungen einer unabh. Variablen
x_1, x_2, x_3	-	Gewichtungsfaktoren
x_i	-	Einzelwert einer unabhängigen Variablen aus der Stichprobe
y	-	Fahrzeugquerachse
$\tilde{y}$	-	Wert der Ableitung mittels Regressionsgeraden am Punkt y
$\bar{y}$	-	Mittelwert aller Ausprägungen einer abhängigen Variablen
y_i	-	Einzelwert einer abhängigen Variablen aus der Stichprobe
y_{ind}	-	individuelle subjektive Evaluierungsnote
$\bar{y}_{ind}$	-	Mittelwert aller individuellen Noten zu einem Kritierium
$y_{ind,z}$	-	individuelle subj. Evaluierungsnote nach Z-Transformation
z	-	Fahrzeughochachse
α	°	Schräglaufwinkel
α_V	°	Schräglaufwinkel an der Vorderachse
α_H	°	Schräglaufwinkel an der Hinterachse
β	°	Schwimmwinkel
β_{HA}	°	Schwimmwinkel an der Hinterachse

β_M	°	Schwimmwinkel am Meßort
δ_H	°	Handwinkel, Lenkradwinkel
$\dot{\delta}_H$	°	Lenkradwinkelgeschwindigkeit
δ_A	°	Ackermannwinkel
δ_h	°	mittlerer Radeinschlagwinkel an der Hinterachse
δ_v	°	mittlerer Radeinschlagwinkel an der Vorderachse
Θ	°	Nickwinkel
μ	-	Kraftschlussbeiwert
σ	°	Standardabweichung
σ_x	°	Standardabweichung der unabhängigen Variablenwerte
σ_y	°	Standardabweichung der abhängigen Variablenwerte
$\sigma_{y,ind}$	°	Standardabw. der individuellen Notenwerte eines Kriteriums
φ	°	Wankwinkel
$\dot{\varphi}$	°/s	Wankwinkelgeschwindigkeit
$\ddot{\varphi}$	°/s^2	Wankwinkelbeschleunigung
ψ	°	Gierwinkel
$\dot{\psi}$	°/s	Gierwinkelgeschwindigkeit, Gierrate
$\ddot{\psi}$	°/s^2	Gierwinkelbeschleunigung
ω	rad/s	Winkelgeschwindigkeit
Ω_E	°/h	Erddrehrate

E. Abbildungsverzeichnis

F. Tabellenverzeichnis

G. Literaturverzeichnis

[1] Aicon 3D Systems. *Hartes Programm - Optische Messsysteme überprüfen die Fahrzeugdynamik; QZ Qualität und Zuverlässigkeit, Band 54.* 2009.

[2] N. Amati, A. Canova, F. Cavall, S. Carabelli, A. Festini, A. Tonoli, and G. Caviasso. *Electromagnetic shock absorbers for automotive suspensions: Electromechal design; Proceedings of EDSA 2006, 8th Biennial ASME Conference on Engineering Systems Design and Analysis, Torino, Italy.* 2006.

[3] M. Appleyard and P. Wellstead. *Active suspensions: Some background; IEE Proceedings - Control Theory Appl. Vol. 142, No. 2.* 1995.

[4] W. Arand and P. Kupke. *Anforderungen an Fahrsimulatoren zur Untersuchung des Fahrer-Fahrzeug-Verhaltens sowie der verkehrstechnisch relevanten Eigenschaften von Straßenentwürfen; Schriftenreihe Forschung Straßenverkehr und Straßenverkehrstechnik, Heft 375.* 1982.

[5] K. Atzwanger and H.-J. Negele. *Fahrdynamikstudie 2006 - Kundenorientierung in der Fahrwerkstechnik; Automobiltechnische Zeitschrift 06/2006, Jahrgang 108.* 2006.

[6] T. Bachmann, C. Bielaczek, and B. Breuer. *Der Reibwert zwischen Reifen und Fahrbahn und dessen Inanspruchnahme durch den Fahrer; Automobiltechnische Zeitschrift 10/1997, Jahrgang 99.* 1995.

[7] I. Ballo. *Comparison of the properties of active and semiactive suspension; Vehicle System Dynamics, Band 45, Heft 11.* 2007.

[8] H. Bartsch. *Taschenbuch Mathematischer Formeln, Verlag Harri Deutsch, Frankfurt am Main, 7./8. Auflage.* 1985.

[9] K. Becker, K. Tomaske, and M. Meywerk. *Subjektive Fahreindrücke sichtbar machen III - Korrelation zwischen objektiver Messung und subjektiver Beurteilung von Versuchsfahrzeugen und -komponenten, Haus der Technik Fachbuch, Band 56.* 2006.

[10] W. Beitz and K.-H. Grothe. *Dubbel (Taschenbuch für den Maschinenbau), Springer Verlag, Berlin, 20. Auflage.* 2001.

[11] M. Bellmann. *Perception of Whole-Body Vibrations: From basic experiments to effects of seat and steering-wheel vibrations on the passenger's comfort inside vehicles, Dissertation, Oldenburg.* 2003.

[12] T. Bellmann. *An Innovative Driving Simulator: Robocoaster; FISITA World Congress, München.* 2008.

[13] J. Beno, D. Weeks, D. Bresie, A. Guenin, and J. Wisecup. *Experimental comparison of losses for conventional passive and energy efficient active suspension systems; SAE Technical Paper Series 2002-01-0282, Society of Automotive Engineers, Warrendale, USA.* 2002.

[14] V. Berkefeld. *Der Einfluss der Elastizitäten in Radaufhängung und Lenkung auf das Eigenlenkverhalten von Kraftfahrzeugen, Dissertation, München.* 1983.

[15] V. Berkefeld. *Theoretische Untersuchungen zur Vierradlenkung - Stabilität und Manövrierbarkeit; Fortschritte der Fahrzeugtechnik, Band Nr. 7: Wallentowitz, H. (Hrsg): Allradlenksysteme bei Personenkraftwagen, Vieweg Verlag, Wiesbaden.* 1991.

[16] G. Bertollini. *Driving simulation at General Motors; Automotive Engineering, Band 102, Heft 9.* 1994.

[17] R. Biancale, R. Klotz, and B. Yo. *A Semi Active Suspension System for Motorbikes; FISITA World Congress, München.* 2008.

[18] H. Bischof, G. Drieger, and W. Schleuter. *Servoantriebe für Vorder- und Hinterradlenkungen in Personenwagen; Fortschritte der Fahrzeugtechnik, Band Nr. 7: Wallentowitz, H. (Hrsg): Allradlenksysteme bei Personenkraftwagen, Vieweg Verlag, Wiesbaden.* 1991.

[19] T. Bitter. *Objektivierung des dynamischen Sitzkomforts, Dissertation, Braunschweig.* 2005.

[20] BMW AG. *Aktive Fahrzeug-Radaufhängung mit einem Linearmotor, Offenlegungsschrift DE 102 05 769 A.* 2003.

[21] BMW AG. *Aktive Fahrzeug-Radaufhängung mit einem Linearmotor, Offenlegungsschrift DE 103 06 500 A1.* 2004.

[22] J. Bortz. *Statistik für Human- und Sozialwissenschaftler, Springer Verlag, Berlin.* 2004.

[23] S. Botev. *Digitale Gesamtfahrzeugabstimmung für Ride und Handling, Dissertation, Technische Universität Berlin, Fakultät V - Verkehrs- und Maschinensysteme.* 2008.

[24] H. Braess and U. Seiffert. *Handbuch Kraftfahrzeuge, Vieweg Verlag, Wiesbaden, 3. Auflage.* 2003.

[25] J. Breuer. *Beurteilung des Fahrverhaltens im Fahrsimulator der DaimlerChrysler AG und in realen Fahrzeugen; Becker, K. (Hrsg.): Subjektive Fahreindrücke sichtbar machen, Expert-Verlag, Renningen.* 2000.

[26] J. Breuer and W. Kaeding. *Contributions of driving simulators to enhance real world safety; DSC Asia/Pacific 2006, Tsukuba.* 2006.

[27] F. Böttiger and W. Reichelt. *Bewertung der aktiven Sicherheit im Regelkreis Fahrer-Fahrzeug-Straße; Schriftenreihe der Daimer-Benz AG, Report 11, Forschungsinstrument Fahrsimulator, VDI Verlag, Düsseldorf.* 1990.

[28] H. Bubb. *Wie viele Probanden braucht man für allgemeine Erkenntnisse aus Fahrversuchen?; Fortschritts-Berichte des VDI, Reihe 12: Verkehrstechnik / Fahrzeugtechnik, VDI Verlag, Düsseldorf.* 2003.

[29] S. Buma, J.-S. Cho, R. Kanda, H. Kajino, K. Tsuchida, K. Tozu, and Y. Ootani. *Development of Electric Active Suspension Actuator; Review of Automotive Engineering 30.* 2009.

[30] P. Causemann. *Moderne Schwingungsdämpfung; Automobiltechnische Zeitschrift 11/2003, Jahrgang 105.* 2003.

[31] F. Cheli, P. Dellacha, and A. Zorutti. *Optimization and potentially study of a variable kinematics suspension; ASME Design and Engineering Technical Conferences and Computers and Information in engineering conference, Las Vegas.* 2007.

[32] H. Chen and D. Guenther. *The Effects of suspension stiffness on handling responses; SAE technical paper series 911928, Society of Automotive Engineers, Warrendale, USA.* 1991.

[33] M. Clauss. *Funktionsoptimierung des Entwicklungstools Fahrverhaltensynthese durch virtuelle Kompensation der erhöhten ungefederten Massen, Diplomarbeit, Karlsruher Institut für Technologie (KIT), Institut für Fahrzeugsystemtechnik, Lehrstuhl für Fahrzeugtechnik.* 2010.

[34] J. Colditz. *Mercedes-Benz-typischer Fahrzeugcharakter bezüglich Ride, Daimlerinterne Veröffentlichung, Daimler AG, Sindelfingen.* 2008.

[35] J. Colditz, L. Dragon, R. Faul, D. Mjelnikov, V. Schill, T. Unselt, and E. Zeeb. *Use of Driving Simulators within Car Development; DSC 2007 North America, Iowa City, USA.* 2007.

[36] Continental AG. *Erhöhte Sicherheit durch Hinterachskinematik und Reifendruckkontrolle; Automobiltechnische Zeitschrift 09/2007, Jahrgang 107.* 2007.

[37] D. Crolla, D. Chen, J. Whitehead, and C. Alstead. *Vehicle handling assessment using a combined subjective-objective approach; SAE Technical Paper Series 980226, Society of Automotive Engineers, Warrendale, USA.* 1998.

[38] Daimler AG. *Betriebsanleitung Aktives Lenkrad AKL, Daimler-interne Veröffentlichung, Daimler AG, Sindelfingen.* 2006.

[39] S. Data and F. Frigerio. *Objective evaluation of handling quality; Special Issue Paper, Proceedings Insin Mechanical Engineers Vol. 216, Part D: Automobile Engineering.* 2002.

[40] H. Deo and N. Suh. *Variable Stiffness and Variable Ride-Height Suspension System and Application to Improve Vehicle Dynamics; SAE technical paper series, 2005-01-1924, Society of Automotive Engineers, Warrendale, USA.* 2005.

[41] E. Donges, R. Auffhammer, P. Fehrer, and T. Seidenfuß. *Funktion und Sicherheitskonzept der Aktiven Hinterachskinematik von BMW; Fortschritte der Fahrzeugtechnik, Band Nr. 7: Wallentowitz, H. (Hrsg): Allradlenksysteme bei Personenkraftwagen, Vieweg Verlag, Wiesbaden.* 1991.

[42] C. Däsch. *Lenkungsmodellierung für Model-Based Testing, Diplomarbeit, Hochschule Esslingen, Fakultät Fahrzeugtechnik.* 2004.

[43] J. Ehrlich and H. Böse. *Novel Magnetorheological Damper with outstanding failsafe characteristics; 11th International Conference on New Actuators, Bremen.* 2008.

[44] M. Eickhoff, A. Kruse, A. Tischer, J. Pagel, and H. Marquar. *Dynamische Eigenschaften eines Stoßdämpfermoduls - Optimierung der Fahrzeugakustik; Automobiltechnische Zeitschrift 05/2009, Jahrgang 111.* 2009.

[45] S. Ellmann and F. Löser. *Elektromechanisches Leveling System (EML); Forum technische Mitteilungen Thyssen Krupp, Heft 1, Düsseldorf.* 2002.

[46] S. Elmoselhy, B. Azzam, and S. Metwalli. *Experimental Analysis of laminated fibrous micro-composite E-springs for vehicle suspension systems; Proceedings of IMECE2005, 2005 ASME International Mechanical Engineering Congress and Exposition, Orlando, Florida, USA.* 2005.

[47] S. Elmoselhy, B. Azzam, S. Metwalli, and H. Dadoura. *Experimental Investigation and Hybrid Failure Analysis of Micro-Composite E-Springs for Vehicle Suspension Systems; SAE-SP (Special Publications), Band 2050, SAE International Commercial Vehicle Engineering Congress and Exhibition, Rosemont, USA.* 2006.

[48] M. Epsoy and B. Baasch. *Entwicklung einer preiswerten elektromechanischen PKW-Niveauregulierung; VDI-Berichte Nr. 1632, VDI Verlag, Düsseldorf.* 2001.

[49] D. Farrer. *An objective Measurement Technique for the Quantification on On-Centre Handling Quality; SAE technical paper series, 93827, Society of Automotive Engineers, Warrendale, USA.* 1993.

[50] P. Fleischer. *Darstellung von Wankstabilisierungssystemen mit dem Entwicklungstool Fahrverhaltensynthese, Diplomarbeit, Karlsruher Institut für Technologie (KIT), Institut für Fahrzeugsystemtechnik, Lehrstuhl Fahrzeugtechnik.* 2009.

[51] Ford Motor Company. *Electrically powered active suspension for a vehicle, United States Patent 5060959.* 1991.

[52] P. Frank and W. Reichelt. *Fahrerverhalten in kritischen Fahrsituationen; Schriftenreihe der Daimer-Benz AG, Report 11, Forschungsinstrument Fahrsimulator, VDI Verlag, Düsseldorf.* 1990.

[53] O. Franke and H. Schürmann. *Der Sprung in die Großserie für ein hochbeanspruchtes FKV-Bauteil - eine GFK-Blattfeder für eine neue Transportergeneration; 10. Internationale AVK-Tagung für verstärkte Kunststoffe und technische Duroplaste, Stuttgart.* 2007.

[54] J. Fuchs. *Beitrag zum Verhalten von Fahrer und Fahrzeug bei Kurvenfahrt; VDI Fortschrittsberichte: Reihe 12: Verkehrstechnik / Fahreugtechnik, Nr. 184, VDI Verlag, Düsseldorf.* 1993.

[55] F. Gauterin, T. Dodt, H. Roders, B. Schulte-Fortkamp, and R. Weber. *Objektivierung subjektiver Reifengeräuschbeurteilungen für Fahrten auf rauhen und unebenen Fahrbahnen; Kautschuk, Gummi, Kunststoffe, Band 46, Heft 2.* 1993.

[56] A. Geburtig. *Aussagekraft von Korrelationskoeffizienten; Jahrestagung der Gesellschaft für Umwelsimulation, Stutensee-Blankenloch.* 2009.

[57] M. Geier, T. Freudenmann, M. El-Haji, and A. Albers. *Eine Methode zur Integration von Fahrversuchen in die Validierungsprozesskette; SIMPEP, FVA Kongress zur Simulation im Produktentstehungsprozess, Veitshöchheim.* 2009.

[58] K. Genuit, J. Poggenburg, and M. Zimmer. *Die Wiedergabe von binauraler Akustik und Schwingungen im Fahrzeuginnenraum als Verfahren zur Ermittlung*

des subjektiven Komfortempfindens; Becker, K. (Hrsg.): Subjektive Fahreindrücke sichtbar machen, Expert-Verlag, Renningen. 2000.

[59] J. Greenberg. *Driving simulation at Ford; Automotive Engineering, Band 102, Heft 9.* 1994.

[60] E. Groen and J. Bos. *Simulator sickness depends on frequency of the simulator motionmissmatch: An observation; Journal Presence, Volume 17, Number 6.* 2008.

[61] M. Guenin, J. Beno, D. Weeks, D. Bresie, and M. Raymound. *Electromechanical suspension performance testing; SAE Technical Paper Series, 2001-01-049, Society of Automotive Engineers, Warrendale, USA.* 2001.

[62] A. Hantsch. *Radarbasierte Sensorik für die Fahrdynamikerfassung bei Kraftfahrzeugen, Dissertation, Cuvillier Verlag, Göttingen.* 2007.

[63] M. Harrer, T. Stickel, and P. Pfeffer. *Automatisierung fahrdynamischer Messungen; VDI-Berichte, Band 1912, VDI Verlag, Düsseldorf.* 2005.

[64] G. Heeps. *Back to the future; Vehicle Dynamics International, Issue 3/2007.* 2007.

[65] B. Heißing and H. Bandl. *Subjektive Beurteilung des Fahrverhaltens, 1. Auflage, Vogel Verlag, Würzburg.* 2002.

[66] H. Heinrich and M. Weinland. *Neuere Entwicklungen bei Fahrsimulatoren: Dokumentation; Bericht der Bundesanstalt für Straßenwesen, Mensch und Sicherheit, Heft M80, Bundesanstalt für Strassenwesen, Bergisch Gladbach.* 1997.

[67] Hitachi Limited. *Cylindrical linear Motor, electromagnetic suspension, and vehicle using the same; United States Patent Application Publication, Publication Number US 2006 / 0181158 A1.* 2006.

[68] R. Hölscher and Z. Huang. *Das komfortorientierte semiaktive Dämpfungssystem; Fortschritte der Fahrzeugtechnik, Band Nr. 10: Wallentowitz, H. (Hrsg): Aktive Fahrwerkstechnik, Vieweg Verlag, Wiesbaden.* 1991.

[69] J. Hoffmann. *Korrelation objektives Messen - subjektives Empfinden am Beispiel des Lastwechselschlages im Pkw; Becker, K. (Hrsg.): Subjektive Fahreindrücke sichtbar machen, Expert-Verlag, Renningen.* 2000.

[70] C. Hofmann and W. Dick. *Funktionsentwicklung einer Überlagerungslenkung - Von der Idee zum fertigen C-Code, VDI-Berichte Nr. 1828, VDI-Verlag, Düsseldorf.* 2004.

[71] M. Holle. *Fahrdynamikoptimierung und Lenkmomentrückwirkung durch Überlagerungslenkung, Schriftenreihe Automobiltechnik, Institut für Kraftfahrwesen Aachen.* 2004.

[72] A. Husemann, D. Wisselmann, and R. Freymann. *Der neue dynamische Fahrsimulator der BMW Fahrzeugforschung; VDI Berichte Nr. 1745, VDI Verlag, Düsseldorf.* 2003.

[73] K. Hyniova, J. Honcu, and A. Stribrsky. *Energy recuperation and management in automotive active suspension systems; International Carpathian Control Conference ICCC, Ostrava, Czech Republic.* 2006.

[74] iMAR GmbH. *Messung dynamischer Bewegungsvorgänge mit intertialen Meßsystemen - Produkt iDIS, iMAR GmbH, St. Ingert, www.imar-navigation.de.* 2009.

[75] M. Ivantysynova, J. Ossyra, A. Hilaire, J. Grabbel, and R. Rahmfeld. *Untersuchung zu alternativen, steuerventilfreien Aktuatoren für aktive Fahrwerke; Forschungsberichte des Bundesministeriums für Bildung und Forschung, Band 171.* 2005.

[76] T. Jürgensohn, W. Müller, and T. Scheffer. *Verbesserte Methoden zur Objektivierung von subjektiven Bewertungen des Fahrverhaltens, Technische Universität Berlin, Zentrum Mensch-Maschine-Systeme.* 1996.

[77] J. Kardelke, O. Diederichsen, and M. Weinberger. *Höhenänderungen von Pkw-Karosserien beim Bremsen; Verkehrsunfall und Fahrzeugtechnik, Band 42, Heft 3.* 2004.

[78] B. Kaufmann and U. Weihe. *Dynamik auf sechs Beinen; Zeitschrift Fluid, Band 38, Heft 7/8.* 2005.

[79] B. Kaufmann and U. Weihe. *Mulitaxiale Bewegungssimulation auf Basis parallelkinematischer Systeme (Hexadrive); Ullrich, P. (Hrsg.): Fahrzeugversuch - Methoden und Verfahren, Haus der Technik Fachbuch, Band 60.* 2006.

[80] Y. Kawamoto, Y. Suda, H. Inoue, and T. Kono. *Electro-mechanical suspension system considering energy consumption and vehicle manoeuvre; Vehicle System Dynamics, Vol. 46, Heft Supplement.* 2008.

[81] N. Kees. *Kraftfahrzeugsensoren zur Eigengeschwindigkeitsmessung, Navigation und Fahrbahnzustandserkennung, Lehrstuhl für Hochfrequenztechnik der Technischen Universität München.* 1994.

[82] P. Köhn, A. Pauly, R. Fleck, M. Pischinger, T. Richter, M. Schnabel, R. Bartz, M. Wachinger, and S. Schott. *Die Aktivlenkung - Das fahrdynamische Lenksystem des neuen 5er; Automobiltechnische Zeitschrift, Sonderausgabe BMW 5er, Band 105.* 2003.

[83] L. Kiessling. *BR221, BR216 ABC - Querbeschleunigungsabhängige Fahrzeug-Niveauanhebung; Daimler-interner technischer Bericht, Daimler AG, Sindelfingen.* 2007.

[84] R. King, D. Crolla, and H. Ash. *Identification of subjective-objective Vehicle Handling Links Using Neural Networks for the Foresight Vehicle; SAE Technical Paper Series, 2002-01-1126, Society of Automotive Engineers, Warrendale, USA.* 2002.

[85] S. Kirchhoff, S. Kuhnt, P. Lipp, and S. Schlawin. *Der Fragebogen - Datenbasis, Konstruktion und Auswertung, VS Verlag, Wiesbaden.* 2003.

[86] C. Klein. *Weiterentwicklung und Test eines Verfahrens zur modellbasierten Applikation von EPS-Lenkungen, Diplomarbeit, Hochschule Esslingen, Fakultät Fahrzeugtechnik.* 2008.

[87] W. Kleppmann. *Taschenbuch Versuchsplanung; Brunner, F. (Hrsg.): Praxisreihe Qualitätswissen, 4. Auflage, Carl Hanser Verlag München.* 2006.

[88] M. Kljajic. *Hinterachse mit Spurstangen-Aktuator (W204); Daimler-interner technischer Bericht, Daimler AG, Sindelfingen.* 2008.

[89] C. Kobetz. *Modellbasierte Fahrdynamikanalyse durch ein an Fahrmanövern parameteridentifiziertes querdynamisches Fahrzeugmodell, Dissertation, Berichte aus der Fahrzeugtechnik, Shaker-Verlag, Aachen.* 2004.

[90] T. Kodaira, Y. Yamamoto, H. Sakai, Y. Muragishi, K. Fukui, and E. Ono. *Improvement of Vehicle Dynamics Based on Human Sensivity; AE of Japan Technical Paper.* 2007.

[91] D. Konik, R. Bartz, F. Bärnthol, H. Bruns, and M. Wimmer. *Dynamic Drive - Das neue aktive Wankstabilisierungssystem der BMW Group; 9. Aachener Kolloquium Fahrzeug- und Motorentechnik.* 2000.

[92] W. Käppler. *Beitrag zur Vorhersage von Einschätzungen des Fahrverhaltens; VDI Fortschrittsberichte, Reihe 12: Verkehrstechnik / Fahrzeugtechnik, Nr. 198, VDI Verlag, Düsseldorf.* 1993.

[93] R. Kraaijeveld, K. Wolff, and T. Vockrodt. *Neue Testprozeduren zur Beurteilung des Fahrverhaltens von PKW mit variablen Lenksystemen; Automobiltechnische Zeitschrift 02/2009, Jahrgang 111.* 2009.

[94] C. Kraft. *Weiterentwicklung der Fahrverhaltensynthese, Diplomarbeit, Universität Stuttgart, Institut für Verbrennungsmotoren und Kraftfahrwesen, Lehrstuhl Kraftfahrwesen.* 2007.

[95] M. Kraus. *Elektromechanische Aktuatorik - Potenziale für Hinterachskinematik; Automobiltechnische Zeitschrift 09/2009, Jahrgang 111.* 2009.

[96] J. Krems, M. Henning, and T. Petzold. *Methoden zur Messung von Fahrerverhalten: Vom Labor bis zur Feldstudie; Darmstädter Kolloquium Mensch und Fahrzeug 4.* 2009.

[97] H. Krüger and A. Neukum. *Bewertung von Handlingeigenschaften - Zur methodischen und inhaltlichen Kritik des korrelativen Forschungsansatzes; Jürgensohn, T.; Timpe, K.-P. (Hrsg): Kraftfahrzeugführung, Springer Verlag, Berlin.* 2001.

[98] H. Krüger and A. Neukum. *Der Fahrsimulator als Herausforderung für Entwickler und Anwender; Braunschweiger Symposium Motion Simulator Conference, Gesamtzentrum für Verkehr Braunschweig e.V.* 2005.

[99] H. Krüger, A. Neukum, and E. Fichtl. *Projekt Kundenorientiertes Fahrzeugkonzept: Objektivierung des Fahrempfindens, Institut für Psychologie, Universität Würzburg.* 1996.

[100] H. Krüger, A. Neukum, and J. Schuller. *A Workoad Approach to the Evaluation of Vehicle Handling Characteristics; SAE Technical Paper Series 2000-01-0170, Society of Automotive Engineers, Warrendale, USA.* 2000.

[101] T. Kriegel, O. Spann, and S. Gies. *Von der objektiven Größe zur subjektiven Bewertung der Fahrdynamik; 5. Tag des Fahrwerks, Institut für Kraftfahrwesen, Aachen.* 2006.

[102] A. Kruczek and A. Stribrsky. *Energy control in active suspension system, Czech Technical University, Faculty of Electrical Engineering, Department of Control Engineering.* 2007.

[103] A. Kruse and G. Zimmermann. *Einfluss der Reibung auf das hochfrequente Schwingungsverhalten von Stoßdämpfern; VDI-Berichte Nr. 1736, VDI Verlag, Düsseldorf.* 2002.

[104] D. Kudritzki. *Korrelation zwischen objektiven und subjektiven Daten aus dem Fahrversuch; VDI-Berichte Nr. 974, VDI Verlag, Düsseldorf.* 1992.

[105] D. Kudritzki. *Möglichkeiten der Objektivierung subjektiver Beurteilungen des Fahrzeugverhaltens; Becker, K. (Hrsg.): Subjektive Fahreindrücke sichtbar machen, Expert-Verlag, Renningen.* 2000.

[106] J. Kuroki and N. Irie. *HICAS: Nissan Vierradlenkungstechnologie; Fortschritte der Fahrzeugtechnik, Band Nr. 7: Wallentowitz, H. (Hrsg): Allradlenksysteme bei Personenkraftwagen, Vieweg Verlag, Wiesbaden.* 1991.

[107] E. Lathwaite. *A history of Linear Electric Motors, Macmillan Education Ltd, London.* 1987.

[108] U. Lee. *Acitve Geometry Control Suspension - Verbesserung der Fahrzeugstabilität des Hyundai Sonata; Automobiltechnische Zeitschrift 11/2009, Jahrgang 111.* 2009.

[109] U. Lee, S. Lee, K. Hedrick, and A. Catala. *Active geometry control suspension system for the enhancement of vehicle stability; Proceedings of the Institution of Mechanical Engineers, Part D, London, Great Britain.* 2008.

[110] S. Lennert. *Zur Objektivierung von Schwingungskomfort in Personenkraftwagen - Untersuchung der Wahrnehmungsdimension; Fortschrittsberichte VDI, Reihe 12: Verkehrstechnik / Fahrzeugtechnik, Nr. 698, VDI Verlag, Düsseldorf.* 2008.

[111] R. Liegel. *Stand der Vorschriftenregelung zu Zusatzlenkanlagen bei Personenwagen und leichten Lastwagen; Fortschritte der Fahrzeugtechnik, Band Nr. 7: Wallentowitz, H. (Hrsg): Allradlenksysteme bei Personenkraftwagen, Vieweg Verlag, Wiesbaden.* 1991.

[112] G. Lienert and U. Raatz. *Testaufbau und Testanalyse, 6. Auflage, Beltz Psychologie Verlags Union, Landsberg.* 1998.

[113] H. Linse and R. Fischer. *Elektrotechnik für Maschinenbauer - Grundlagen und Anwendungen, 11. Auflage, Teubner Verlag, Stuttgart.* 2002.

[114] R. Lot, M. Massaro, and R. Sartori. *Advanced motorcycle virtual rider; Vehicle System Dynamics, Vol. 46, Heft Supplement.* 2008.

[115] F. Maggio and V. Cossalter. *How a rear steering system may improve motorcycle dynamics; International Journal of Vehicle Design, Band 46, Heft 3.* 2008.

[116] P. Maier. *Ein Beitrag zur Objektivierung des Schwingungskomforts im Kraftfahrzeug bei Anregung durch Motorstart/-stopp und Vibrationen im Leerlauf und Fahrbetrieb, Dissertation, Universität Karlsruhe, Institut für Produktentwicklung.* 2011.

[117] P. Maier, C. Olfens, and A. Albers. *Komfortbewertung powertrainerregter Fahrzeugschwingungen auf Basis objektiver Kennwerte; Tagung Subjektive Fahreindrücke sichtbar machen IV, Essen.* 2009.

[118] S. Manger. *Das Schwingungsverhalten von Kraftfahrzeugen bei kleinen Erregeramplituden unter besonderer Berücksichtigung der Coulombschen Reibung; Automobiltechnische Zeitschrift 12/1995, Jahrgang 97.* 1995.

[119] I. Marins, J. Esteves, F. P. da Silva, and A. Tome. *Automobile Suspensions using electromagnetic linear actuators; Procedings volume from the IFAC Conference Darmstadt, Germany.* 2000.

[120] O. Marthiens and B. Behrens. *Entwicklung und Konstruktion eines elektromagnetischen Dämpfers zur Reduzierung der Stößelschwingungen in schnelllaufenden Pressen; Forschungsvereinigung Werkzeugmaschinen und Fertigungstechnik e.V. (FWF), Hannover.* 2006.

[121] I. Martins, J. Esteves, G. Marques, and F. P. da Silva. *Permanent-magnets linear actuator applicability in automobile active suspensions; IEE transactions on vehicular technology vol. 55, no.1.* 2006.

[122] M. Meß and P. Pelz. *Luftfederung und Luftdämpfung im Spannungsfeld Komfort, Dynamik und Sicherheit; Automobiltechnische Zeitschrift 03/2007, Jahrgang 109.* 2007.

[123] measX GmbH und Co. KG. *MOSES (Mobiles Sensor Erfass System) - Manöverorientierte Software zur Datenerfassung bei Fahrdynamikversuchen, measX GmbH und Co. KG, Mönchengladbach.* 2005.

[124] R. Mendez, J. Gil, and J. Biera. *Optimal damping for handling and comfort. Application on design of a semi-active suspension; FISITA World Congress, München.* 2008.

[125] L. Metz. *What constitutes good handling?; SAE technical paper series 2004-01-3532, Society of Automotive Engineers, Warrendale, USA.* 2004.

[126] M. Mitschke. *Dynamik der Kraftfahrzeuge, Band C: Fahrverhalten, Springer Verlag, Berlin.* 1990.

[127] D. Mjelnikov. *Entwicklung von Modellen zur Bewertung des Fahrverhaltens von Kraftfahrzeugen, Dissertation, Universität Stuttgart, Fakultät Verfahrenstechnik und technische Kybernetik.* 2001.

[128] C. Müller and J. Hoffmann. *Elektromechanische Federung; Braunschweiger Symposium Elektrische Antriebe, Leistungsbordnetze und Komponenten von Straßenfahrzeugen.* 2008.

[129] K. Müller. *Optimale querdynamische Fahrzustandsänderung und der Zusammenhang mit den Fahrzeugparametern; VDI Fortschrittsberichte, Reihe 12: Verkehrstechnik / Fahrzeugtechnik, Nr. 131, VDI Verlag, Düsseldorf.* 1989.

[130] B. Müller-Beßler, R. Henze, and F. Kücükay. *Reproduzierbare querdynamische Fahrzeugbewertung im doppelten Spurwechsel; Automobiltechnische Zeitschrift 04/2008, Jahrgang 110.* 2008.

[131] S. Nasar and I. Boldea. *Linear Electric Motors: Theory, Design and Practical Application, Prentice-Hall Inc., New Jersey, USA.* 1987.

[132] P. Neray. *Driving simulators: A new era; Automotive Engineering, Band 98, Heft 9.* 1990.

[133] A. Neukum. *Bewertung des Fahrverhaltens im Closed Loop - Zur Brauchbarkeit des korrelativen Ansatzes; Becker, K.: Subjektive Fahreindrücke sichtbar machen II - Korrelation zwischen objektiver Messung und subjektiver Beurteilung von Versuchsfahrzeugen und -komponenten, Expert-Verlag, Renningen.* 2002.

[134] A. Niculescu, D. Dumitriu, T. Sireteanu, and C. Alexandru. *On VZN Shock absorber concept performances; FISITA World Congress, München.* 2008.

[135] S. Olajos. *Funktionsbeweis des Entwicklungstools Fahrverhaltensynthese, Diplomarbeit, Hochschule Bochum, Institut für Antriebstechnik.* 2009.

[136] Online-Referenz. *http://www.automobilemag.com/green/news/0812/automotive /news/green/car/conference/and/exhibition/index.html, zugegriffen am 06.11.2007.*

[137] Online-Referenz. *http://www.autosieger.de/print.php?sid=5190, zugegriffen am 22.10.2009.*

[138] Online-Referenz. *http://www.bmvbs.de/static/ECE/R-79-Lenkanlagen.pdf, zugegriffen am 23.10.2009.*

[139] Online-Referenz. *http://www.bose.de/DE/de/learning-centre/suspension/1-the-challenge/index.jsp, zugegriffen am 06.11.2007.*

[140] Online-Referenz. *http://www.encyclopedia.com/doc/1G1-12273038.html, zugegriffen am 20.10.2009.*

[141] Online-Referenz. *http://www.gesetze-im-internet.de/stvzo/, zugegriffen am 22.10.2009.*

[142] Online-Referenz. *http://www.inrets.fr/ur/sara/Pg_simus_e.html, zugegriffen am 02.11.2008.*

[143] Online-Referenz. *http://www.nads-sc.uiowa.edu/pdf/NADS-trifold8.5x11.pdf, zugegriffen am 14.10.2009.*

[144] Online-Referenz. *http://www.zercustoms.com/news/Toyota-Driving-Simulator.html, zugegriffen am 13.10.2009.*

[145] D. Oparin. *Modellbasierte Lenkungsanalyse Model-based Testing, Diplomarbeit, Universität Karlsruhe, Institut für Produktentwicklung, Abteilung Kraftfahrzeugbau. 2005.*

[146] C. Otto, K. Kashi, and D. Nissin. *Semi-Active Roll Control (SARC) - a cost and energy effective contribution to advanced suspension systems; VDI-Berichte Nr. 2009, VDI-Verlag, Düsseldorf. 2008.*

[147] C. Palm. *Reifentemperatureinfluss auf Fahreigenschaften von PKW, Diplomarbeit, Hochschule Esslingen, Fakultät Fahrzeugtechnik. 2009.*

[148] L. Pascali, P. Gabrielli, and G. Caviasso. *Improving Vehicle Handling and Comfort Performance Using 4WS; SAE technical paper series, 2003-01-0961, Society of Automotive Engineers, Warrendale, USA. 2003.*

[149] J. Passek. *Straßengebundener Fahrsimulator, Dissertation, Schriftenreihe Automobiltechnik, Institut für Kraftfahrwesen, RWTH Aachen. 2007.*

[150] P. Pfeffer, M. Harrer, and J. Lin. *Vehicle Dynamics measurements; Journal of Autobmobile Engineers, Band 5, Jahrgang 2008. 2008.*

[151] A. Pfister. *Arbeitsblätter für Fahrdynamikmessungen, Daimler-interne Veröffentlichung, Daimler AG, Sindelfingen. 2008.*

[152] W. Rüdt. *Grundlagen der Fahrdynamik, Daimler-interne Veröffentlichung, Daimler AG, Sindelfingen.* 2009.

[153] P. Redlich. *Objektive und subjektive Beurteilung aktiver Vierradlenkstrategien, Shaker-Verlag, Aachen.* 1994.

[154] J. Reimpell. *Themenband Grundlagen, Fachbuchgruppe Fahrwerktechnik, 3. Auflage, Vogel Verlag, Würzburg.* 1995.

[155] J. Reimpell and K. Hoseus. *Themenband Fahrzeugmechanik, Fachbuchgruppe Fahrwerktechnik, 1. Auflage, Vogel Verlag, Würzburg.* 1989.

[156] J. Reimpell and A. Zomotor. *Themenband Fahrverhalten, Fachbuchgruppe Fahrwerktechnik, 2. Auflage, Vogel Verlag, Würzburg.* 1991.

[157] M. Reul, P. Seiniger, and H. Winner. *Reducing braking distance of cars and motorcycles by control of semi-acitve suspension without abs interaction; FISITA World Congress, München.* 2008.

[158] B. Richter. *Beitrag zum Problem der Beschleunigungssimulierung an Fahrsimulatoren, Dissertation, Verlag Berlin (West).* 1971.

[159] B. Richter. *Die Vierradlenkung des IRVW-FUTURA; Fortschritte der Fahrzeugtechnik, Band Nr. 7: Wallentowitz, H. (Hrsg): Allradlenksysteme bei Personenkraftwagen, Vieweg Verlag, Wiesbaden.* 1991.

[160] A. Riedel. *Ansätze zur Korrelation von objektiv meßbaren Kenngrößen mit den Subjektivurteilen von Pkw-Nutzern; Festkolloquium des Technischen Entwicklungszentrums Freudenberg Dichtungs- und Schwingungstechnik, Weinheim.* 1998.

[161] A. Riedel and R. Arbinger. *Subjektive und objektive Beurteilung des Fahrverhaltens von Pkw; FAT Schriftenreihe, Nr. 139, FAT, Frankfurt.* 1997.

[162] A. Riedel and R. Arbinger. *Ergänzende Auswertungen zur subjektiven und objektiven Beurteilen des Fahrverhaltens von Pkw; FAT Schriftenreihe, Nr. 161, FAT, Frankfurt.* 2002.

[163] E. Rieht. *ESP 2 - Die nächste Generation elektronischer Stabilitätsregelung mit zusätzlichem Lenkeingriff; Technischer Kongreß des VDA, Rüsselsheim, Session 1: Fahrzeugsicherheit.* 2004.

[164] H. Risse. *Das Fahrerverhalten bei normaler Fahrzeugführung; VDI Fortschrittsberichte, Reihe 12: Verkehrstechnik / Fahrzeugtechnik, Nr. 160, VDI Verlag, Düsseldorf.* 1991.

[165] R. Rönitz, H. Braess, and A. Zomotor. *Verfahren und Kriterien zur Bewertung des Fahrverhaltens von Personenkraftwagen, Stand und Problematik, Teil 1; Zeitschrift Automobil-Industrie 1/77, Fahrverhalten.* 1977.

[166] Robert Bosch GmbH. *Aktive Federung mit elektrischem Aktuator und Dämpfer; Offenlegungsschrift, Internationale Veröffentlichungsnummer: WO 02/087909 A1, Internationales Veröffentlichungsdatum: 7. November 2002, Vorstufen: DE 198 38 669 A1 und DE 42 04 302 A1.* 2002.

[167] Robert Bosch GmbH. *Autoelektrik / Autoelektronik, Vieweg Verlag, Wiesbaden.* 2002.

[168] S. Rowell, A. Popov, and J. Meijaard. *Application of predictive control strategies to the motorcycle riding task; Vehicle System Dynamics, Band 46, Heft Supplement.* 2008.

[169] H. Sadar, R. Barron, and S. Green. *Model development and validation of the semi-active roll control (SARC) system; ASME International Mechanical Engineering Congress and Exposition, Seattle, USA.* 2007.

[170] S. Sano, Y. Furukawa, T. Nihei, M. Abe, and M. Serizawa. *Handling characteristics of steer angle dependent four wheel steering system; 2. FISITA Congress Technical Papers, Automotive Systems Technology: The Future, Band 1, Dearborn and Washington, USA.* 1988.

[171] J. Schalz, A. Duhr, and Z. Marusic. *Subjektiv-objektiv Korrelation fahrdynamischer Größen in der Praxis; Becker, K.: Subjektive Fahreindrücke sichtbar machen II - Korrelation zwischen objektiver Messung und subjektiver Beurteilung von Versuchsfahrzeugen und -komponenten, Expert-Verlag, Renningen.* 2002.

[172] O. Schauerte, D. Metzner, R. Krafzig, K. Bennewitz, and A. Kleemann. *Fahrzeugfedern federleicht - Erster Serieneinsatz einer Achsschraubenfeder aus Titan; Automobiltechnische Zeitschrift-7/8/2001, Jahrgang 103.* 2001.

[173] P. Schöggl. *Objektivierung und Optimierung der Fahrbarkeit im Fahrzeug und am dynamischen Prüfstand; Becker, K. (Hrsg.): Subjektive Fahreindrücke sichtbar machen, Expert-Verlag, Renningen.* 2000.

[174] W. Schiffer. *Ein Automobil - zwei Fahrwerke; Automobil-Industrie, Band 44, Heft Special Mercedes-Benz CL.* 1999.

[175] B. Schneider. *Konzipierung einer marktgerechten Stelleinheit als Aktuator einer aktiven Hinterradlenkung für Personenkraftwagen, Dissertation, RWTH Aachen, Fakultät für Maschinenwesen.* 1995.

[176] A. Schöpfel, G. Spengel, G. Kulpers, T. Höcht, and S. Gies. *Das Dämpferregelungssystem Audi magnetic ride im neuen Audi TT; 15. Aachener Kolloquium Fahrzeug- und Motorentechnik.* 2006.

[177] H. Schröder and D. Busch. *Die geplante Zuverlässigkeit - Strategien bei der Konzeption aktiver Fahrwerkslemente; Fortschritte der Fahrzeugtechnik, Band Nr. 10: Wallentowitz, H. (Hrsg): Aktive Fahrwerkstechnik, Vieweg Verlag, Wiesbaden.* 1991.

[178] A. Schultz and R. Fröming. *Analyse des Fahrerverhaltens zur Darstellung adaptiver Eingriffsstrategien von Assistenzsystemen; Automobiltechnische Zeitschrift 05/2009, Jahrgang 111.* 2008.

[179] J. Shao, L. Zheng, Y. Li, J. Wie, and M. Luo. *The Integrated Control of Anti-lock Braking System and Active Suspension in Vehicle; International Conference on Fuzzy Systems and Knowledge Discovery, Haikou, China.* 2007.

[180] X. Shen and F. Yu. *A novel integrated chassis controller design combining active suspension and 4WS; SAE Technical Paper Series 2005-01-3566, Society of Automotive Engineers, Warrendale, USA.* 2005.

[181] D. Simon. *Entwicklung eines effizienten Verfahrens zur Bewertung des Anfahrverhaltens von Fahrzeugen, Dissertation, Universität Rostock, Fachbereich Maschinenbau, Institut für Antriebstechnik und Mechatronik.* 2010.

[182] G. Speidel, R. Rachel, J. Müller, and P. Stöhr. *DuoPML - Active Steering auf hydraulischer Basis; ThyssenKrupp techforum, Heft Juli.* 2005.

[183] M. Spiegel. *Statistik, McGraw-Hill Book Company Europe, London.* 1990.

[184] N. Stamer. *Ermittlung optimaler PKW-Querdynamik und ihre Realisierung durch Allradlenkung; VDI Fortschrittsberichte, Reihe 12: Verkehrstechnik / Fahrzeugtechnik, Nr. 302, VDI Verlag, Düsseldorf.* 1997.

[185] B. Strackerjan. *Untersuchung zu Sicherheitsaspekten von Hinterachslenkungen; Schriftenreihe der Daimer-Benz AG, Report 11, Forschungsinstrument Fahrsimulator, VDI Verlag, Düsseldorf.* 1990.

[186] R. Streiter. *Entwicklung und Realisierung eines analytischen Regelkonzepts für eine aktive Federung, Dissertation, Technische Universität Berlin, ISS-Fahrzeugtechnik.* 1996.

[187] R. Streiter. *ABC Pre-Scan im F700 - Das vorausschauende aktive Fahrwerk von Mercedes-Benz; Automobiltechnische Zeitschrift 05/2008, Jahrgang 110.* 2008.

[188] T. Suetomi, A. Horiguchi, Y. Okamoto, and S. Hata. *The driving simulator with large amplitude motion system; SAE Technical Paper Series 910113, Society of Automotive Engineers, Warrendale, USA.* 1991.

[189] F. Sugasawa, N. Irie, and J. Kuroki. *Development of Simulator-Vehicle for Conducting Vehicle Dynamics Research; JSAE Review, Band 11, Heft 2.* 1990.

[190] S. Suzuki, S. Buma, S. Urababa, and A. Nishihar. *Development of electric active stabilizer suspension system; SAE Technical Paper Series 2006-01-1537, Society of Automotive Engineers, Warrendale, USA.* 2006.

[191] M. Swoboda. *Luftfedersysteme in Personenkraftwagen; 5. Aachener Kolloquium Fahrzeug- und Motorentechnik.* 1985.

[192] H. Tang. *Modellbildung eines Linearmotorsytems und Entwicklung eines Regelalgorithmus basierend auf bekannten Dämpferkenngrößen, Diplomarbeit, Universität Stuttgart, Institut für Verbrennungsmotoren und Kraftfahrwesen, Lehrstuhl Kraftfahrzeugmechatronik.* 2009.

[193] A. Thomä, H. Gilsdorf, M. Münster, U. Mair, C. Müller, M. Hippe, and J. Hoffmann. *Electromechanical active body control; FISITA World Congress, München.* 2008.

[194] E. von Hinüber. *Inertiale Meßsysteme mit faseroptischen Kreiseln für Fahrdynamik und Topologiedaten-Erfassung; Automobiltechnische Zeitschrift 06/2006, Jahrgang 106.* 2006.

[195] K. Vosteen. *Ein Realtool zur Fahrwerkentwicklung; 17. Aachener Kolloquium für Fahrzeug- und Motorentechnik.* 2008.

[196] H. Wallentowitz. *Geregelte Fahrwerke und Vierrad-Lenkung - Ziele und Entwicklungsschwerpunkte; Maschinenwelt und Elektrotechnik, Band 44, Heft 11/12.* 1989.

[197] H. Wallentowitz. *Allradlenksyteme für Personenwagen und Nutzfahrzeuge; Fortschritte der Fahrzeugtechnik, Band Nr. 7: Wallentowitz, H. (Hrsg): Allradlenksysteme bei Personenkraftwagen, Vieweg Verlag, Wiesbaden.* 1991.

[198] H. Wallentowitz. *Hydraulische Hinterachslenkungen: Erkennbare Entwicklungstrends; Fortschritte der Fahrzeugtechnik, Band Nr. 7: Wallentowitz, H. (Hrsg): Allradlenksysteme bei Personenkraftwagen, Vieweg Verlag, Wiesbaden.* 1991.

[199] H. Wallentowitz. *Verikal- / Querdynamik von Kraftfahrzeugen; Schriftenreihe Automobiltechnik, Institut für Kraftfahrwesen Aachen, RWTH Aachen.* 1997.

[200] H. Wallentowitz and D. Konik. *Von der Niveauregulierung zur aktiven Federung: Erkennbare Entwicklungstendenzen; Fortschritte der Fahrzeugtechnik, Band Nr. 10: Wallentowitz, H. (Hrsg): Aktive Fahrwerkstechnik, Vieweg Verlag, Wiesbaden.* 1991.

[201] D. Weeks, J. Beno, A. Guenin, and D. Bresie. *Electromechanical active suspension demonstration for off-road-vehicles; SAE Technical Paper Series 2000-01-0102, Society of Automotive Engineers, Warrendale, USA.* 2000.

[202] D. Weeks, D. Bresie, J. Beno, and A. Guenin. *The design of an electromagnetic linear actuator for an active suspension; SAE Technical Paper Series 1999-01-073, Society of Automotive Engineers, Warrendale, USA.* 1999.

[203] D. Weir and R. DiMarco. *Correlation and Evaluation of Driver/Vehicle Directional Data; SAE Technical Paper Series 780010, Society of Automotive Engineers, Warrendale, USA.* 1978.

[204] Y. Wie. *Einfluss relevanter Eigenschaften des Linearmotors im Fahrwerk auf das Gesamtfahrzeug-schwingungsverhalten anhand einer MKS-Studie, Diplomarbeit, Universität Karlsruhe, Institut für Technische Mechanik.* 2009.

[205] A. Wiek. *Der Einfluss der Temperatur auf die Bremsverzögerung von Sommer- und Winterreifen bei trockener Fahrbahn; Verkehrsunfall und Fahrzeugtechnik, Band 47, Heft 2.* 2009.

[206] K. Wolff, J. Hoppermanns, and R. Kraaijeveld. *Objective Evaluation of subjective driving impressions; FISITA World Congress, München.* 2008.

[207] C. Xie, R. Altsinger, and A. Kunert. *Messdatenbasierte Fahrdynamiksimulation; Automobiltechnische Zeitschrift 04/2009, Jahrgang 111.* 2009.

[208] Z. Yongchao, Y. Fan, H. Kun, and J. Yonghui. *Permanent-magnet dc motor acutators application in automotive energy-regenerative active suspensions; FISITA World Congress, München.* 2008.

[209] P. Zöfel. *Statistik für Psychologen, Pearson Studium, München.* 2003.

[210] Zhou, D. Pies, and S. Grollius. *Statistische Versuchsplanung; Interne Präsentation, Universität Karlsruhe, Institut für Fahrzeugtechnik und Mobile Arbeitsmaschinen, Lehrstuhl Fahrzeugtechnik.* 2009.

[211] P. Zimmermann, A. Schaar, A., and M. Goldapp. *Einsatz des VW-Fahrsimulators; CAD-CAM-Report, Band 11.* 1992.

[212] A. Zomotor. *Historische Entwicklung der Beurteilungsmethoden für das Fahrverhalten; Subjektive Fahreindrücke sichtbar machen, Becker, K. et. al., Expert-Verlag, Renningen.* 2000.

[213] A. Zomotor. *Online-Identifikation der Fahrdynamik zur Bewertung des Fahrverhaltens von PKWs, Dissertation, Universität Stuttgart, Institut A für Mechanik.* 2002.

[214] A. Zomotor, H. Braess, and R. Rönitz. *Verfahren und Kriterien zur Bewertung des Fahrverhaltens von Personenkraftwagen - Ein Rückblick auf die letzten 20 Jahre - Teil 1; Automobiltechnische Zeitschrift, 12/1997, Jahrgang 99.* 1997.

[215] A. Zomotor, H. Braess, and R. Rönitz. *Verfahren und Kriterien zur Bewertung des Fahrverhaltens von Personenkraftwagen - Ein Rückblick auf die letzten 20 Jahre - Teil 2; Automobiltechnische Zeitschrift 03/1998, Jahrgang 100.* 1998.

[216] A. Zschocke. *Dynamische Lenkmomentenhysterese; Daimler-interner technischer Bericht, Daimler AG, Sindelfingen.* 2008.

[217] A. Zschocke. *Ein Beitrag zur objektiven und subjektiven Evaluierung des Lenkkomforts von Kraftfahrzeugen, Dissertation, Universität Karlsruhe, Institut für Produktentwicklung.* 2008.

[218] A. Zschocke. *Kennwerte und Zielvorgaben für den MB-Lenkcharakter bei Landstraßen und Autobahnfahrt; Daimler-interner technischer Bericht, Daimler AG, Sindelfingen.* 2008.

[219] A. Zschocke and A. Albers. *Links between subjective and objective evaluations regarding the steering character of automobiles; International Journal of Automotive Technology, Vol. 9, No. 4.* 2008.

H. Lebenslauf

Persönliche Daten

Name:	Christian Kraft
Geburtsdatum:	05.10.1981
Geburtsort:	Stuttgart
Familienstatus:	verheiratet

Werdegang

09/2001 - 06/2002	Zivildienst Malteser Hilfsdienst, Stuttgart
07/2002 - 09/2002	Grundpraktikum DaimlerChrysler AG, MCC Smart GmbH
10/2002 - 10/2007	Studium Maschinenwesen Universität Stuttgart
07/2005 - 12/2007	Mitglied im DaimlerChrysler Stipendianten Programm DaimlerChrysler AG
05/2006 - 10/2006	Werkstudententätigkeit DaimlerChrysler AG, Forschung Fahrzeugsystemdynamik
11/2006 - 04/2007	Praktikum DaimlerChrysler AG, Chrysler Group, Entwicklung Achsen
05/2007 - 10/2007	Diplomarbeit DaimlerChrysler AG, Entwicklung PKW, Fahrdynamik
11/2007 - 07/2010	Promotion Daimler AG, Entwicklung PKW, Fahrdynamik
seit 08/2010	Entwicklungsingenieur Daimler AG, Entwicklung VAN, Lenksysteme

Karlsruher Schriftenreihe Fahrzeugsystemtechnik
(ISSN 1869-6058)

Herausgeber: FAST Institut für Fahrzeugsystemtechnik

Die Bände sind unter www.ksp.kit.edu als PDF frei verfügbar oder als Druckausgabe bestellbar.

Band 1 Urs Wiesel
Hybrides Lenksystem zur Kraftstoffeinsprung im schweren Nutzfahrzeug.
2010
ISBN 978-3-86644-456-0

Band 2 Andreas Huber
Ermittlung von prozessabhängigen Lastkollektiven eines hydrostatischen Fahrantriebsstrangs am Beispiel eines Teleskopladers.
2010
ISBN 978-3-86644-564-2

Band 3 Maurice Bliesener
Optimierung der Betriebsführung mobiler Arbeitsmaschinen.
Ansatz für ein Gesamtmaschinenmanagement.
2010
978-3-86644-536-9

Band 4 Manuel Boog
Steigerung der Verfügbarkeit mobiler Arbeitsmaschinen
durch Betriebslasterfassung und Fehleridentifikation
an hydrostatischen Verdrängereinheiten
2011
978-3-86644-600-7